비행기 조종 교과서

COLOR ZUKAI DE WAKARU JET RYOKAKKI NO SOJU
Copyright © 2011 Kanji Nakamura All right reserved.

No part of this book may be used or reproduced in any manner
whatsoever without written permission except in the case of brief quotations
embodied in critical articles and reviews.

Originally published in Japan in 2011 by SB Creative Corp.
Korean Translation Copyright © 2016 by BONUS Publishing Co.
Korean edition is published by arrangement with SB Creative Corp. through BC Agency.

이 책의 한국어판 저작권은 BC 에이전시를 통한 저작권자와의 독점 계약으로 보누스출판사에 있습니다.
저작권법에 의해 보호를 받는 저작물이므로 무단전재와 무단복제를 금합니다.

HOW
THE AIRCRAFT
비행기 조종 교과서
기내식에 만족하지 않는 마니아를 위한 항공 메커니즘 해설
TAKES ITS
FLIGHT

나카무라 간지 지음 · 김정환 옮김 · 김영남 감수

보누스

머리말

출발 로비와 창공을 연결하는 보딩브리지(boarding bridge, 탑승교)를 지나가다 보면 작은 창으로 조종석의 내부를 조금이나마 들여다볼 수가 있다. 이때 파일럿이 무엇인가를 조작하고 있는 모습을 보면 여러 생각이 머릿속을 맴돈다.

'여객기가 출발하고 착륙할 때까지 파일럿은 조종석에서 무엇을 할까?' '만약 긴급사태가 발생한다면 파일럿은 어떻게 대처할까?' 등 하늘을 날기 전부터 흥미로운 생각이 샘솟기 마련이다.

이 책은 출발 준비부터 착륙까지 비행의 흐름에 따라 파일럿이 무엇을 준비하고 어떤 장치를 조작하는지, 또 해당 장치의 구조는 어떤지를 해설한 것이다. 긴급사태와 관련한 경보 장치의 구조와 긴급 조작도 다뤘다.

장치의 조작과 구조를 설명할 때는 대표적인 쌍발 엔진기인 에어버스 A330과 보잉777을 서로 비교하면서 이야기를 진행한다. 같은 쌍발 엔진기이지만 두 기종은 많은 점에서 서로 다르다. 그래서 필연적으로 조작하는 방법과 절차도 달라진다. 그 차이를 비교하면 여러 장치를 조작하는 의미와 메커니즘을 더욱 잘 이해할 수 있을 것이다.

과거에 만들어진 비행기의 조작과 장치 구조도 설명한다. 가령 FMS(Flight Management System, 비행 관리 시스템)는 현재 비행기에 필수라 할 수 있는데, 이 시스템이 없었던 시절에 만들어진 비행기와 지금의 비행기를 비교하면 FMS의 역할을 더욱 확실히 알 수 있을 것이다.

챕터 1은 출발 게이트에서 비행기에 탈 때까지 파일럿이 어떤 일을 하는지 그의 동선을 추적한다. 매뉴얼을 최신 상태로 유지하는 일의 중요성을 말하고, 출발

전에 반드시 하는 비행 미팅을 비롯해 여러 일을 소개한다.

챕터 2는 승객 탑승 후 이륙을 위해 여객기가 활주로로 향할 때까지의 과정을 설명한다. 여기에서 해설하는 주요 내용은 엔진의 구조와 엔진 스타트 순서다. 또 조종 장치와 유도로를 주행하기 위한 장치도 다룬다.

챕터 3에서 드디어 이륙 과정을 설명한다. 어떻게 이륙 추력(推力, thrust)을 세팅(setting)하는지, 에어버스기와 보잉기의 차이는 무엇인지, 애초에 추력이란 무엇인지 등을 다룬다.

챕터 4의 주제는 에어버스기와 보잉기의 자동항법장치(오토파일럿)에 어떤 차이가 있는지다. 자동차의 경우, 유럽에는 수동 변속기 차량이 압도적으로 많고 미국에는 자동 변속기 차량이 대부분이라고 한다. 하지만 여객기는 이런 경향 차이가 다르게 나타날지도 모른다.

챕터 5는 순항 중에 파일럿이 무엇을 하는지, 여객기가 어디까지 빠르고 높게 멀리 비행할 수 있는지를 해설한다. 또 비행기가 흔들리는 원인도 설명한다.

챕터 6에서 파일럿은 길었던 순항을 마치고 하강을 개시한다. 결코 양력을 작게 해서 하강하는 것이 아니다. 여기에서 하강 방법과 하강의 종류를 해설한다.

챕터 7은 본격적인 착륙을 다룬다. 착륙하기 위한 조종법, 하강 중에도 추력이 필요한 이유, 기종에 따른 착륙할 때의 자세 차이 등을 설명한다. 또 자동 착륙(오토 랜딩)과 관련한 내용도 살펴본다.

마지막 챕터 8에서는 긴급사태가 발생했을 때 파일럿이 어떤 대응을 해야 하는지, 어떤 장치를 어떤 순서로 조작해야 하는지를 알아본다. 또 파일럿에게 긴급사태를 알리는 장치인 '이상 발생 경보시스템'이 에어버스기와 보잉기에 따라 어떻게 다른지를 짚어본다.

평소 비행기의 운행과 구조에 흥미가 있었지만 의문을 풀 수 없었던 사람들에게 이 책이 조금이나마 도움이 되었으면 한다. 마지막으로, 이 책을 쓰면서 편집부의 이시이 겐이치 씨에게 많은 도움을 받았다. 이 자리를 빌려 감사 인사를 전한다.

나카무라 간지

차례

머리말 _ 5

Chapter 1 파일럿은 출발 전에 무엇을 하는가 : Preflight

1-01 파일럿과 매뉴얼의 관계 _ 14

1-02 출발 전 파일럿은 회의를 시작한다 _ 16

1-03 먼저 날씨부터 확인한다 _ 18

1-04 항공 정보를 확인한다 _ 20

1-05 비행 계획을 세운다 _ 22

1-06 비행기 무게는 얼마나 될까? _ 24

1-07 유료 하중을 최대로 하려면? _ 26

1-08 비행기의 균형을 점검한다 _ 28

1-09 출발 게이트의 비행기로 향한다 _ 30

1-10 비행기의 출발 준비를 한다 _ 32

1-11 잠자는 비행기의 두뇌를 깨운다 _ 34

1-12 비행기 자세와 자이로스코프의 관계 _ 36

토막 상식 1 파일럿 제복의 역할은? _ 38

Chapter 2 비행기 엔진에 시동을 걸어보자 : Engine Start

2-01 조종석 상황을 알아본다 _ 40

2-02 탑승을 개시한다 _ 42

2-03 출발 5분 전에 파일럿이 하는 일 _ 44

2-04 제트 엔진과 계기 _ 46

2-05 엔진 스타트의 준비 _ 48
2-06 본격적인 비행을 위한 엔진 스타트 _ 50
2-07 활주로를 향해 나아가자! _ 52
2-08 조종 장치의 점검 _ 54
2-09 유도로를 통해 활주로로 나아간다 _ 56
2-10 비행기 라이트의 사용 방법 _ 58
2-11 무선 장치의 조작 _ 60

토막 상식 2   INS에서 PMS, 그리고 FMS로 _ 62

Chapter 3   이륙, 창공으로 날아가기 위한 모든 것 : Take Off

3-01 이륙 추력을 세팅한다 _ 64
3-02 추력을 설정하는 방법은 무엇인가? _ 66
3-03 이륙 추력의 크기는 어느 정도일까? _ 68
3-04 이륙을 위해 가속을 시작한다 _ 70
3-05 V_1(브이원) 이륙할 것인가, 말 것인가 _ 72
3-06 V_R(브이알) 기수를 들어 올리다 _ 74
3-07 리프트오프에 필요한 거리 _ 76
3-08 V_2(브이투) 안전하게 이륙한다 _ 78
3-09 이륙 추력에서 상승 추력으로 _ 80
3-10 항상 최대 추력을 유지하지는 않는다 _ 82
3-11 이륙 방법에는 두 종류가 있다 _ 84
3-12 앞으로 나아가는 힘인 '추력'이란 무엇일까? _ 86

토막 상식 3   푸시백과 엔진 스타트 _ 88

Chapter 4   하늘 높이 올라가자 : Climb

4-01 상승을 나타내는 계기 _ 90

4-02 대기속도계 _ 92

4-03 비행에 필요한 속도 _ 94

4-04 기압 고도계 _ 96

4-05 플라이트 레벨 _ 98

4-06 어디까지 상승하는가? _ 100

4-07 계기에 의지해 선회한다 _ 102

4-08 어떻게 선회하는가? _ 104

4-09 플라이 바이 와이어란? _ 106

4-10 오토파일럿을 언제 켤까? _ 108

4-11 노브 하나로 선회한다 _ 110

토막 상식 4 외부 라이트를 켜야 하는 이유 _ 112

Chapter 5 더 빨리, 더 멀리, 더 높이 : Cruise

5-01 레벨 오프, 수평비행으로 이행하다 _ 114

5-02 장거리 순항은 스텝업 순항 _ 116

5-03 근거리 순항일 경우는 어떻게 할까? _ 118

5-04 ECON 속도로 비용을 절감한다 _ 120

5-05 FMS란 무엇인가? _ 122

5-06 루트를 어떻게 비행할까? _ 124

5-07 연료 잔량 확인은 중요하다 _ 126

5-08 어떤 위치의 연료부터 사용하는가? _ 128

5-09 어디까지 멀리 날 수 있을까? _ 130

5-10 어디까지 높이 올라갈 수 있을까? _ 132

5-11 얼마나 빠르게 날 수 있을까? _ 134

5-12 신기한 마하의 세계 _ 136

5-13 여객기는 왜 흔들릴까? _ 138

5-14 어떻게 위치를 알 수 있을까? _ 140

토막 상식 5 조종석에서는 어떤 소리가 들릴까? _ 142

Chapter 6 하강은 어떻게 이루어지는가 : Descent & Approach

6-01 하강을 개시한다 _ 144

6-02 어떻게 하강할까? _ 146

6-03 하강 방식에는 두 종류가 있다 _ 148

6-04 아이들은 항력이 된다 _ 150

6-05 객실고도도 하강한다 _ 152

6-06 방빙 장치를 가동시킨다 _ 154

6-07 공중대기할 때 어떻게 할까? _ 156

6-08 고도계를 QNH로 세팅한다 _ 158

토막 상식 6 '3배 법칙'이란? _ 160

Chapter 7 운항의 또 다른 시작, 착륙 : Landing

7-01 드디어 진입 개시 _ 162

7-02 사용 활주로를 확인한다 _ 164

7-03 "플랩 원" _ 166

7-04 'ILS를 탄다'란 무슨 뜻인가? _ 168

7-05 기어 다운 _ 170

7-06 착륙할 때의 자세는 어떡해야 하는가? _ 172

7-07 활주로가 보이지 않으면 어떻게 해야 할까? _ 174

7-08 고 어라운드 _ 176

7-09 착륙 시의 '당김 조작' _ 178

7-10 V_{REF}(브이레프)란 무엇인가? _ 180

7-11 착륙에 필요한 거리는 얼마인가? _ 182

7-12 오토 랜딩 _ 184
7-13 각종 감속 장치의 역할은? _ 186
7-14 착륙 후에는 빠르게 활주로를 벗어난다 _ 188

토막 상식 7 비행 선배들과의 조우 _ 190

Chapter 8 긴급사태에 대처하는 파일럿의 자세 : Emergency

8-01 운용 한계란 무엇인가? _ 192
8-02 무엇이 엔진 스타트를 중지시키는가? _ 194
8-03 이륙 중지(RTO)를 할 때도 있다 _ 196
8-04 V_1에서 이륙을 속행할 경우 _ 198
8-05 연료 방출 방법 _ 200
8-06 긴급 하강은 어떻게 할까? _ 202
8-07 태평양 한가운데에서 엔진 고장 _ 204
8-08 화재가 발생하면 어떻게 해야 할까? _ 206
8-09 유압 장치가 고장 났다면? _ 208
8-10 발전기에 문제가 발생했다면? _ 210
8-11 ETOPS/EDTO-180 규정이란? _ 212
8-12 긴급 착륙할 공항은 어떻게 선택할까? _ 214
8-13 충돌 방지 장치는 언제 작동할까? _ 216
8-14 블랙박스는 무슨 일을 하는가? _ 218
8-15 경보 시스템의 구조 _ 220
8-16 시뮬레이터 훈련이란? _ 222

찾아보기 _ 225
참고 문헌 _ 230

Chapter 1

파일럿은 출발 전에 무엇을 하는가
Preflight

비행기 탑승은 출발 시각 약 20분 전(국제선은 약 30분 전)부터 시작된다. 탑승 개시까지 파일럿의 동선을 따라가면서 어떻게 출발 준비가 진행되는지 살펴보자.

파일럿과 매뉴얼의 관계

매뉴얼은 항상 최신 상태로 관리한다

오래된 지도를 가지고 운전을 하다 보면 지도에는 표시되어 있지 않은 새로운 도로가 나타나 당황할 때가 있다. 이는 비행기도 마찬가지다. 아니, 오래된 항공 지도를 가지고 비행을 할 경우 단순히 당황하는 정도로 끝나는 것이 아니라 매우 위험하다. 또 비행기의 장치 중 극히 일부분이 변경되었을 경우, 해당 변경 사항을 몰라서는 비행을 할 수 없다. 파일럿은 출발하기 전에 이런 매뉴얼들이 최신인지 확인하고 개정된 이유나 내용을 이해해야 한다.

파일럿에게 가장 중요한 매뉴얼은 오른쪽 그림에 나오는 세 권이다. 이 매뉴얼들은 낱장을 자유로이 빼고 끼울 수 있으며, 변경 사항이 있을 경우 그 부분을 교체해야 한다. 공항을 출발하는 비행 루트나 진입하는 비행 루트 등도 최신 정보로 교체해둘 필요가 있다. 만들어진 지 수년이 경과한 비행기라 해도 조작 방법이나 장치 등은 끊임없이 변경되거나 추가된다. 또한 그날 비행에 필요한 새로운 정보나 각종 서류도 정리해야 한다. 요컨대 출근하기 전부터 출발 준비가 시작된다고 해도 과언이 아니다.

각 매뉴얼에 기재하는 내용은 항공법으로 규정되어 있기 때문에 항공 회사가 내용을 멋대로 변경하거나 추가할 수 없다. 관계 기관의 승인(내용에 따라 신고)이 필요하다.

여담이지만, 국제선과 국내선을 불문하고 숙박(업계에서는 레이 오버 또는 스테이라고 부른다)을 동반하는 비행도 많다. 숙박지의 계절이 국내와 정반대일 경우도 있으므로 하복부터 방한복까지 사계절 옷을 1년 내내 준비한다. 시차뿐만 아니라 계절 차이도 항상 염두에 두어야 한다.

파일럿이 사용하는 매뉴얼들

운항 교범(OM : Operations Manual)
비행을 실시하기 위한 기본 방침과 규칙 등을 규정한 매뉴얼이다. 다음 사항들이 기재되어 있다.
- 파일럿의 훈련, 심사, 직무, 권한, 책임, 임무, 휴대품, 근무, 휴식, 건강관리, 제복
- 이착륙이 가능한 기상 조건에 관한 설정
- 운항 관리자의 직무, 자격, 훈련, 심사
- 긴급 대책

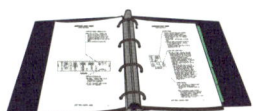

항공기 운영 교범
(AOM : Airplane/Aircraft Operation Manual)
간단히 말해 비행기 취급 설명서. 각 비행기마다 있으며, 다음 사항들이 기재되어 있다.
- 운용 한계(조작이나 성능상의 한계, 사용 범위 등)
- 통상적인 조작과 긴급사태 시 조작 방법
- 각종 계통(조종 장치나 엔진 등의 개요와 조작 방법)
- 성능(이착륙에 필요한 거리 등을 정리한 성능 데이터)
- 비행기의 무게와 균형에 관한 사항

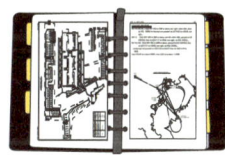

루트 매뉴얼(RM : Route Manual)
각국이 발행하는 항공 정보 간행물(AIP)을 정리한 것으로, 다음 사항들이 기재되어 있다.
- 비행장의 개요(활주로의 길이, 유도로, 주기장 등)
- 출발을 위한 비행경로(표준 계기 출발 절차)
- 도착을 위한 비행경로(표준 도착 경로)
- 항공 보안 시설과 통신 시설의 상황

그 밖에도 비행기와 관련한 임시 정보, 심사를 받기 위한 실시 요령, 훈련 자료 등이 있다. 이를 전부 쌓으면 높이가 1미터 이상이 된다. 그리고 이러한 규정집을 항상 최신 상태로 유지 관리하는 것이 파일럿의 중요한 출발 준비다.

출발 전 파일럿은 회의를 시작한다

디스패치 브리핑이란?

출발 시각 한 시간 삼십 분 전이나 늦어도 한 시간 전이 되면 최신 매뉴얼을 집어넣은 비행 가방과 운항 숙박용 의류와 여러 물품 등을 담은 체류 가방을 가지고 미팅 장소에 집합한다.

일반 사무직이라면 같은 부서의 사람들은 같은 방에서 각자 맡은 일을 하지만, 파일럿은 다르다. 항상 같은 승무원과 비행하지는 않는다. 오늘 같이 비행했다고 내일 함께 비행한다는 보장이 없다. 그래서 출발편에 맞춘 시각에 정해진 장소에 모여 출발 준비에 관한 협의를 한다. 조금이라도 늦으면 출발 시각에 영향을 끼치므로 집합에 만전을 기한다. 집합 시각보다 일찍 와서 컴퓨터로 기상도의 정보를 확인하는 파일럿도 많다.

회의 장소에는 이미 디스패처(dispatcher. 운항 관리사)가 비행에 필요한 각종 서류를 작성해서 준비해놓는다. 디스패처는 비행 계획을 작성하고 비행에 필요한 정보를 분석해 비행의 안전성과 효율을 관리하는 사람이다. 비행기의 운항이나 항공 기상 등의 전문 지식이 필요한 국제 자격을 보유하고 있다. 캡틴(captain. 기장)과 디스패처가 비행 계획에 동의하지 않으면 그 비행은 불가능하다.

항공계에서 디스패치 브리핑(dispatch briefing)이라고 부르는 회의의 내용은 출발지와 항공로, 목적지의 날씨, 항공 정보라고 부르는 비행에 필요한 정보, 비행 루트, 탑재 연료의 양, 대체 공항(목적지에 착륙할 수 없을 경우 대신 착륙할 공항), 비행기의 무게와 균형 등 비행에 필요한 모든 사항을 담고 있다.

회의 시작

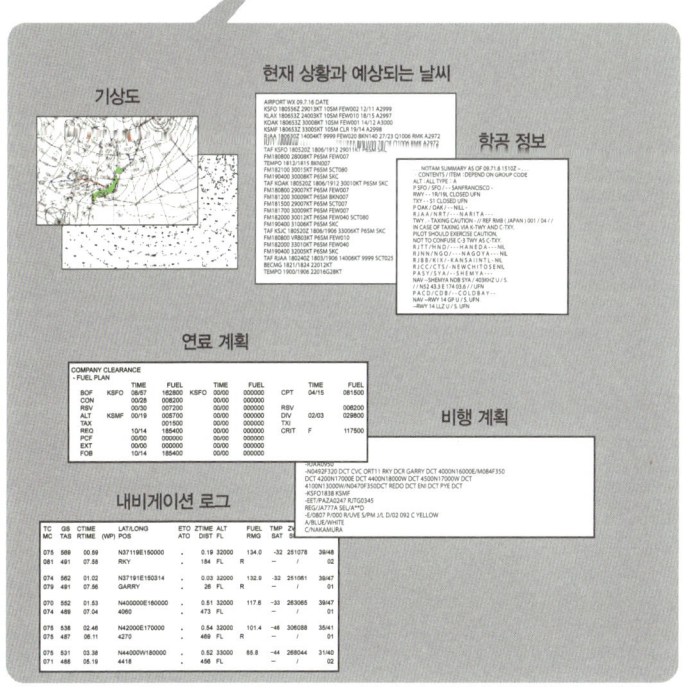

먼저 날씨부터 확인한다

풍향과 활주로의 관계는?

✈ 회의에서는 먼저 **날씨 조사**부터 시작한다. 목적지가 시계 불량 등 악천후일 때는 물론이고 그럴 염려가 없는 화창한 날이라 해도 반드시 출발지와 목적지의 날씨를 확인한다. 비행기는 맞바람을 맞으며 이착륙한다. 그렇기 때문에 바람의 정보는 "남풍이 조금 강하게 불 겁니다" 같은 모호한 수준이 아니라 "방위 160도에서 풍속 초속 10미터"와 같이 매우 자세하게 표현한다.

실제 새 무리도 전선이나 방파제에 앉아서 쉴 때 바람이 부는 방향을 향해 일렬로 나란히 앉는다. 바람을 향해 앉는 편이 쉬기 편할 뿐만 아니라 날아오를 때도 수월하기 때문이다. 비행기도 마찬가지다. **맞바람을 맞으며 이륙이나 착륙을 하는 편이 활주 거리를 줄일 수 있다.**

바람의 방향에 따라 사용하는 활주로가 바뀔 경우, 출발하는 공항에서는 활주로로 향하기 위해 지나가는 유도로가 달라지며 출발 루트도 크게 달라진다. 또 목적지에서는 어떤 활주로를 사용하느냐에 따라 도착 루트가 달라지므로 하강을 개시하는 지점이나 감속을 시작하는 지점도 달라진다. 따라서 연료 사용량도 달라진다.

그런데 날씨를 조사하는 대상 지역은 출발지와 목적지만이 아니다. 목적지에 도착할 수 없을 경우를 대비한 대체 공항의 날씨는 물론이고 긴급 상황을 고려해 항로 도중에 있는 공항의 날씨도 조사한다. 또한 항로의 날씨를 조사해 비행기가 가급적 흔들리지 않는 루트와 고도를 설정하며, 공중에서는 이착륙할 때와 반대로 바람을 등지는 편이 비행에 유리하므로 강한 순풍 또는 약한 맞바람이 부는 루트와 고도 등을 설정한다.

활주로의 이름

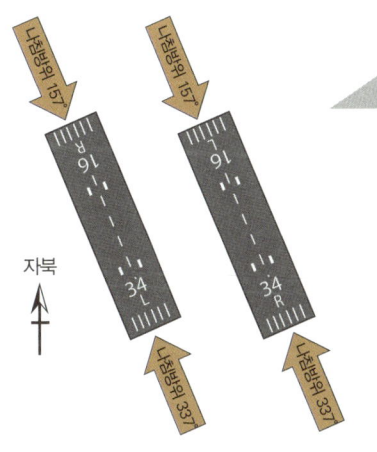

활주로 번호는 나침방위를 기준으로 붙여진다. 예를 들어 나침방위가 337도라면 10의 자리를 반올림해 34(스리-포라고 부른다)가 된다. 하네다 공항에 있는 구(舊)활주로의 나침방위는 332도였기 때문에 33이라고 불렸다. 그리고 두 개가 평행하게 나 있는 활주로의 경우, 혼동을 방지하기 위해 34R(스리-포 라이트), 34L(스리-포 레프트)라고 구별해서 부른다. 또한 반대쪽의 활주로는 각각 16L, 16R이 된다.

이륙과 착륙은 맞바람을 맞으며

맞바람이 불수록 이륙에 필요한 거리가 짧아진다. 극단적으로 말하면 초속 90미터나 되는 맞바람이 불 경우, 이륙 활주를 하지 않아도 항구에서 갈매기가 날아오를 때처럼 둥실 하고 그 자리에서 떠오를 수 있다.

순풍이 분다면 이륙에 필요한 거리가 길어진다. 풍속이 초속 5미터(또는 7미터) 정도인 순풍이 불 때면 이륙이 금지될 정도다. 물론 그럴 때는 반대쪽 활주로에서 이륙한다. 착륙할 때도 마찬가지다.

항공 정보를 확인한다

최신 정보는 비행 직전에 확인!

비행기는 광활한 하늘을 자유롭게 날거나 공항 안을 마음대로 이동할 수 없다. 이륙해서 항공로에 다다르기까지의 출발 루트와 항공로를 벗어나 목적지 공항에 착륙하기까지의 도착 루트가 정해져 있다. 게다가 엔진 시동 후 활주로까지 가는 길과 착륙해서 도착 게이트까지 가는 길도 정해져 있다. 이처럼 지상이라 해도 제멋대로 주행하는 것은 용납되지 않는다.

그 이유는 하늘에 표식이나 도로 안내판을 설치할 수가 없기 때문이다. 그 대신 각국이 운항 관계자에게 발행하는 안전 운항을 위한 항공 정보가 있다. 여기에서 항공 지도 같은 영속적인 정보를 정리한 항공 정보 간행물은 파일럿의 루트 매뉴얼에 집약되어 있다. 그러나 파일럿이 아무리 정보를 최신으로 교체했더라도 모든 것을 파악할 수는 없다.

가령 며칠 전에 벼락이 떨어져 항법 원조 시설(navigation aid. 비행기의 위치나 방위를 전파로 알려주는 시설이다. 업계에서는 약어로 NAVAID라고 부른다)이 피해를 입는 바람에 출발 루트가 변경되었다거나 유도로가 일부 폐쇄되는 경우, 또는 로켓 발사가 예정되어 있어 급작스럽게 비행 제한 구역이 설정되는 일이 벌어지면 비행 당일에 확인해야 한다. 이런 정보들을 모아놓은 것이 노탐(NOTAM : Notice To Air Man)이다.

참고로 루트는 비행기가 비행해야 할 통로로, 우리말로는 '경로'라 한다. 주로 순항에 사용하는 루트는 항공로(airway)라고 한다. 또한 코스는 비행하고자 하는 루트의 방위, 주로 나침방위를 의미한다.

항공 정보 간행물의 예시

노탐의 예시

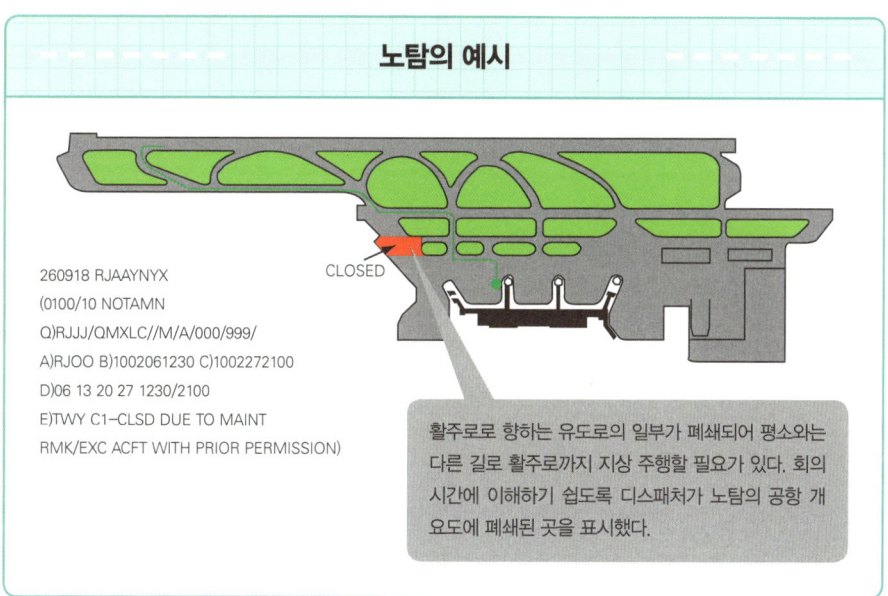

260918 RJAAYNYX
(0100/10 NOTAMN
Q)RJJJ/QMXLC//M/A/000/999/
A)RJOO B)1002061230 C)1002272100
D)06 13 20 27 1230/2100
E)TWY C1-CLSD DUE TO MAINT
RMK/EXC ACFT WITH PRIOR PERMISSION)

활주로로 향하는 유도로의 일부가 폐쇄되어 평소와는 다른 길로 활주로까지 지상 주행할 필요가 있다. 회의 시간에 이해하기 쉽도록 디스패처가 노탐의 공항 개요도에 폐쇄된 곳을 표시했다.

비행 계획을 세운다

안전함과 쾌적함, 효율을 생각하다

날씨 조사와 항공 정보를 바탕으로 강한 흔들림이 예상되지 않는 곳이나 비행 제한 구역 등을 확인한 뒤 안전하고 쾌적하게 비행할 수 있는 루트, 고도, 속도를 선정한다. 그리고 또 한 가지 중요한 정보가 실제로 해당 루트를 비행한 파일럿의 보고서다. 가령 "38(비행고도 3만 8천 피트를 의미)은 강한 흔들림이 있어서 36으로 내려갔더니 원활한 비행이 가능했다" 같은 보고를 참고해 고도를 선정한다.

안전함과 쾌적함을 고려한 다음에는 효율을 생각해야 한다. 효율적으로 비행하기, 즉 연비가 향상되는 고도와 루트와 속도를 선정하는 일이 중요하다. 연비를 크게 좌우하는 요소는 상공의 바람이다. 이륙이나 착륙을 할 때는 맞바람이 유리하지만, 공중을 날 때는 반대로 순풍이 유리하다. 오른쪽의 상단 그림을 보자. 겨울철에 하네다 공항에서 후쿠오카를 향하는 루트는 제트 기류를 그대로 받으며 비행하게 되므로 바람이 약해지는 낮은 고도를 설정하는 편이 연료 소비를 줄일 수 있다. 연료를 목적지까지 도착할 수 있을 만큼의 양만 탑재하면 안 된다. 목적지에 착륙할 수 없을 경우도 생각해 다른 공항으로 갈 수 있는 대체 연료, 또 계획한 고도나 속도로 비행할 수 없을 경우를 고려한 보정 연료, 여기에 공중대기를 위한 연료와 지상 주행을 위한 연료도 탑재한다. 모두 항공법이 탑재를 의무화한 연료로 법정 연료라고 한다.

그렇기 때문에 기종에 따라 탑재 연료의 합계량이 크게 달라지는 경우도 생각해야 한다. 보잉777과 보잉747은 같은 인원의 승객을 태우고 뉴욕까지 비행할 경우의 연료 합계량 차이가 드럼통으로 약 200통 분량에 이른다.

바람에 따른 연비의 차이

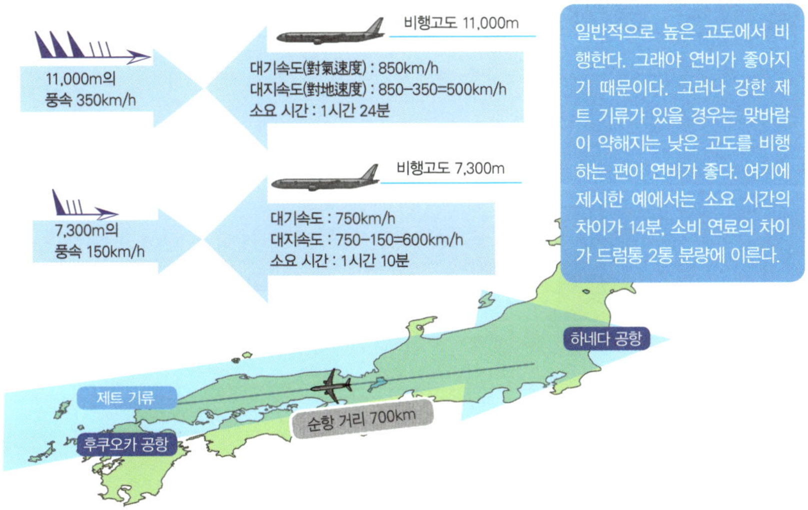

11,000m의 풍속 350km/h

비행고도 11,000m
대기속도(對氣速度) : 850km/h
대지속도(對地速度) : 850-350=500km/h
소요 시간 : 1시간 24분

7,300m의 풍속 150km/h

비행고도 7,300m
대기속도 : 750km/h
대지속도 : 750-150=600km/h
소요 시간 : 1시간 10분

일반적으로 높은 고도에서 비행한다. 그래야 연비가 좋아지기 때문이다. 그러나 강한 제트 기류가 있을 경우는 맞바람이 약해지는 낮은 고도를 비행하는 편이 연비가 좋다. 여기에 제시한 예에서는 소요 시간의 차이가 14분, 소비 연료의 차이가 드럼통 2통 분량에 이른다.

하네다 공항
제트 기류
후쿠오카 공항
순항 거리 700km

비행기 기종에 따른 연료 차이

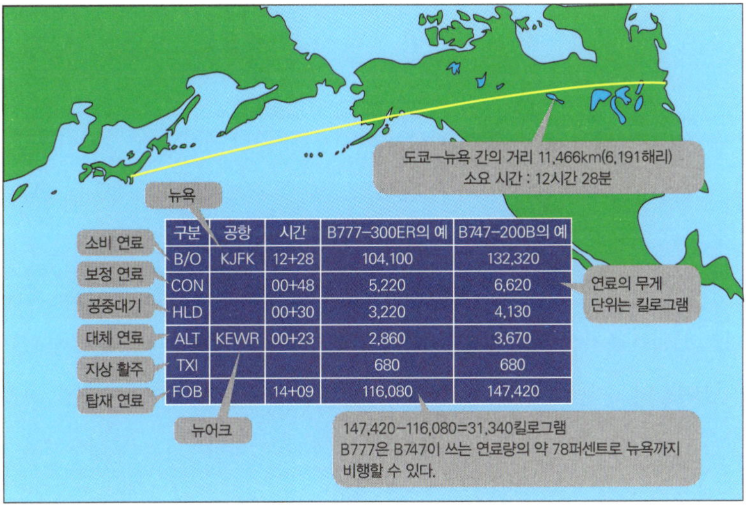

도쿄—뉴욕 간의 거리 11,466km(6,191해리)
소요 시간 : 12시간 28분

뉴욕

구분	공항	시간	B777-300ER의 예	B747-200B의 예
B/O	KJFK	12+28	104,100	132,320
CON		00+48	5,220	6,620
HLD		00+30	3,220	4,130
ALT	KEWR	00+23	2,860	3,670
TXI			680	680
FOB		14+09	116,080	147,420

소비 연료
보정 연료
공중대기
대체 연료
지상 활주
탑재 연료

연료의 무게 단위는 킬로그램

뉴어크

147,420-116,080=31,340킬로그램
B777은 B747이 쓰는 연료량의 약 78퍼센트로 뉴욕까지 비행할 수 있다.

비행기 무게는 얼마나 될까?
여러 종류가 있는 비행기 무게

 여기에서는 비행기 무게에 어떤 종류가 있는지 확인하고 넘어가도록 하자. 먼저, 비행기가 가장 무거울 때의 중량을 최대 활주(램프) 중량(Maximum Taxing[Ramp] Weight)이라고 한다. 오른쪽 그림을 보면 이륙할 수 있는 최대 중량인 최대 이륙 중량(Maximum Takeoff Weight)과 약 1~2톤 정도 차이 난다. 주기장에서는 최대 이륙 중량을 넘었더라도 이륙할 때까지 1톤의 연료를 소비하면 결국 비행기 무게가 최대 이륙 중량 이하가 되기 때문이다. 요컨대 지상 활주 중의 소비 연료를 효과적으로 활용하면 1톤 분량의 승객 또는 화물을 탑재할 수 있다. 최대 이륙 중량은 비행기의 힘과 능력(구조상의 능력과 성능상의 능력)을 모두 만족시키는 최대 무게다. 예를 들면 이륙 중에 엔진이 고장이 났을 경우 급제동을 걸어서 이륙을 중지해도 타이어가 파손되지 않고 안전하게 정지할 수 있는 최대 무게, 이륙을 계속하더라도 남은 엔진으로 다가오는 장해물을 안전하게 넘을 수 있는 최대 무게가 바로 최대 이륙 중량이다.

다음으로 무거운 중량은 최대 착륙 중량(Maximum Landing Weight)이다. 이 중량도 구조상 안전하게 착륙할 수 있는 최대 무게일 뿐만 아니라 착륙을 중단하고 상승(Go Around)할 경우에 엔진이 고장 난 상태에서도 여유 있게 상승할 수 있는 성능상의 최대 무게이다. 그리고 최대 무연료 중량(Maximum Zero Fuel Weight)은 연료 이외의 승객이나 화물을 최대로 탑재했을 때의 무게다. 날개 속에 있는 연료가 줄어들어 '누름돌 효과'가 작아지면 날갯죽지 부분에 가해지는 힘이 커진다. 이 힘은 날개 속의 연료가 제로가 되었을 때 최대가 된다. 그런 상태에서도 날개가 '만세'를 부르며 부러지지 않는 최대 중량이 최대 무연료 중량이다.

A380 vs 보잉747

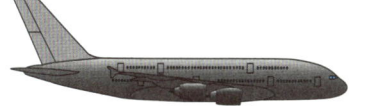
에어버스 A380

보잉747

무겁다 ↑ 가볍다

비행기 무게의 종류	에어버스 A380	보잉747
최대 활주(램프) 중량	562톤	397톤
최대 이륙 중량	560톤	396톤
최대 착륙 중량	386톤	285톤
최대 무연료 중량	361톤	246톤
표준 최대 탑재량	85톤	67톤

*여기에 제시된 중량은 대푯값이다. 비행기 모델에 따라 실제 중량은 다르다.

A330 vs 보잉777

에어버스 A330

보잉777

무겁다 ↑ 가볍다

비행기 무게의 종류	에어버스 A330	보잉777
최대 활주(램프) 중량	231톤	231톤
최대 이륙 중량	230톤	230톤
최대 착륙 중량	182톤	200톤
최대 무연료 중량	170톤	190톤
표준 최대 탑재량	50톤	55톤

*여기에 제시된 중량은 대푯값이다. 비행기 모델에 따라 실제 중량은 다르다.

유료 하중을 최대로 하려면?

온갖 각도에서 산출한다!

항공사는 승객과 화물을 유상으로 운송한다. 그러므로 '운반할 수 있는 무게'와 '운반하기 위한 무게'를 명확히 구별해야 한다. 비행 계획을 세울 때 가장 큰 목표는 운반할 수 있는 무게, 즉 유료 하중(payload)을 최대로 잡는 것이다.

운반하기 위한 무게에는 비행기 본체, 구명동의 같은 비상용 장비, 승무원과 그 수하물, 여객 서비스 용품 등이 있다. 이들 무게의 합계를 운항 공허 중량(Operating Empty Weight)이라고 부른다. 오른쪽 그림에서 알 수 있듯이 **최대 유료 하중은 최대 무연료 중량에서 운항 공허 중량을 뺀 무게다.** 최대 유료 하중이라고 해도 최대 이륙 중량의 20퍼센트 전후밖에 되지 않는데, 카탈로그에 실려 있는 유료 하중은 바로 이 값이다.

국내선과 국제선은 좌석의 사양, 승무원 편성, 여객 서비스 용품 등이 크게 다르기 때문에 같은 기종이어도 국제선 사양기의 운항 공허 중량이 더 무겁다. 그래서 국제선 사양기의 최대 무연료 중량이나 최대 착륙 중량은 무겁게 설정되어 있는 경우가 있다. 또 화물 전용기는 좌석이나 서비스 용품 등이 필요 없어 운항 공허 중량이 가볍기 때문에 최대 유료 하중이 여객기의 두 배 이상이다.

그런데 유료 하중에 탑재 연료를 더한 무게가 최대 이륙 중량을 초과한다면 이륙을 할 수 없다. 또 목적지에 도착했을 때의 무게가 최대 착륙 중량을 초과한다면 착륙이 불가능하다. 그리고 공항의 활주로 상태나 주변 장해물 등의 조건에 따라 이륙(착륙)할 수 있는 무게가 제한될 경우도 있다. 이상과 같은 조건을 전부 검토해 이륙할 수 있는 최대 무게를 결정한다.

비행기의 무게

보잉777의 경우 (최대 유료 하중)=(최대 무연료 중량)−(운항 공허 중량)이므로 190−135=55톤이다. 그러나 비행에 필요한 연료가 230−190=40톤 이상이라면 유료 하중은 55톤 이하가 된다. 유료 하중을 늘리기 위해서는 목적지까지 사용할 소비 연료를 줄이는 것이 가장 중요하다. 비행기의 구조적인 문제로는 운항 공허 중량을 가볍게, 최대 무연료 중량을 무겁게 만들 필요가 있다.

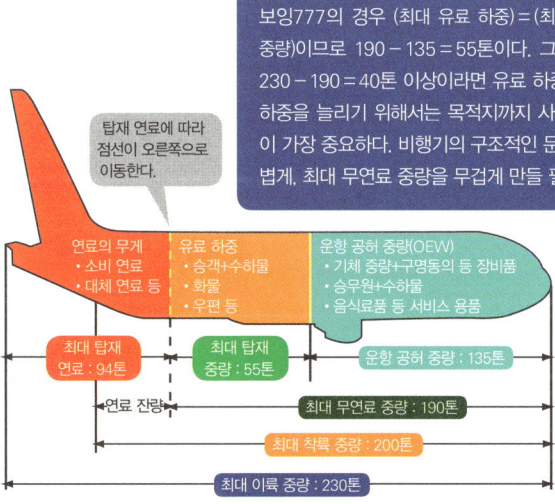

이륙할 수 있는 무게를 점검한다

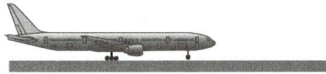

(이륙할 수 있는 무게)≦(최대 무연료 중량)+(탑재 연료) 점검

만석이고 화물도 가득 실었으며 여기에 필요한 연료를 탑재했다면 최대 이륙 중량을 넘어서기 때문에 이륙할 수 없다.

(이륙할 수 있는 무게)≦(최대 착륙 중량)+(소비 연료) 점검

목적지에 도착해도 최대 착륙 중량을 초과했기 때문에 착륙할 수 없다.

(이륙할 수 있는 무게)≦공항(활주로의 길이, 적설, 장해물 등) 점검

활주로까지 와도 활주로의 상태(짧은 길이, 쌓인 눈 등) 때문에 이륙할 수 없다.

비행기의 균형을 점검한다

무게와 균형이 중요하다

비행기 무게뿐만 아니라 무게중심 위치도 비행에 큰 영향을 끼친다. 예를 들어 무게중심 위치가 뒤쪽에 있으면 기수를 위로 향하게 하는 힘이 작용한다. 그 힘을 상쇄시켜 수평을 유지하는 역할을 하는 것이 수평꼬리날개에 발생하는 양력(위로 향하는 힘)이다. 반대로 무게중심 위치가 앞쪽에 있을 경우는 수평꼬리날개에 아래로 향하는 힘이 발생하고, 그 힘이 비행기를 수평으로 유지하는 역할을 한다. 그러나 무게중심 위치가 너무 앞쪽이나 뒤쪽에 있으면 수평꼬리날개의 능력을 넘어서기 때문에 안정된 비행을 할 수 없다.

그래서 항공기 무게중심 위치 지시서(Weight and Balance Manifest)라고 부르는 적하 목록을 이용해 비행기의 무게와 무게중심 위치를 동시에 관리한다. 무게중심 위치는 공력 평균 익현(MAC : Mean Aerodynamic Chord)이라고 부르는 날개의 무게중심(그림에서 구한 기하학적인 무게중심)을 지나가는 선 위의 몇 퍼센트의 위치가 되는가, 즉 공력 평균 익현에 대한 비율로 표현한다. 무게중심 위치가 허용되는 범위는 매우 좁아서, 가령 보잉747은 13~33퍼센트 MAC, 에어버스 A380은 29~44퍼센트 MAC다. 체중 설정의 일례를 보면 승객은 약 64킬로그램(국제선의 경우는 약 73킬로그램), 파일럿(수하물 포함)은 약 77킬로그램, 객실 승무원(수하물 포함)은 약 59킬로그램으로 되어 있다. 그러나 씨름 선수 같은 운동선수가 단체로 탑승할 경우는 몸무게를 질문해 조사하거나 직접 측정한다. 한 사람 한 사람의 착석 위치에서 '몸무게×거리'로 회전하는 능률, 즉 모멘트를 더하고 계산해 비행기 전체의 무게중심 위치를 산출한다. 그래서 이륙하기까지는 설령 빈자리가 있어도 멋대로 이동할 수 없다는 규정이 있다.

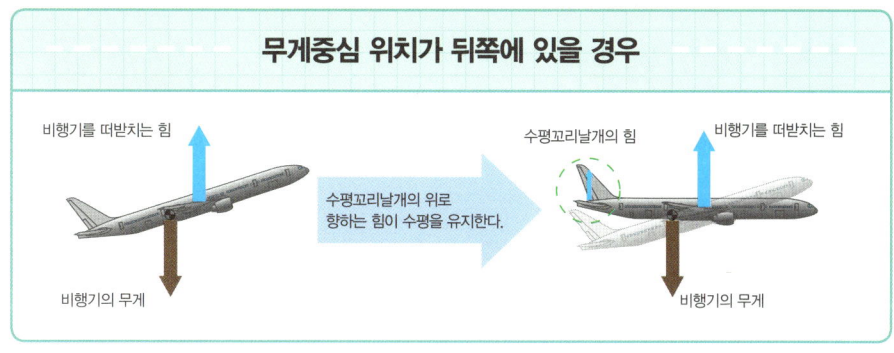

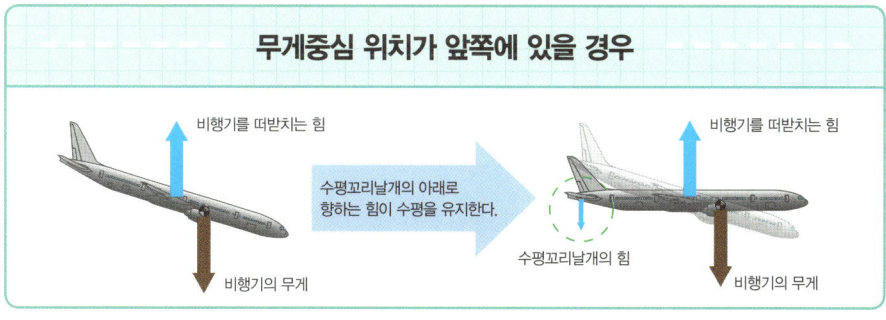

무게중심 위치는 어디인가?

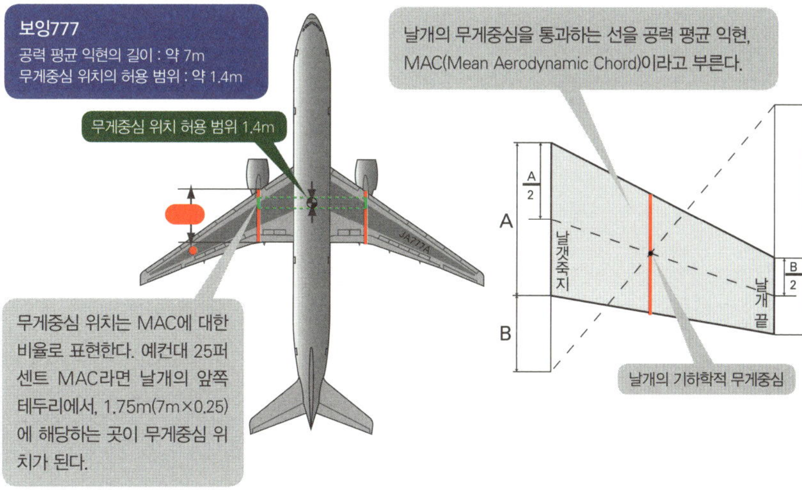

보잉777
공력 평균 익현의 길이 : 약 7m
무게중심 위치의 허용 범위 : 약 1.4m

무게중심 위치 허용 범위 1.4m

날개의 무게중심을 통과하는 선을 공력 평균 익현, MAC(Mean Aerodynamic Chord)이라고 부른다.

무게중심 위치는 MAC에 대한 비율로 표현한다. 예컨대 25퍼센트 MAC라면 날개의 앞쪽 테두리에서, 1.75m(7m×0.25)에 해당하는 곳이 무게중심 위치가 된다.

날개의 기하학적 무게중심

출발 게이트의 비행기로 향한다
정비사와 파일럿의 확인 작업

드디어 파일럿은 출발 게이트에서 기다리고 있는 비행기로 향한다. 물론 파일럿은 기상 정보와 항공 정보, 비행기의 중량과 무게중심 위치를 관리하는 항공기 무게중심 위치 지시서, 비행 계획을 정리한 내비게이션 로그 등을 챙겨야 한다.

비행기는 이미 정비사들의 면밀한 출발 전 점검을 마친 상태다. 그 기내에서 정비사와 파일럿은 정비 상황, 연료와 윤활유의 탑재량과 품질 등을 서로 확인한다. 가령 항공일지(비행기에 탑재해야 하는 비행 기록부)에 기재되어 있는 정비 내용을 바탕으로 전구 교환 같은 사소한 것까지 정비한 모든 내용과 그 이유를 최종 확인한다.

그 후 파일럿이 기체 외부를 눈으로 점검한다. 이 행동을 업계에서는 외부 점검이라고 부른다. 조종 업무를 주로 하는 파일럿을 PF(Pilot Flying), 조종 이외의 업무를 담당하는 파일럿을 PM(Pilot Monitering)라고 부르는데, PF가 외부 점검을 실시하는 비행기(보잉777)와 PM이 외부 점검을 실시하는 비행기(에어버스 A330)가 있다.

비행기는 주 날개, 동체, 수직꼬리날개, 랜딩 기어, 엔진 등으로 구성되어 있으며, 이는 어떤 기종이든 별다른 차이가 없다. 그러나 자세를 변화시키는 조종면(키 역할을 하는 작은 가변식 날개)을 부착하는 위치나 수는 기종에 따라 차이가 있다. 가령 좌우의 기울기를 조정하는 도움날개의 경우, 에어버스 A380은 세 개가 나란히 설치되어 있지만 보잉777은 날개 끝과 날갯죽지에 설치되어 있다.

외부 점검

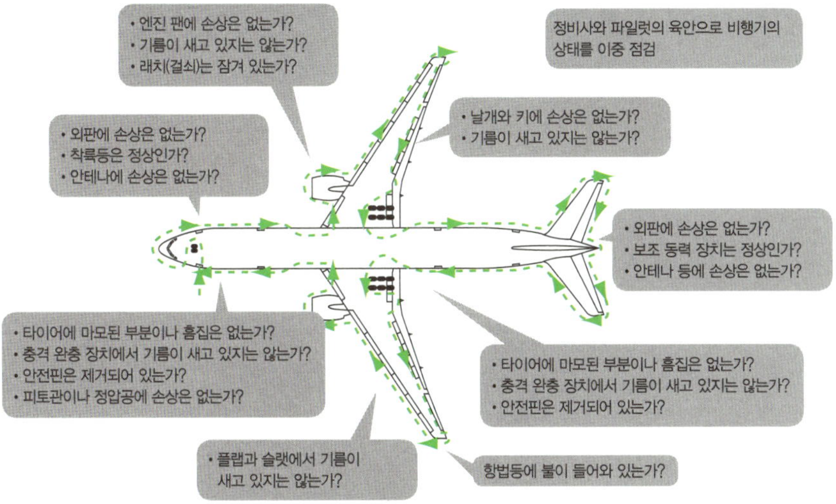

- 엔진 팬에 손상은 없는가?
- 기름이 새고 있지는 않는가?
- 래치(걸쇠)는 잠겨 있는가?

정비사와 파일럿의 육안으로 비행기의 상태를 이중 점검

- 날개와 키에 손상은 없는가?
- 기름이 새고 있지는 않는가?

- 외판에 손상은 없는가?
- 착륙등은 정상인가?
- 안테나에 손상은 없는가?

- 외판에 손상은 없는가?
- 보조 동력 장치는 정상인가?
- 안테나 등에 손상은 없는가?

- 타이어에 마모된 부분이나 흠집은 없는가?
- 충격 완충 장치에서 기름이 새고 있지는 않는가?
- 안전핀은 제거되어 있는가?
- 피토관이나 정압공에 손상은 없는가?

- 타이어에 마모된 부분이나 흠집은 없는가?
- 충격 완충 장치에서 기름이 새고 있지는 않는가?
- 안전핀은 제거되어 있는가?

- 플랩과 슬랫에서 기름이 새고 있지는 않는가?

- 항법등에 불이 들어와 있는가?

날개와 키의 명칭과 역할

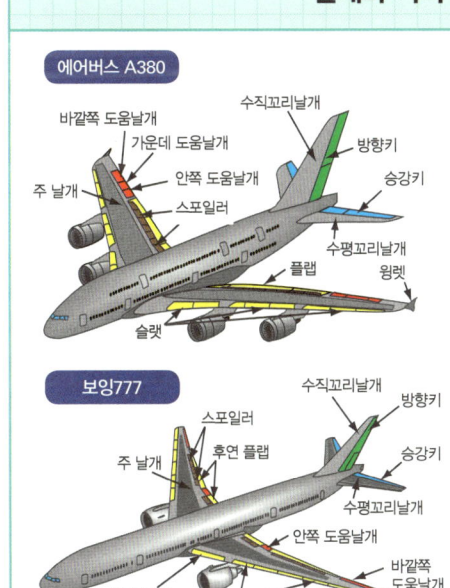

주 날개	비행기를 떠받치고 좌우 기울어짐을 안정시키는 역할
도움날개(aileron)	자세를 좌우로 기울이기 위한 날개
수직꼬리날개	가로(좌우) 방향의 안정을 유지시키는 역할
방향키(rudder)	기수를 좌우로 향할 수 있게 하는 키
수평꼬리날개	세로(상하) 방향의 안정을 유지시키는 역할
승강키(elevator)	기수를 세로(상하) 방향으로 움직이기 위한 키
스포일러(spoiler)	날개 면의 기류를 차단시켜 양력 발생을 감소시키고 항력을 증가시키는 역할
플랩(flap)	양력을 크게 만드는 고양력 장치
슬랫(slat)	플랩과 쌍으로 작동해 주 날개 앞면에 틈새를 만듦으로써 공기가 날개 윗면을 원활하게 흐르도록 하는 장치
윙렛(winglet)	날개 끝에서 공기의 소용돌이가 발생하는 것을 억제해 공기저항을 감소시키는 날개 끝 판

비행기의 출발 준비를 한다

비행기의 주위에 있는 차량의 역할은?

1-10

✈ 출발 로비에 있으면 출발 준비를 위해 비행기 주위를 움직이는 차량들의 모습을 볼 수 있다. 컨테이너 돌리(dolly)는 컨테이너를 운반하는 차량이다. 운반한 컨테이너를 하이리프트 로더(high lift loader)가 동체 아래에 있는 화물실로 옮긴다. 또 화물 트럭이 운반한 수화물은 화물실의 제일 뒷부분에 탑재한다. 음식료품 같은 서비스 용품은 여객 서비스차가 최후방의 왼쪽 문 또는 최전방의 오른쪽 문을 통해 싣는다. 날개 밑에 서 있는 차량은 연료차다. 견인차는 비행기의 앞바퀴에 부착되어 푸시백(pushback, 유도로로 밀어주는 일)을 기다린다.

그 무렵 객실에서는 파일럿과 객실 승무원의 브리핑이 진행된다. 비행을 함께하는 승무원 모두가 정보를 공유하는 것은 안전하고 쾌적하며 효율적인 비행을 위해 매우 중요하다. 브리핑 내용은 비행 루트, 고도, 소요 시간, 대체 공항과 소요 시간, 흔들림 상황 등 비행 전반이다. 객실 안에 있는 비상용 장비품(소화기 등)이나 긴급사태가 발생했을 경우의 대처 방법 등을 확인하는 일도 중요하다.

만약 화재나 예상 못한 사고가 발생했을 경우, 승객과 승무원 전원은 90초 이내에 탈출해야 한다(90초 원칙). 이를 위해 비행 출구를 포함한 비행기의 모든 문에는 긴급 탈출용 미끄럼대가 장비되어 있다. 긴급 시에 문을 열면 자동으로 미끄럼대가 10초 안에 팽창해 사람들이 내려갈 수 있다. 탑승이 완료되어 모든 문이 닫히면 "승무 연락, 도어 모드를 암드 포지션"이라는 기내 방송이 나오는데, 각 문을 담당하는 객실 승무원에게 미끄럼대의 세팅을 지시하는 것이다.

비행기의 출발 준비

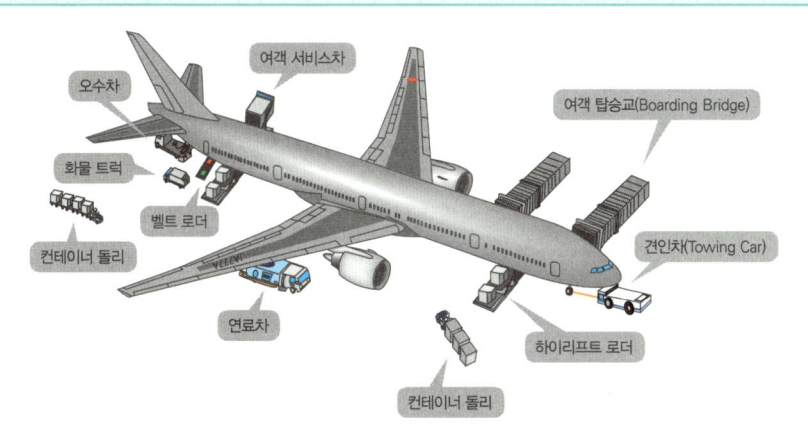

90초 원칙이란?

90초 원칙 : 승객과 승무원 전원이 90초 이내에 비행기에서 지상으로 탈출해야 한다.

와이드보디(wide-body) 여객기의 경우, 비상구 하나당 정원이 110명으로 정해져 있다. 그러나 비상구를 절반밖에 사용할 수 없을 때를 가정해 가령 비상구가 10개 있다고 하더라도, 550명(110명×5개)이 최대 정원이 된다. 이 그림에서 예로 든 보잉777-200은 비상구가 8개이므로, 440명(110명×4개)이 최대 정원이 된다.

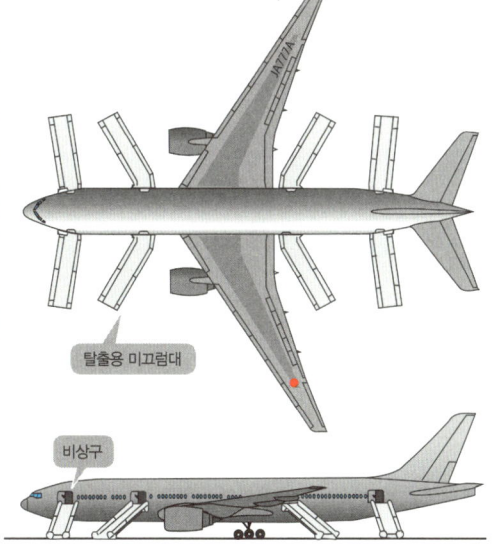

잠자는 비행기의
두뇌를 깨운다

주기하고 있는 위치의 위도와 경도를 정확히 입력한다

 조종을 담당하는 파일럿인 PF가 외부 점검을 하는 사이에 조종을 담당하지 않는 파일럿인 PM은 조종석을 점검한다.

먼저 비행기에 탑재해야 하는 서류를 확인한다. 항공일지 이외에 등록 증명서, 내공 증명서, 운용 한계 등 지정서, 항공 무선 통신사 자격증 등이 여기에 해당한다. 다음에는 소화기, 방화·방연 마스크, 내화 장갑, 구명동의 등 조종실 내부의 비상용 장비품을 점검한다. 이는 자동차 등록증과 자동차 보험증서 등의 서류, 긴급 정지를 대비한 삼각 정지판 같은 장비품을 차내에 보관해야 하는 것과 마찬가지 일이다.

이 같은 확인이 끝나면 비행기의 두뇌인 비행 관리 시스템에 현재 주기(駐機. 비행기를 세워두는 일)하고 있는 출발 게이트의 정확한 위치를 위도와 경도로 입력한다. 이렇게 하면 목적지까지 정확한 비행을 할 준비가 갖춰진다(자세한 내용은 다음 장에서 설명한다).

그런데 반드시 PF가 기장인 것은 아니다. PF는 어디까지나 조종 업무를 담당하는 파일럿을 가리킨다. 기장과 기장이 함께 비행하는 경우도 있으므로, 기장이면서 그 비행의 객실 승무원을 포함한 모든 승무원을 지휘 감독하는 파일럿을 PIC(Pilot In Command)라고 한다. 선배 기장이 아니라 후배 기장이 PIC가 될 때도 있다. PIC가 된 기장은 출발하기 전에 정비 상황과 이륙 중량, 착륙 중량, 무게중심의 위치와 중량 분포, 항공 정보, 해당 항행에 필요한 기상 정보, 연료와 윤활유의 탑재량과 품질, 적재물의 안전성 등을 확인하도록 항공법에 정해져 있다.

비행기의 두뇌에 위치 정보를 입력한다

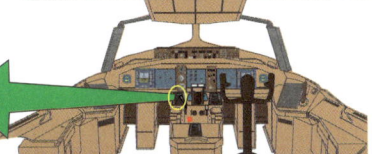

비행기가 움직이기 전에 FMS CDU(비행 관리 시스템 컨트롤 디스플레이 유닛)에 현재 주기하고 있는 위치(위도와 경도)를 입력하면 목적지까지 정확한 비행을 할 준비가 갖춰진다.

비행 관리 시스템(FMS : Flight Management System)은 비행 루트와 비행기의 성능 같은 데이터베이스를 컴퓨터로 처리해 비행기의 자세와 비행 예정 루트, 추력 설정값 등을 표시하고 자동 조종, 자동 유도, 추력 제어, 경제속도(자동차, 항공기 따위의 탈것이 연료를 되도록 적게 소비하여 가장 많은 거리를 운행할 수 있는 속도) 산출 등 비행 전체를 관리한다.

기장이 출발 전에 확인해야 할 것들

비행기에 있어야 하는 서류

- 등록 증명서
  구입 시에 등록 신청을 하면 국적 기호와 등록 기호가 결정되어 등록 원부에 기재된다.
- 내공 증명서와 운용 한계 등 지정서
  법이 규정한 강도, 구조, 성능 등을 갖추고 있는지 검사하는 내공 검사에 합격하면 내공 증명서와 운용 한계 등 지정서가 발행되며, 비행기의 용도(항공 운송 사업용 등)와 운용 한계(최대 이륙 중량 등)가 지정된다.
- 탑재용 항공일지
  비행을 할 경우 반드시 항공일지를 구비하고 승무원의 성명과 이착륙 시각 등 비행과 연관된 사항 혹은 윤활유량 같은 정비 상황 등을 기입해야 한다.
- 그 밖의 서류
  비행 규정(또는 비행기 운용 규정), 항공 무선 통신사 자격증 등이 있다.

출발할 때 기장이 확인해야 하는 사항

- 정비 상황
- 이륙 중량, 착륙 중량, 무게중심의 위치와 중량 분포
- 항공 정보
- 기상 정보
- 연료와 윤활유의 탑재량과 품질
- 적재물의 안전성

PIC(Pilot In Command)
운항과 안전을 책임지고 지휘할 권한과 책임을 가진 파일럿
PF(Pilot Flying)
주로 조종 업무를 담당하는 파일럿
PM(Pilot Monitering)
조종 이외의 업무를 담당하는 파일럿

비행기 자세와
자이로스코프의 관계

우주의 한 점을 가리키는 성질을 이용한다

 비행 관리 시스템에 출발 게이트의 위치를 입력하면 정확한 비행을 할 준비가 갖춰진다고 설명했는데, 이것이 어떤 의미인지 생각해보자.

그러려면 19세기 중반까지 거슬러 올라가야 한다. '푸코의 진자'로 지구 자전을 증명한 프랑스인 레옹 푸코(Jean Bernard Léon Foucault, 1819~1868)는 '회전하는 팽이의 축은 항상 우주의 한 점을 가리킨다'는 성질을 이용해 지구 자전을 증명했다. 그는 이 팽이를 이용한 장치에 자이로스코프라는 이름을 붙였는데, 그리스어로 자이로는 '회전'을, 스코프는 '본다'를 의미한다. 요컨대 지구의 회전을 보는 장치라는 뜻이다.

어쨌든, 비행기는 오래전부터 이 자이로스코프의 성질을 이용해왔다. 자이로스코프의 회전축이 수직(VG : Vertical Gyroscope)이면 비행기가 좌우로 기울어지든 상하로 변화하든 회전축은 계속 한 점을 가리키므로 그 차이를 바탕으로 변화한 각도를 알 수 있다. 또 회전축이 진행 방향(DG : Directional Gyroscope)이면 날고 있는 방향을 알 수 있다.

그런데 곤란하게도 비행기가 이동하거나 지구가 자전하면 회전축이 지구의 중심이나 진북(지상의 기준에 따른 지구의 북쪽)으로부터 어긋나게 된다. VG의 회전축은 지구의 중심을, DG의 회전축은 진북을 향하게 만들 필요가 있는 것이다. 그래서 기계적으로 제어하거나(자석을 이용해 기준을 자북에 둔다) 입력한 현재 위치와 지구의 자전을 검출해 컴퓨터가 수평과 진북을 산출하는 방법을 쓴다(이 방법이 주류다). 자이로스코프의 축을 일정한 방향으로 제어하는 것을 자립 제어라고 부르는데, 자립하기까지는 비행기를 움직일 수 없다.

자전을 보는 팽이(자이로스코프)

지구 위에서 자이로스코프의 회전축은 1시간에 15도의 비율로 기울어진다.

비행기 자세와 자이로스코프

자이로스코프는 플랫폼이라고 부르는 수평으로 유지되는 판 위에 설치되어 있다. 이와 같이 기체가 움직여도 자이로스코프의 방향을 일정하게 제어하는 것을 자립 제어라고 한다.

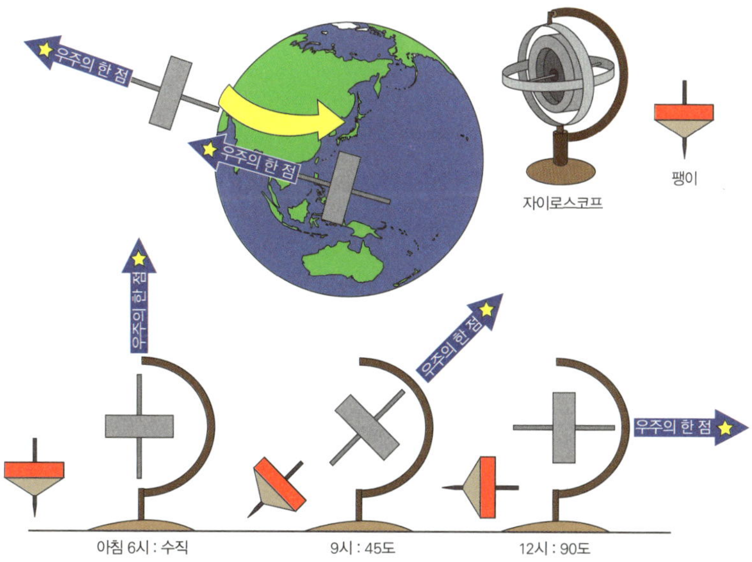

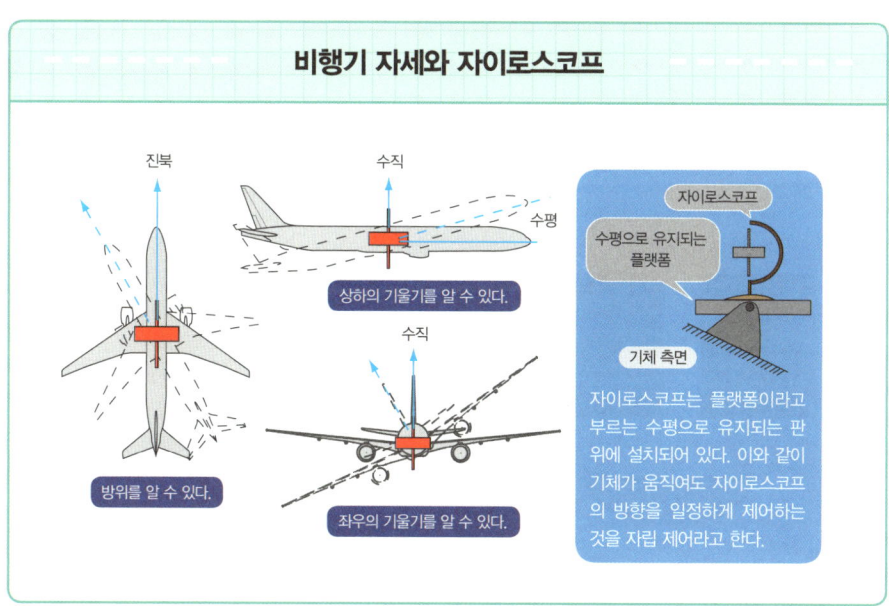

토막 상식 001

파일럿 제복의 역할은?

일반 회사에서 일하는 사람은 대부분 정장을 입는다. 따라서 이름패라도 달지 않으면 어떤 일을 하고 있는지 알 수가 없다. 그러나 제복을 착용하면 그 사람의 직무를 한눈에 알 수 있다. 항공계에서는 파일럿, 정비사, 객실 승무원의 제복이 각각 다르다.

파일럿 제복의 소매에 재봉되어 있는 금색 줄이 네 개이면 기장, 세 개이면 부조종사인 것은 세계 공통이다. 기장은 안전 운항을 지휘할 권한과 책임이 있으며, PIC(Pilot In Command)라고도 부른다. 비행의 지휘권과 책임을 가진 사람을 명확히 하기 위해 제복이 있다고 할 수 있다.

이처럼 제복은 파일럿이나 객실 승무원을 일반 승객과 구분해주는데, 이는 긴급사태가 발생했을 때 매우 유용하다. 긴급사태가 발생해 기내가 혼란에 빠졌을 때 제복을 입은 파일럿이나 객실 승무원이 사태 수습을 지휘하는 것과 일반적인 복장의 승객이 지휘하는 것에는 큰 차이가 있다. 그래서 겉옷뿐만 아니라 드레스셔츠에도 견장과 윙 마크를 달아 한눈에 파일럿을 알아보게 한다.

기장 견장

부조종사 견장

윙 마크

조종석에서는 제복 겉옷을 착용하지 않는다.
드레스셔츠의 어깨에 견장을, 가슴에 윙 마크를 단다.

Chapter 2

비행기 엔진에 시동을 걸어보자
Engine Start

우리가 자리를 찾아 착석할 무렵, 조종석에서는 무엇을 하고 있을까?
엔진 소리가 들리기 시작했는데, 어떻게 시동을 거는 것일까?

조종석 상황을 알아본다

전자식 집합 계기란 무엇일까?

 출발 준비가 개시되기 전에 조종석에 있는 계기류와 제어를 위한 스위치, 노브 등이 배치되어 있는 패널(계기판)의 이름을 확인해두자.

좌석은 두 개이며, 통상적으로 왼쪽에 기장, 오른쪽에 부조종사가 앉는다. 그 밖에 심사, 훈련, 편승 또는 파일럿의 단순 이동(데드헤드) 등에 사용되는 접이식 좌석인 점프 시트가 둘 있으므로 합계 네 석이 된다(에어버스 A380은 합계 다섯 석). 계기판은 오른쪽 그림의 예와 같이 EFIS(Electronic Flight Instrument System, 전자 비행 계기 시스템)라고 부르는 전자식 집합 계기의 디스플레이가 좌우와 중앙에 각각 두 개씩, 즉 여섯 개가 배치되어 있는 비행기가 많다. EFIS는 계기 표시뿐만 아니라 문자나 그림 정보도 같은 화면에 표시하며, 텔레비전 채널을 바꾸듯이 자유롭게 표시 화면을 전환할 수도 있다.

파일럿의 눈앞에 설치되어 있는 PFD는 비행에 가장 중요한 정보인 속도, 자세, 고도, 방위 등을 표시한다. 그 옆에 있는 ND는 주로 비행 루트 등 항법 관련 정보를 표시한다. 그리고 엔진이나 랜딩 기어 등의 작동 상황은 중앙에 있는 ECAM EWD(EICAS)에 표시된다. 그 밖의 장치 상태는 그 밑에 있는 ECAM SD(MFD)라는 디스플레이에 표시된다.

파일럿이 비행 중에 수시로 조작하는 패널은 자동 조종 장치를 제어하는 FCU(MCP)다. 그리고 비행기의 두뇌인 비행 관리 시스템, 즉 FMS 컴퓨터에 입출력을 하는 CDU도 중요한 장치다.

에어버스 A330의 조종석

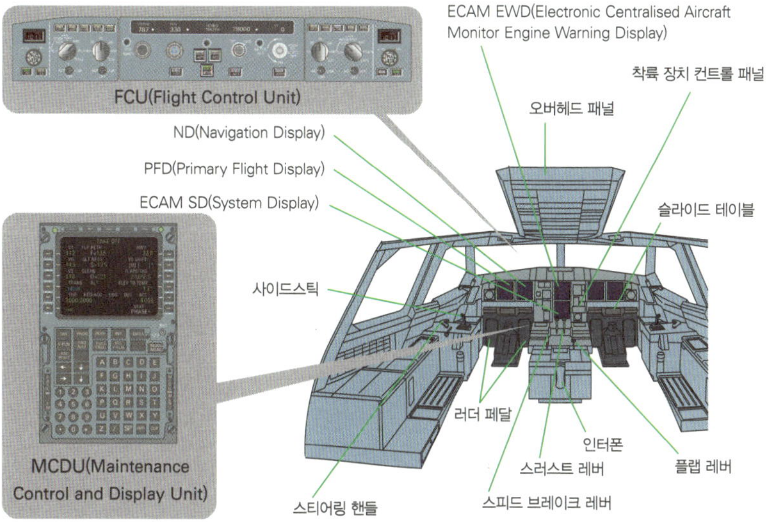

- FCU(Flight Control Unit)
- ECAM EWD(Electronic Centralised Aircraft Monitor Engine Warning Display)
- ND(Navigation Display)
- PFD(Primary Flight Display)
- ECAM SD(System Display)
- 오버헤드 패널
- 착륙 장치 컨트롤 패널
- 슬라이드 테이블
- 사이드스틱
- MCDU(Maintenance Control and Display Unit)
- 러더 페달
- 인터폰
- 플랩 레버
- 스티어링 핸들
- 스러스트 레버
- 스피드 브레이크 레버

보잉777의 조종석

- MCP(Mode Control Panel)
- EICAS(Engine Indicating and Crew Alerting System)
- 오버헤드 패널
- 착륙 장치 컨트롤 패널
- ND(Navigation Display)
- PFD(Primary Flight Display)
- MFD(Multi-Function Display)
- 스티어링 핸들
- 조종간
- FMS CDU(Control Display Unit)
- 러더 페달
- 인터폰
- 플랩 레버
- 스피드 브레이크 레버
- 스러스트 레버

41

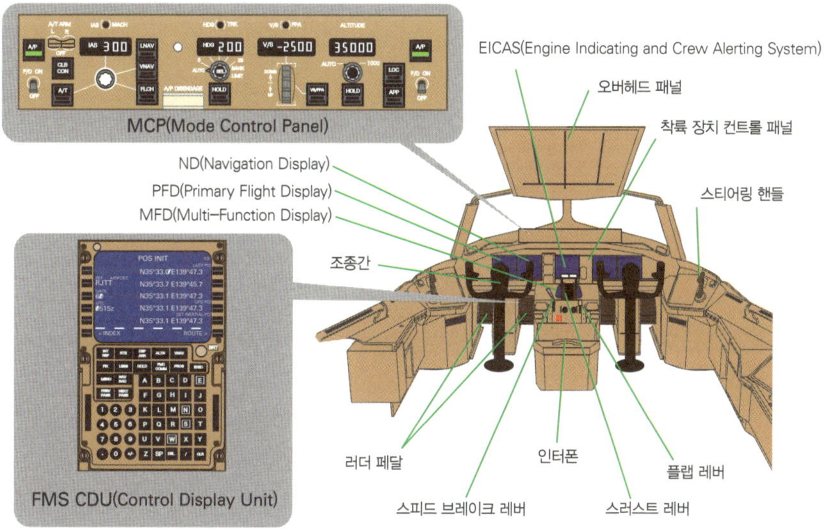

탑승을 개시한다

2 - 02

조종석에서는 무엇을 하고 있을까?

✈ 기장은 운항에 필요한 모든 준비가 갖춰졌음을 확인하면 여객 탑승 개시 허가를 내린다. 탑승은 출발 시각 20~30분 전부터 시작되므로 파일럿은 1시간 전에 집합해 디스패치 브리핑과 정비 상황 확인, 비행기 외부 점검, 객실 승무원과의 브리핑 등을 40분 정도에 걸쳐 실시한다.

여객 탑승 중에 기장과 부조종사는 각자의 자리에 착석해 출발 준비를 시작한다. 이미 정비사가 조종석의 출발 전 점검을 면밀하게 실시했지만 비행기 외부 점검과 마찬가지로 정비사의 눈과 비행사의 눈으로 이중 점검을 한다. 오른쪽 그림에 나오듯이 패널의 출발 전 점검이나 셋업 순서와 범위는 좌석의 위치에 따라 결정된다. 외부 점검의 경우와 마찬가지로 점검에 누락이 없게, 또 패널 셋업 시에 서로의 손이 교차하지 않게 되어 있다.

출발 준비에 필요한 '패널 셋업'이란 비행기의 각 장치를 엔진 스타트, 이륙, 상승, 순항 등을 안전하게 할 수 있는 상태로 조작하는 것을 말한다. 예를 들어 안전한 엔진 스타트를 위해 엔진 화재 소화 장치의 스위치는 오프(off)인지, 엔진의 액셀러레이터인 스러스트 레버는 최소 위치인지, 연료 밸브는 닫힘 상태인지, 연료가 흐르고 있지는 않는지 등을 확인한다.

또 비행 계획과 같은 표준 계기 출발 절차(이륙 후에 질서 정연하게 상승하기 위해 설정된 비행 루트)와 목적지까지의 루트를 CDU로 입력하고 항법 정보를 표시하는 ND에 그 루트가 표시되는지 확인한다.

에어버스 A330의 조종석

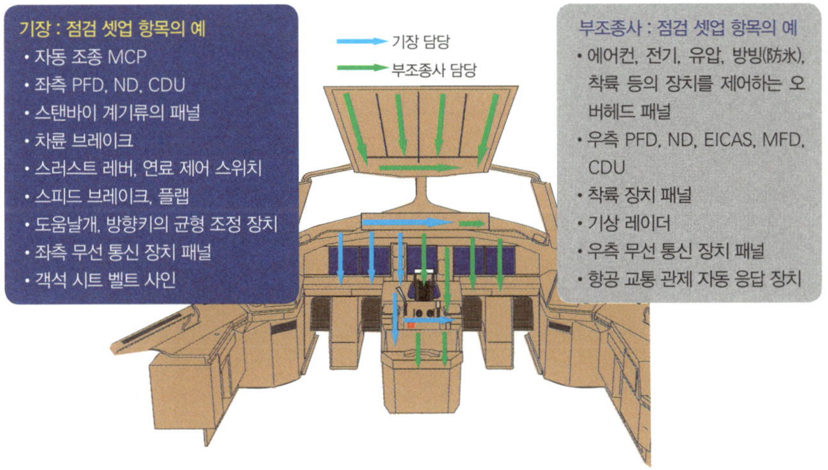

기장 : 점검 셋업 항목의 예
• 자동 조종 MCP
• 좌측 PFD, ND, CDU
• 스탠바이 계기류의 패널
• 차륜 브레이크
• 스러스트 레버, 연료 제어 스위치
• 스피드 브레이크, 플랩
• 도움날개, 방향키의 균형 조정 장치
• 좌측 무선 통신 장치 패널
• 객석 시트 벨트 사인
기장 담당
부조종사 담당
부조종사 : 점검 셋업 항목의 예
• 에어컨, 전기, 유압, 방빙(防氷), 착륙 등의 장치를 제어하는 오버헤드 패널
• 우측 PFD, ND, EICAS, MFD, CDU
• 착륙 장치 패널
• 기상 레이더
• 우측 무선 통신 장치 패널
• 항공 교통 관제 자동 응답 장치

비행 루트를 선택하기

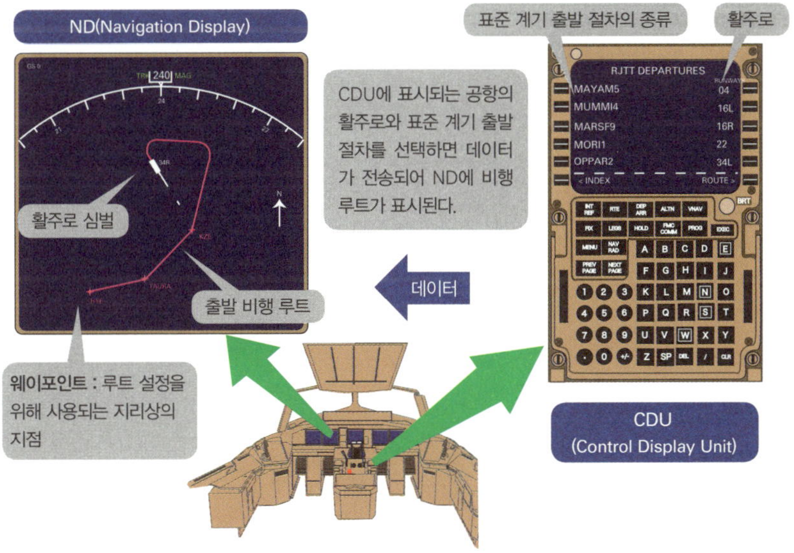

ND(Navigation Display)
240
활주로 심벌
출발 비행 루트
웨이포인트 : 루트 설정을 위해 사용되는 지리상의 지점
CDU에 표시되는 공항의 활주로와 표준 계기 출발 절차를 선택하면 데이터가 전송되어 ND에 비행 루트가 표시된다.
데이터
표준 계기 출발 절차의 종류
활주로
RJTT DEPARTURES
MAYAM5 04
MUMMI4 16L
MARSF9 16R
MORI1 22
OPPAR2 34L
< INDEX
ROUTE >
CDU
(Control Display Unit)

출발 5분 전에
파일럿이 하는 일

테이크오프 브리핑이란?

패널의 셋업이 종료되면 체크리스트를 실시한다. 체크리스트는 점검 항목을 열거한 표로, 비행기가 올바른 상태에서 다음 단계로 나아갈 수 있도록 파일럿을 지원하는 점검 절차다. 이 시점에서는 다음 단계인 엔진 스타트를 해도 지장이 없는 항목을 점검한다.

그리고 "콕핏, 여기는 그라운드. 5분 전입니다."라고 지상 조업사로부터 탑승구와 화물실의 문을 닫는 출발 5분 전임을 알리는 연락이 들어온다.* 이 연락을 받은 파일럿은 무전기를 사용해 항공교통관제(ATC, Air Traffic Control) 기관에 제출한 비행 계획의 관제 승인(Clearance)을 요구한다. 또 ACARS(Aircraft Communications Addressing and Reporting System)라고 부르는 데이터 통신 장치를 통해 승객의 인원수와 화물의 무게에 근거한 비행기의 무게와 균형이 전송되는 것도 이때이다. 무선 장치 조작은 이 장의 마지막 부분에서 설명하겠다.

비행기의 무게를 CDU에 입력하면 PFD의 속도계에 V_1, V_R, V_2가 표시된다. V_1은 이륙 결정 속도, V_R은 기수를 들어 올리기 시작하는 속도, V_2는 안전하게 상승할 수 있는 최저 속도다. 이륙 속도가 결정되면 조종을 담당하는 파일럿인 PF는 테이크오프 브리핑(takeoff briefing)을 실시한다. 그 내용은 긴급사태가 발생했을 때의 의향, 방침, 대처 방법, 역할 분담 등이다. 예를 들어 V_1 이전에 이륙을 중지하는 것은 어떤 상황일 때인지, 그에 대한 처치는 어떻게 할 것인지, V_1 이후에 이륙할 경우에는 어떻게 대처할 것인지 등을 서로 확인한다.

＊한국의 경우 화물칸문과 탑승구가 닫히고 탑승교가 분리되면 기장에게 출발 준비 완료라는 연락이 온다.

비행기의 무게를 입력하면

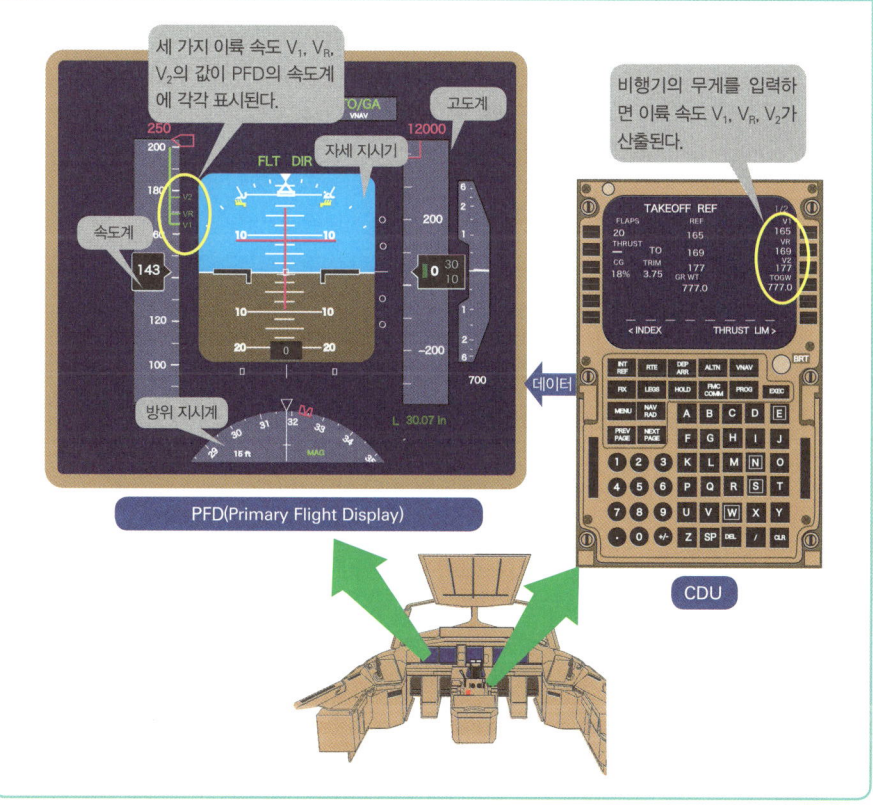

세 가지 이륙 속도

V_1(브이원) : 이륙 결정 속도. 이륙을 중지할지 계속할지를 결정하는 속도다.

V_R(브이알) : 이륙 전환 속도. 비행기가 떠오르기 위해 기수를 들어 올리기 시작하는 속도다.

V_2(브이투) : 이륙 안전 속도. 떠오른 뒤에 안전하게 상승할 수 있는 최저 속도다.

※ 68쪽 참조

제트 엔진과 계기

계기는 어떤 역할을 할까?

여기에서는 제트 엔진의 계기 중 대표적인 것을 간단히 확인하고 넘어가도록 하겠다. 제트 엔진은 공기를 빨아들여 압축하고 열에너지를 더해 후방에 힘차게 분사함으로써 앞으로 나아가는 힘인 추력을 발생시킨다. 흡입, 압축, 폭발, 배기라는 작업이 순서대로 진행되기 때문에 각각의 상태를 알려주는 계기가 있다.

먼저 가장 중요한 계기는 엔진의 과열을 감시하는 EGT(배기가스 온도)계다. 온도 센서의 내열성 문제 때문에 연소실보다 후류의 온도를 측정하는데, 엔진 스타트나 이륙을 할 때 등 엄격한 제한값이 설정되어 있는 상황에 중요하게 쓰이는 계기다. 그 밖에 회전계, 연료 유량계, 윤활유의 유량계, 압력계, 온도계, 엔진 진동계 등이 있다. 각각의 계기에도 EGT계와 마찬가지로 제한값이 있어서, 계기의 지시값에 따라 엔진의 출력을 낮추거나 엔진을 정지시키는 등의 처치가 매뉴얼(비행기 운용 규정)에 규정되어 있다.

그런데 자동차는 엔진 출력의 크기를 몰라도 비탈길을 달리는 데 문제가 없지만, 비행기는 추력의 크기를 모르고서는 비행을 할 수 없다. 추력의 크기에 따라 이륙에 필요한 거리 등을 산출하기 때문에, 실제 비행을 할 때는 정격 추력이 나오고 있는지 알아야 한다. 추력의 크기를 직접 측정하는 계기는 안타깝게도 없지만, 추측할 수 있는 계기로 팬과 저압 압축기의 회전계인 N_1계, 엔진이 얼마나 압축했는지를 나타내는 EPR(엔진 압력비)계 등이 있다.

엔진 내부의 모습

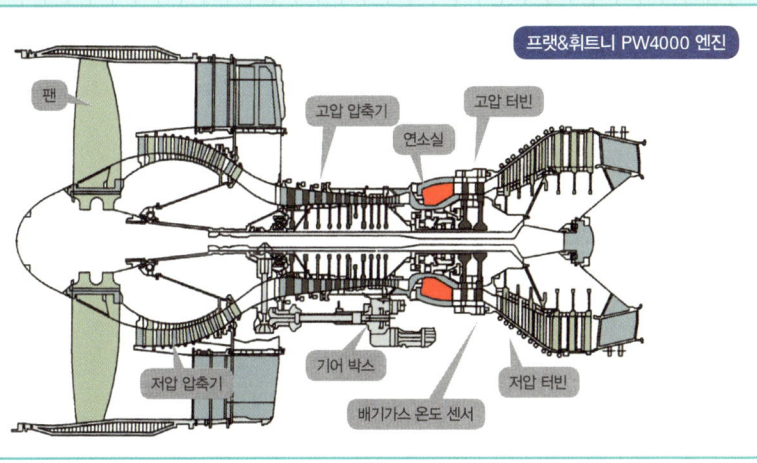

프랫&휘트니 PW4000 엔진

엔진 계기

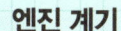

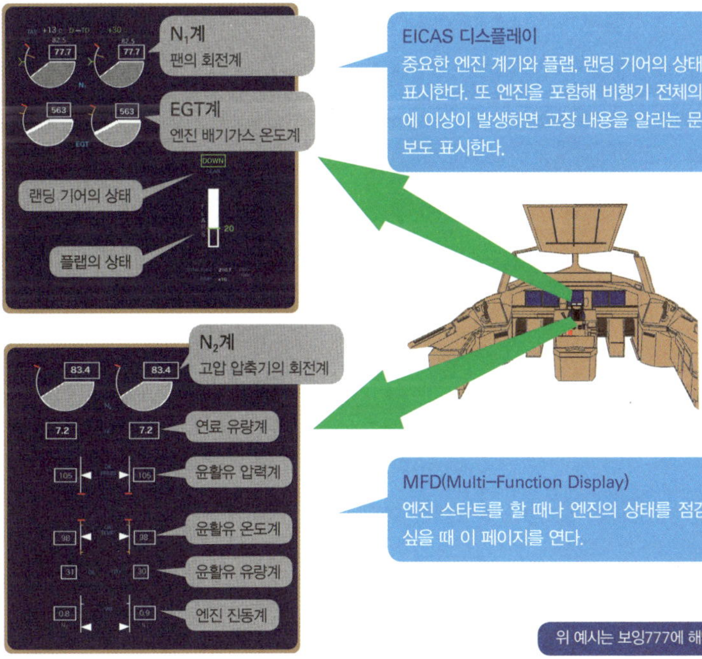

EICAS 디스플레이
중요한 엔진 계기와 플랩, 랜딩 기어의 상태 등을 표시한다. 또 엔진을 포함해 비행기 전체의 장치에 이상이 발생하면 고장 내용을 알리는 문자 정보도 표시한다.

MFD(Multi-Function Display)
엔진 스타트를 할 때나 엔진의 상태를 점검하고 싶을 때 이 페이지를 연다.

위 예시는 보잉777에 해당한다.

엔진 스타트의 준비

압축 공기를 이용한다

모든 문이 닫히고 관제탑에서 허가가 나오면 엔진 스타트를 한다. 엔진 스타트란 정지 상태에서 안정된 최소 회전 속도를 유지할 수 있는 아이들(idle) 상태까지를 말한다. 제트 엔진뿐만 아니라 어떤 엔진이든 연료를 다짜고짜 연소시키는 것은 아니며, 자립하기까지 도와줄 장치가 필요하다.

비행기의 경우, 자동차의 스타트 모터에 해당하는 장치는 압축 공기로 회전하는 소형 경량 에어 모터인 뉴매틱 스타터(Pneumatic Starter)다. 자동차는 배터리만으로 시동을 걸 수 있지만, 비행기에는 스타터를 회전시키기 위해 2기압 이상의 압축 공기와 점화 장치를 위한 교류 전원이 필요하다. 그리고 이 양쪽에 동력을 공급하는 장치로 APU(Auxiliary Power Unit. 보조 동력 장치)가 있다. APU는 공기를 압축, 연소시켜 터빈을 돌리는 제트 엔진의 일종으로, 압축 공기를 공급하기에 적합하다.

스타트에 필요한 스위치는 오른쪽 그림에 나와 있듯이 두 개다. 스타터로 유입되는 압축 공기의 개폐 밸브와 점화 장치를 제어하는 엔진 스타트 셀렉터 스위치, 그리고 연료 밸브를 제어하는 엔진 마스터 스위치(또는 연료 제어 스위치)다.

그런데 에어버스 A330은 1번 엔진(왼쪽)부터, 보잉777은 오른쪽 엔진부터 스타트한다. 여기에는 이유가 있다. 차륜 브레이크는 유압으로 작동하는데, 그 유압 장치를 가압하는 것은 엔진이 구동하는 펌프다. 그래서 차륜 브레이크에 유압을 공급하는 펌프가 달린 엔진부터 먼저 스타트하는 것이다.

엔진 스타트의 준비

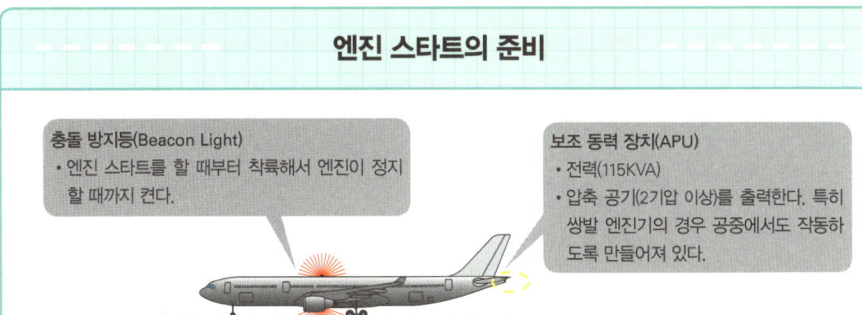

충돌 방지등(Beacon Light)
• 엔진 스타트를 할 때부터 착륙해서 엔진이 정지할 때까지 켠다.

보조 동력 장치(APU)
• 전력(115KVA)
• 압축 공기(2기압 이상)를 출력한다. 특히 쌍발 엔진기의 경우 공중에서도 작동하도록 만들어져 있다.

에어버스 A330의 경우

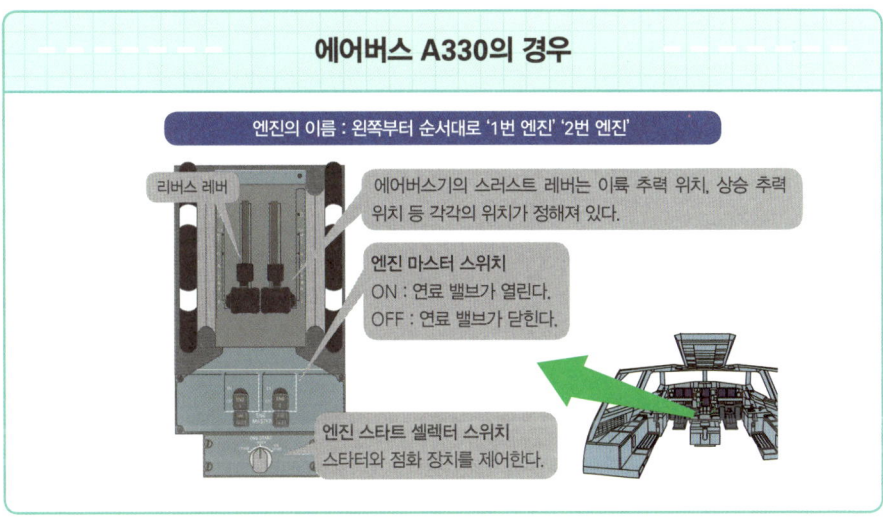

엔진의 이름 : 왼쪽부터 순서대로 '1번 엔진' '2번 엔진'

리버스 레버

에어버스기의 스러스트 레버는 이륙 추력 위치, 상승 추력 위치 등 각각의 위치가 정해져 있다.

엔진 마스터 스위치
ON : 연료 밸브가 열린다.
OFF : 연료 밸브가 닫힌다.

엔진 스타트 셀렉터 스위치
스타터와 점화 장치를 제어한다.

보잉777의 경우

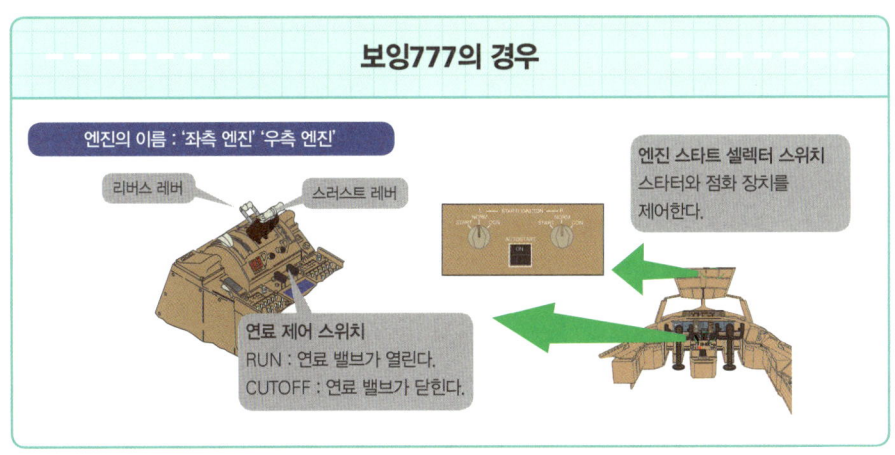

엔진의 이름 : '좌측 엔진' '우측 엔진'

리버스 레버   스러스트 레버

엔진 스타트 셀렉터 스위치
스타터와 점화 장치를 제어한다.

연료 제어 스위치
RUN : 연료 밸브가 열린다.
CUTOFF : 연료 밸브가 닫힌다.

본격적인 비행을 위한 엔진 스타트

자립하기까지 시간이 필요하다

드디어 엔진 스타트다. 조종석에서 지상 조업사에게 "그라운드, 여기는 콕핏. 1번 엔진부터 스타트합니다."라고 스타트 조작 개시를 알린다. 그리고 안전을 확인한 지상 조업사에게 "1번 엔진, 스타트 지장 없습니다."라는 답신을 받으면 스타트를 한다. 여기에서는 에어버스 A330의 엔진을 스타트해 보자.

먼저 오른쪽 그림과 같이 스타터에 압축 공기를 흘려보내기 위한 밸브인 스타트 밸브와 점화 장치를 제어하는 스타트 스위치를 스타트 위치에 놓는다. 그리고 이어서 연료 밸브를 제어하는 마스터 스위치를 온(ON)에 놓는다. 그러면 스타트 밸브가 열리고 압축 공기가 스타터로 흘러들어간다.

스타터는 기어를 매개체로 고압 압축기를 회전시키므로 먼저 N_3계가 움직이기 시작한다. N_3계가 최대 회전수의 20~30퍼센트(약 3,000회전/분)가 되면 연소실에 연료가 유입되었음이 연료 유량계에 표시되며, 이어서 EGT계가 급상승하며 연소가 시작되었음을 알린다. N_1계의 표시나 조종석에서 들리는 엔진 소리를 통해 자력으로 회전하는 힘이 강해지는 것을 실감할 수 있다. 그리고 N_3계의 표시가 50퍼센트(약 5,000회전/분)가 되면 스타트 밸브가 닫히고 점화 장치도 작동을 멈춘다. 그 후 N_3계는 가속되어 63퍼센트(약 6,300회전/분) 전후에서 안정된다. 또 다른 모든 계기가 일정한 값을 나타내고 안정되면 스타트가 종료된다.

자동차의 엔진은 몇 초 만에 스타트가 완료되고 아이들 상태에서 분당 약 600회전을 하는데, 제트 엔진은 시동 시간이 오래 걸리고 아이들 회전은 자동차의 10배 이상이다.

엔진 스타트

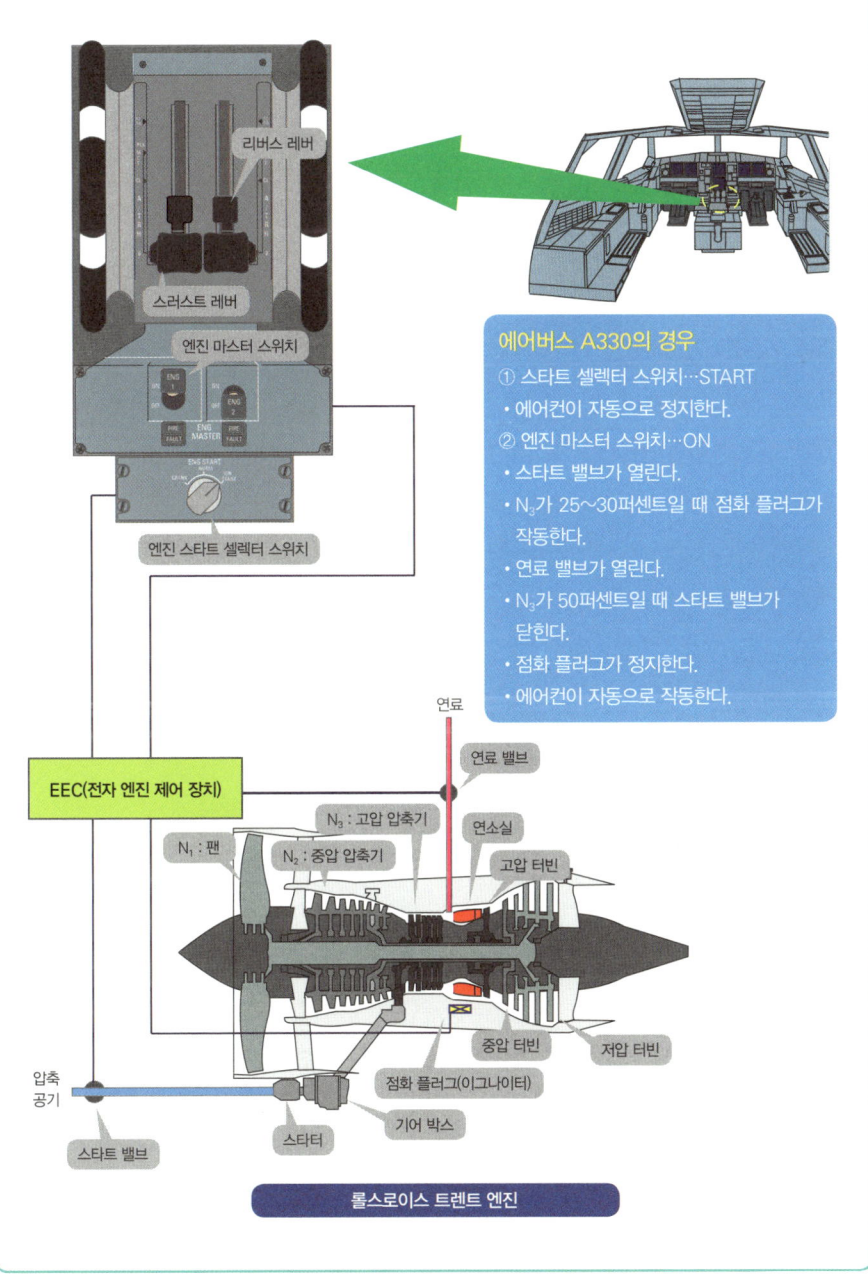

에어버스 A330의 경우
① 스타트 셀렉터 스위치…START
• 에어컨이 자동으로 정지한다.
② 엔진 마스터 스위치…ON
• 스타트 밸브가 열린다.
• N_3가 25~30퍼센트일 때 점화 플러그가 작동한다.
• 연료 밸브가 열린다.
• N_2가 50퍼센트일 때 스타트 밸브가 닫힌다.
• 점화 플러그가 정지한다.
• 에어컨이 자동으로 작동한다.

롤스로이스 트렌트 엔진

활주로를 향해 나아가자!

2 - 07

플랩을 이륙 위치에 놓는다

조종석에서 "그라운드, 엔진 스타트는 노멀이었습니다. 그라운드 이퀴프먼트, 올 디스커넥트."라고 연락하면 조업사는 견인차와 초크(차륜 고정 장치), 인터폰 장치 등을 기체에서 분리하고 조종석을 향해 엄지손가락을 들어 오케이 사인을 보낸다. 이 사인을 확인하고 관제탑에서 지상 주행 허가를 얻으면 일렬로 서서 전송해주는 지상 스태프에게 손을 흔들어 감사를 표하고 활주로를 향해 움직이기 시작한다.

여객기가 움직이기 시작하면 즉시 플랩을 이륙 위치에 세팅한다. 플랩을 조작하는 레버에는 손이 닿는 정도로는 쉽게 움직이지 않도록 '멈춤쇠'(detent)가 있어서 레버를 들어 올리지 않으면 움직이지 않는다. 플랩의 세팅 위치는 에어버스 A330의 경우 다섯 개, 보잉777의 경우 여섯 개가 있다. 왜 이렇게 세세히 나뉘어 있는가 하면, 플랩은 크고 무거워서 한 번에 움직일 수 없을 때가 있으며 비행기의 무게와 활주로의 길이에 맞춰 플랩의 위치를 선택하면 쾌적하고 경제적인 이착륙을 할 수 있기 때문이다. 에어버스 A330은 1, 2, 3이 이륙용, 3, FULL이 착륙용이다. 보잉777은 15, 20이 이륙용, 25, 30이 착륙용이다.

플랩의 각도가 커지면 양력이 커지지만 공기저항인 항력도 커진다. 그래서 양력만이 필요한 이륙의 경우는 얕은 각도의 플랩을, 최대한 감속해야 하는 착륙의 경우는 양력과 항력이 모두 필요하므로 깊은 각도의 플랩을 이용한다. 세밀하게 플랩을 조합할 수 있는 비행기가 성능이 좋다고 말할 수 있다.

에어버스 A330의 플랩 레버

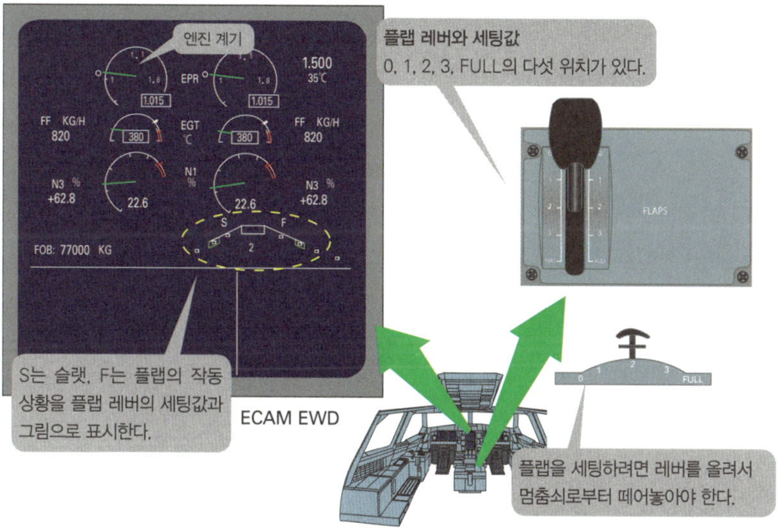
엔진 계기
EPR
1.500
35℃
1.015
1.015
FF KG/H
820
EGT
℃
380
380
FF KG/H
820
N1
%
N3 %
+62.8
22.6
22.6
N3 %
+62.8
S
F
2
FOB: 77000 KG
플랩 레버와 세팅값
0, 1, 2, 3, FULL의 다섯 위치가 있다.
FLAPS
0
1
2
3
FULL
S는 슬랫, F는 플랩의 작동 상황을 플랩 레버의 세팅값과 그림으로 표시한다.
ECAM EWD
플랩을 세팅하려면 레버를 올려서 멈춤쇠로부터 떼어놓아야 한다.

보잉777의 플랩 레버

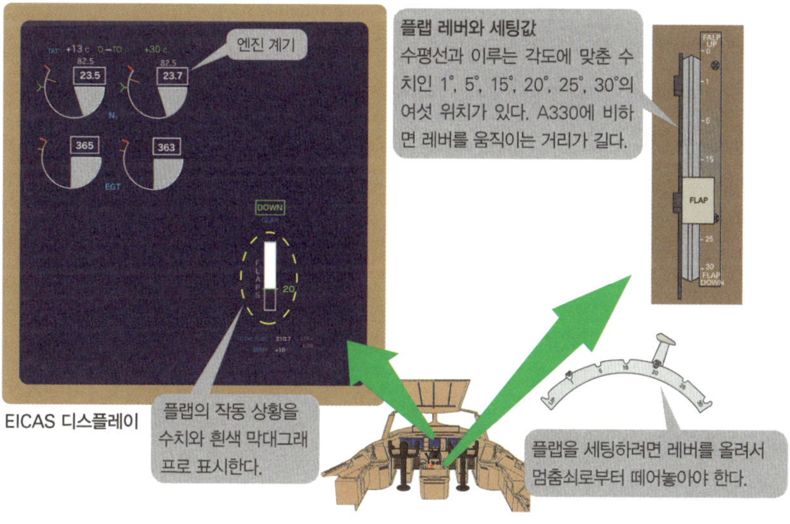
엔진 계기
23.5
23.7
365
363
EGT
DOWN
FLAPS
20
플랩 레버와 세팅값
수평선과 이루는 각도에 맞춘 수치인 1˚, 5˚, 15˚, 20˚, 25˚, 30˚의 여섯 위치가 있다. A330에 비하면 레버를 움직이는 거리가 길다.
FLAP
EICAS 디스플레이
플랩의 작동 상황을 수치와 흰색 막대그래프로 표시한다.
플랩을 세팅하려면 레버를 올려서 멈춤쇠로부터 떼어놓아야 한다.

조종 장치의 점검

창공으로 날아오르기 전에 반드시 실시한다

이륙 전에 실시하는 중요한 점검으로 플라이트 컨트롤 체크가 있다. 창공으로 날아오르기 전에 모든 키가 정상적으로 작동하는지 확인하는 것이다. 엔진 고장은 이륙 후에도 충분히 대처할 수 있지만, 키가 말을 듣지 않으면 이륙도 착륙도 할 수 없는 위험이 뒤따른다. 그래서 이륙 전에 반드시 각 조종면의 작동 점검을 실시한다.

각 조종면을 움직이는 것은 유압 장치다. 유압 장치는 심장에서 보낸 혈액이 근육을 움직이듯이 펌프의 힘으로 가는 파이프에 작동액을 보내 각 조종면의 근육인 작동 장치(actuator)를 움직이는 장치다. 참고로 쌍발 엔진기가 대양 위를 장거리 비행할 경우, 엔진 고장 이외에 2계통의 유압 장치가 고장이 나더라도 비행이 가능해야 한다는 요구 조건이 있다. 이 때문에 대부분의 쌍발 엔진기가 3계통 이상의 유압 장치를 장비하고 있다.

그러면 실제로 플라이트 컨트롤 체크를 실시해보자. 에어버스 A330의 경우 사이드스틱을 오른쪽으로 기울이면 좌측 도움날개가 내려가고 우측 도움날개와 우익 스포일러가 올라간다. 몸 쪽으로 당기면 승강키가 올라가고, 방향키의 우측 페달을 밟으면 방향키가 오른쪽으로 움직인다. 사이드스틱이나 페달을 반대로 움직이면 조종면의 움직임은 반대가 된다. 그리고 각 조종면의 움직임은 SD(System Display)의 표시 화면에서 확인할 수 있다. 한편 보잉777의 경우 사이드스틱이 아니라 조종간인데, 왼쪽 좌석의 조종간을 움직이면 기계적으로 연결되어 있는 오른쪽 좌석의 조종간도 똑같이 움직인다.

유압 장치 컨트롤 패널

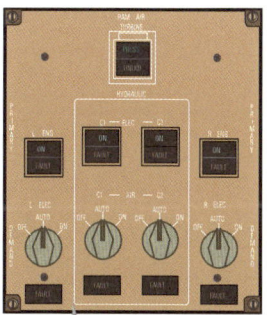

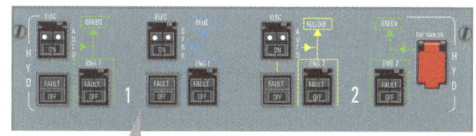

에어버스 A330의 유압 장치는 그린, 블루, 옐로로 명명된 3계통이 장비되어 있다.

보잉777의 유압 장치는 좌측, 중앙, 우측의 3계통이 장비되어 있다.

쌍발 엔진기가 대양 위를 비행할 경우, EDTO(Extended Diversion Time Operations)라는 규정이 있다. 가령 EDTO-180은 엔진 고장을 가정해 180분 안에 긴급 착륙할 수 있는 비행 루트를 비행해야 한다는 것이다. 이 규정에 따라 엔진과 관련된 의무 사항이 있는데, 3계통 이상의 유압 장치를 장비해야 한다는 것도 의무화되어 있다. A330에는 '그린' '블루' '옐로'의 3계통, B777에는 '좌측' '중앙' '우측'의 3계통 유압 장치가 있다.

플라이트 컨트롤 체크

ECAM SD

- 우익 스포일러 : UP을 표시
- 우측 도움날개 : 상향 표시
- 좌측 도움날개 : 하향 표시
- 승강키 : 상향 표시
- 방향키 : 우향 표시

사이드스틱

방향키 페달

방향키 / 승강키 / 플랩 / 스포일러 / 도움날개

유도로를 통해 활주로로 나아간다

급커브도 있는 유도로를 어떻게 달릴까?

조종석에서 이륙 준비가 끝날 무렵, 객실에서는 객실 승무원이 출발 전 준비와 점검을 실시한다. 객실 승무원은 비상용 설비를 안내하고 시트벨트 착용을 확인하며, 좌석 위 짐칸의 개폐 여부와 수화물이 올바른 위치에 있는지도 확인한다. 또한 등받이와 테이블이 원래 위치에 있는지와 화장실 안쪽의 안전도 점검한다. 이러한 점검이 끝나면 객실 승무원은 조종석에 연락하며, 이것으로 이륙하기 위한 모든 조건이 갖춰진다.

그런데 비행기의 경우 자동차처럼 엔진이 기어를 매개체로 타이어를 움직이는 것이 아니다. 제트 엔진의 추력을 이용해 앞으로 나아가며, 타이어는 그저 구를 뿐이다. 그러나 비행기가 나아가는 길인 유도로는 자동차용 일반 도로보다 심하게 굽은 곳도 있기 때문에 자동차 이상으로 섬세한 조향 장치가 필요하다.

비행기의 조향 장치는 자동차의 파워 스티어링과 같이 유압의 힘으로 앞바퀴를 돌리는데, 최대 각도가 70도에 이르기 때문에 급하게 굽은 곳에도 대응이 가능하다. 전체 길이가 12미터인 대형 버스는 10미터 정도의 선회 반경으로 유턴할 수 있다고 하는데, 전체 길이가 약 74미터로 버스의 6배가 넘는 보잉777-300조차도 선회 반경 56미터로 유턴할 수 있다.

참고로 차륜 브레이크는 방향키 페달을 밟으면 작동하도록 만들어져 있는데, 한쪽 페달만 밟으면 그 차륜에만 브레이크가 작동하는 구조다. 그래서 선회하는 안쪽 차륜의 브레이크만 사용하면서 바깥쪽 엔진의 출력을 높이는 기술을 구사하면 선회 반경을 더욱 줄일 수 있다.

어떤 원리로 선회하는가

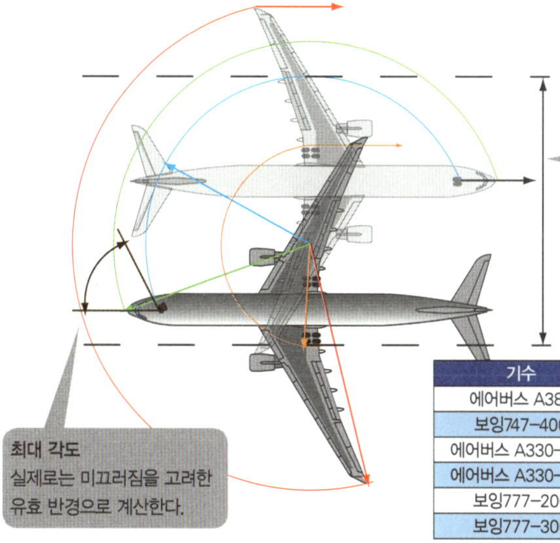

최소 선회 반경

최대 각도
실제로는 미끄러짐을 고려한 유효 반경으로 계산한다.

기수	최대 각도	최소 선회 반경
에어버스 A380	70°	50.91m
보잉747-400	70°	50.50m
에어버스 A330-200	65°	43.58m
에어버스 A330-300	65°	47.16m
보잉777-200	70°	47.50m
보잉777-300	70°	56.00m

스티어링 핸들

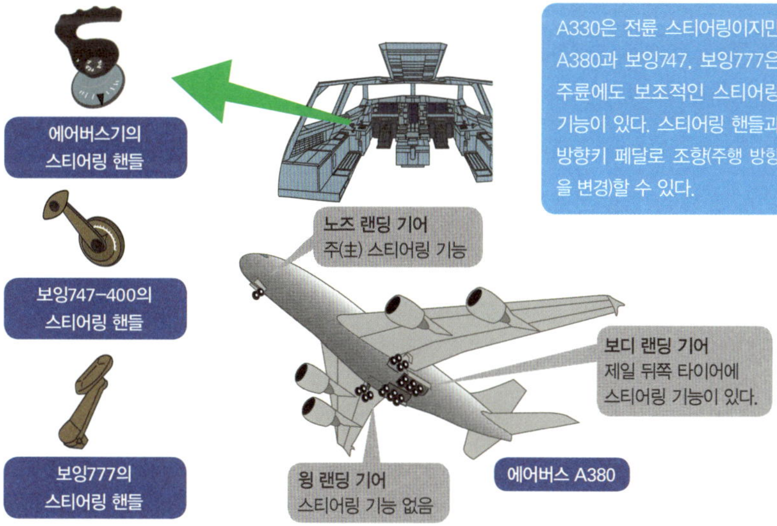

에어버스기의 스티어링 핸들

보잉747-400의 스티어링 핸들

보잉777의 스티어링 핸들

A330은 전륜 스티어링이지만 A380과 보잉747, 보잉777은 주륜에도 보조적인 스티어링 기능이 있다. 스티어링 핸들과 방향키 페달로 조향(주행 방향을 변경)할 수 있다.

노즈 랜딩 기어
주(主) 스티어링 기능

보디 랜딩 기어
제일 뒤쪽 타이어에 스티어링 기능이 있다.

윙 랜딩 기어
스티어링 기능 없음

에어버스 A380

비행기 라이트의
사용 방법
라이트마다 역할이 있다

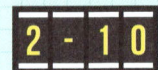

 잠시 출발 게이트에서 이륙할 때까지 비행기 라이트가 어떻게 사용되는지 확인하고 넘어가도록 하자.

먼저, 위치등은 비행 중일 때뿐만 아니라 주기 중에도 켜야 하는 라이트다. 다른 비행기나 작업용 차량 등에 비행기의 날개 끝이나 최후미의 위치를 알리는 라이트로, 왼쪽 날개의 현등은 붉은색, 오른쪽 날개의 현등은 녹색, 최후미의 등은 백색으로 정해져 있다. 조종석 기준으로 눈앞에 있는 비행기의 왼쪽이 녹색, 오른쪽이 붉은색이라면 그 비행기가 이쪽을 향해 오고 있다는 뜻이다.

엔진 스타트를 할 때나 움직일 때(견인차로 이동할 때도)는 충돌 방지등을 켠다. 동체의 위아래에 있는 붉은색 섬광등으로, 착륙해서 도착 게이트에 들어갈 때까지 켜 있어야 한다. 야간일 경우는 수직꼬리날개에 있는 로고를 비추는 로고 라이트도 켠다. 그리고 야간에 지상을 주행할 경우는 주행등을 켜며, 선회하는 방향을 비추는 지상 선회등도 사용한다. 또 눈이 내렸을 경우는 날개 조명등을 켜고 날개와 엔진에 얼음이 달라붙어 있는지 확인한다.

이륙을 위해 활주로로 들어설 때는 스트로브 라이트를 켠다. 매우 밝은 백색 섬광등으로, 멀리서도 비행기의 존재를 확인할 수 있다. 그리고 이륙 개시 직전에는 새가 날아와 충돌하는 것을 방지하고 비행기끼리 확인하기 쉽도록 이착륙등을 켠다. 이 라이트는 이륙 후 고도 3,000미터 이상이 되면 끄지만, 고고도(지상에서 7~12km 떨어진 높이)에서도 비행기와 비행기가 스쳐 지나갈 때는 다시 켠다.

참고로 에어버스기와 보잉기는 라이트 스위치를 켜는 방향이 다르며, 그 밖에도 여러 가지 개념 차이가 있다.

비행기 라이트

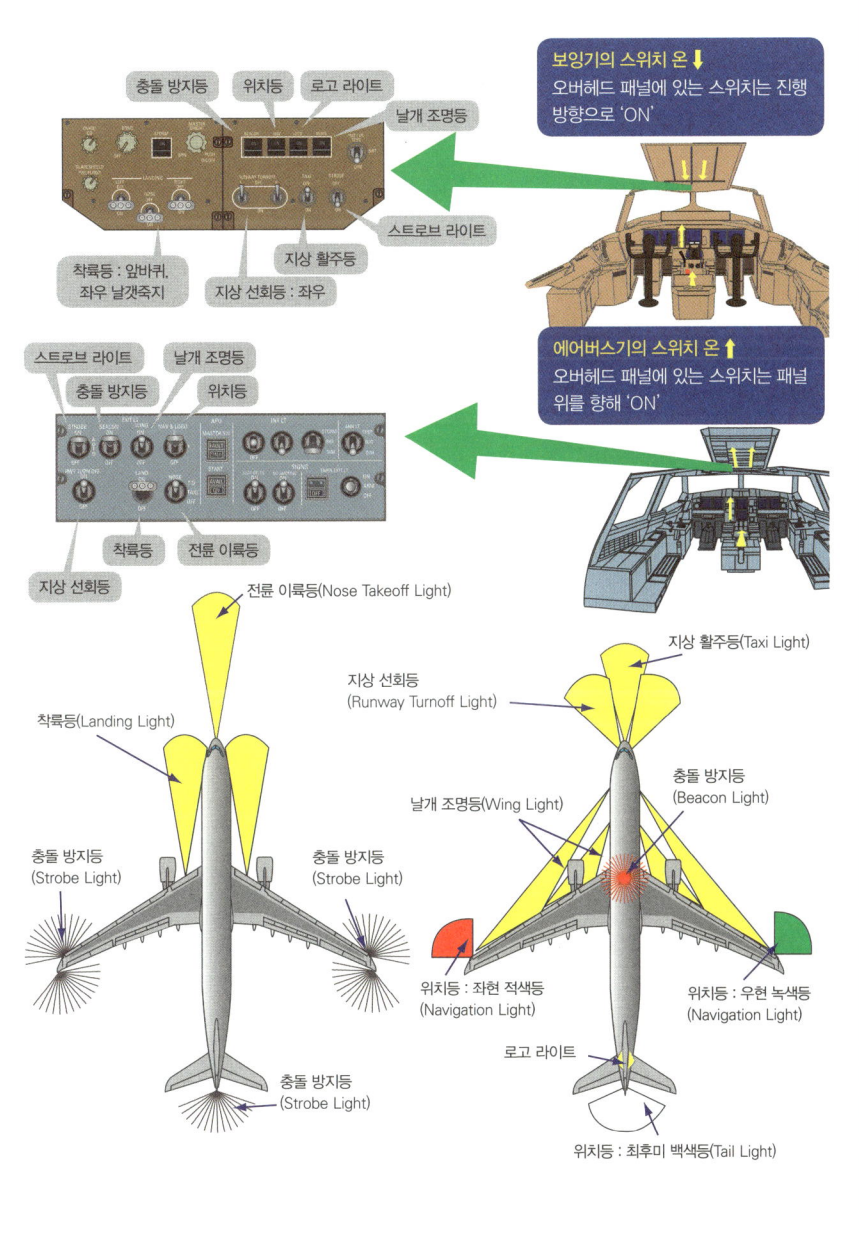

무선 장치의 조작

상황에 맞춘 송신 스위치

✈ 파일럿은 조종석에 앉으면 먼저 헤드셋(헤드폰과 붐 마이크가 함께 달려 있는 파일럿의 일곱 가지 도구 중 하나)을 착용한다. 파일럿끼리는 물론 육성으로 대화가 가능하지만, 조업사나 객실 승무원과는 인터폰으로, 항공교통관제센터나 회사와는 무전기를 이용해 언제라도 대화를 할 수 있도록 하기 위함이다.

여담이지만 테이크오프 브리핑 같은 회의 중이라 해도 인터폰이나 무전기로 연락이 들어오면 회의를 중단한다. 그리고 상대와 대화가 끝나면 아무 일도 없었다는 듯이 브리핑을 속개한다. 이런 일은 목적지 공항에 도착해 조종석을 떠날 때까지 계속된다.

어쨌든 인터폰이나 무전기를 조작하기 위해 주파수를 선택하는 패널과 음성을 제어하는 패널이 있다. 인터폰, 객실 내의 방송, 무전기 등을 동시에 들을 수는 있지만 송신은 어느 한곳에만 할 수 있다. 그러나 언제 어떤 상황에서도 파일럿끼리는 물론이고 항공교통관제센터, 객실 승무원, 회사와 의사소통을 할 수 있어야 한다. 그래서 수많은 송신용 스위치가 있다. 예를 들어 급감압이 발생했을 경우 파일럿은 산소마스크를 장착하는데, 그 상태에서도 대화를 할 수 있도록 산소마스크 안에 마이크가 장비되어 있다. 그리고 산소마스크를 장착하는 바람에 헤드셋을 사용할 수 없더라도 조종석 안의 스피커를 통해 대화를 할 수 있다.

음성 제어 패널

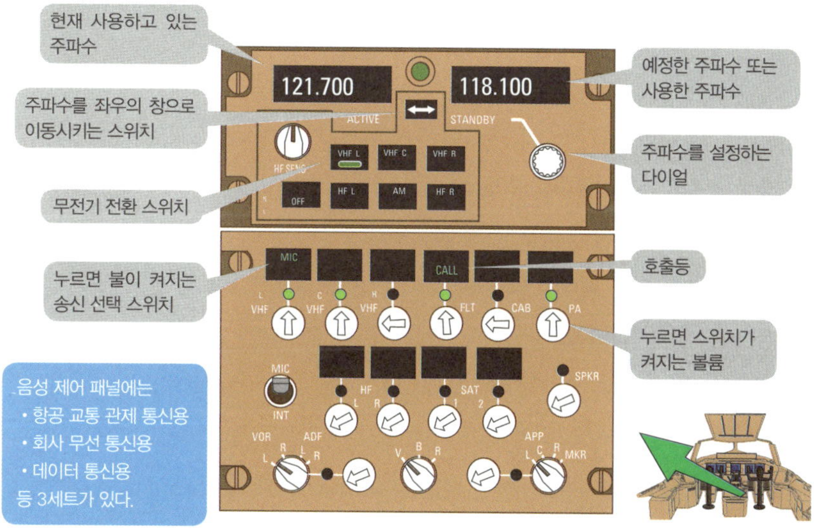
현재 사용하고 있는 주파수
121.700
118.100
예정한 주파수 또는 사용한 주파수
주파수를 좌우의 창으로 이동시키는 스위치
ACTIVE
STANDBY
주파수를 설정하는 다이얼
VHF L
VHF C
VHF R
OFF
HF L
AM
HF R
무전기 전환 스위치
MIC
CALL
호출등
누르면 불이 켜지는 송신 선택 스위치
VHF
FLT
CAB
PA
누르면 스위치가 켜지는 볼륨
MIC
INT
HF
SAT
SPKR
VOR
ADF
APP
MKR
음성 제어 패널에는
• 항공 교통 관제 통신용
• 회사 무선 통신용
• 데이터 통신용
등 3세트가 있다.

송신 스위치

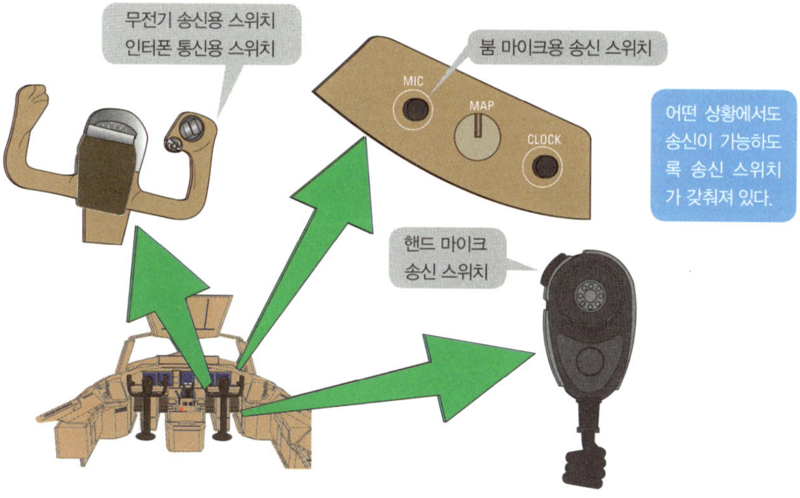
무전기 송신용 스위치
인터폰 통신용 스위치
붐 마이크용 송신 스위치
MIC
MAP
CLOCK
어떤 상황에서도 송신이 가능하도록 송신 스위치가 갖춰져 있다.
핸드 마이크 송신 스위치

INS에서 PMS, 그리고 FMS로

클래식 점보기(보잉747)에 장비되어 있었던 INS(Inertial Navigation System, 관성항법장치)는 불과 아홉 개의 웨이포인트(waypoint, 루트상의 지점)만을 입력할 수 있었다. 따라서 웨이포인트가 아홉 개 이상인 루트의 경우 비행 중에 추가 입력을 해야 했다.

이후 기억 장치가 향상된 PMS(Performance Management System, 성능 관리 시스템)가 개발됨에 따라 비행 중 추가 입력을 할 필요는 없어졌지만 난점은 남아 있었다. 출발 준비 과정에서 웨이포인트를 입력하는 작업이 만만치 않았던 것이다. 가령 도쿄에서 런던으로 비행할 경우 무려 70곳을 입력해야 했다. 조종을 담당하지 않는 파일럿인 PM이 "1번 N35455, E140231, …… 70번 N51285, W002704"와 같이 내비게이션 로그에 기재되어 있는 웨이포인트를 하나하나 읽어나가면 조종을 담당하는 파일럿인 PF가 그것을 입력했다. 그리고 입력이 끝나면 입력 오류가 없는지 점검하기 위해 "1, 2는 45마일, 2, 3은 22마일, …… 69, 70은 12마일"과 같은 식으로 각 포인트 사이의 거리를 확인해야 했다. 이 작업은 시간이 꽤 걸려서 입력 도중에 잠깐 목을 축이기 위해 차를 마실 때도 있었다.

그러나 FMS(비행 관리 시스템)의 개발로 이와 같은 작업을 할 필요가 없어졌다. FMS가 기억하고 있는 루트 중에서 비행 계획 루트와 동일한 것을 선택하기만 하면 모든 웨이포인트가 자동으로 입력된다. 덕분에 일흔 개나 되는 웨이포인트를 하나하나 읽을 필요도 없어져 파일럿의 작업량이 크게 줄었다.

Chapter 3

이륙, 창공으로 날아가기 위한 모든 것
Take Off

"승객 여러분, 우리 비행기는 이제 곧 이륙합니다."
기장의 안내와 함께 엔진 소리가 커진다.
그리고 좌석을 밀어붙이는 힘이 느껴지면서 비행기가 가속하고 있음을 깨닫는다.
이 장에서는 이륙 중에 파일럿이 어떤 일을 하는지 살펴본다.

이륙 추력을
세팅한다

자동 추력 제어 장치의 역할은?

이륙 허가가 떨어지면 이륙을 시작한다. 활주로 전방에 새, 장애물 등 이륙을 방해하는 것이 없음을 확인하고 엔진 출력을 이륙 추력으로 높인다. 그러나 단번에 엔진 출력을 이륙 추력까지 높이는 것은 아니다. 먼저 절반 정도의 출력까지 높이고 엔진 계기가 안정적인지 확인한 다음 이륙 추력까지 높인다.

제트 엔진은 소형 경량에 힘이 강하다는 이점이 있지만 시끄러울 뿐만 아니라 회전수가 증가하는 속도가 느리다는 단점도 있다. 특히 커다란 팬은 아이들 상태에서 급하게 가속할 수가 없기 때문에 갑자기 다량의 연료를 흘려보내면 이상 연소를 일으킬 위험성이 있고, 또 좌우 엔진의 가속도 차이로 균형이 무너져 활주로에서 이탈할 우려도 있다.

그렇기 때문에 먼저 출력을 절반까지 높이는 것은 어떤 비행기든 큰 차이가 없다. 그러나 이륙 추력으로 세팅하기 위한 자동 추력 제어 장치의 조작 방법이나 구조에는 큰 차이가 있다. 먼저 에어버스 A330의 경우, 파일럿이 스러스트 레버를 절반 출력에서 '딸깍' 하고 소리가 나는 이륙 추력 위치의 멈춤쇠까지 옮긴다. 그러면 자동 추력 제어 장치가 그 레버 위치를 감지해 이륙 추력을 자동으로 세팅한다. 요컨대 레버가 스위치의 역할도 한다고 할 수 있다. 한편 보잉777의 경우는 이륙 추력용 스위치를 켜면 마치 투명 인간이 조종하듯이 레버가 자동으로 앞으로 움직이며, 이륙 추력을 발휘할 수 있는 위치가 되면 멈추도록 만들어져 있다. 즉, 파일럿은 추력이 변화하는 상태를 엔진 계기뿐만 아니라 레버의 움직임을 통해서도 알 수 있다.

에어버스 A330의 예

에어버스 A330의 자동 추력 제어 장치의 특징

- 명칭은 '오토 스러스트 시스템'
- 스러스트 레버가 자동으로 움직이지 않는다. 말하자면 스위치의 역할이다.
- 출력 위치가 정해져 있다.

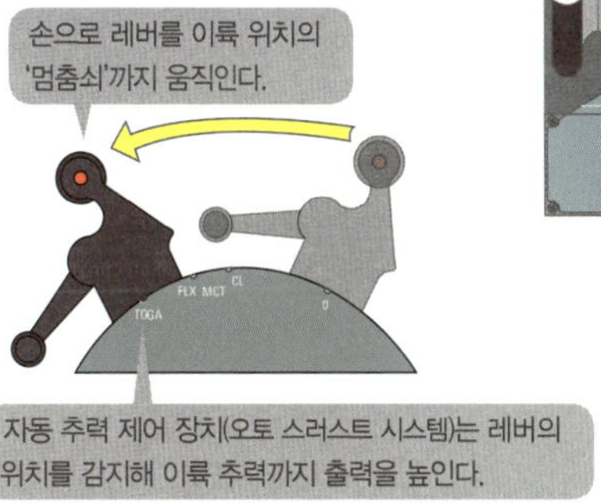
손으로 레버를 이륙 위치의 '멈춤쇠'까지 움직인다.
TOGA
FLX MCT
CL
0
자동 추력 제어 장치(오토 스러스트 시스템)는 레버의 위치를 감지해 이륙 추력까지 출력을 높인다.

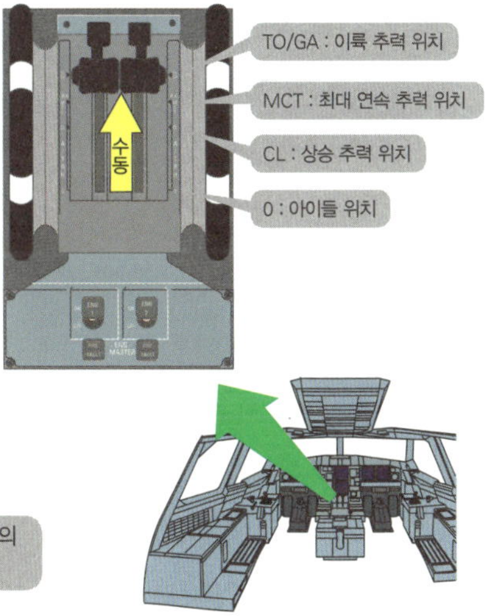
TO/GA : 이륙 추력 위치
MCT : 최대 연속 추력 위치
CL : 상승 추력 위치
0 : 아이들 위치
수동

보잉777의 예

보잉777의 자동 추력 제어 장치의 특징

- 명칭은 '오토 스로틀 시스템'
- 스러스트 레버가 자동으로 움직인다.
- '멈춤쇠'는 없으며, 위치도 정해져 있지 않다.

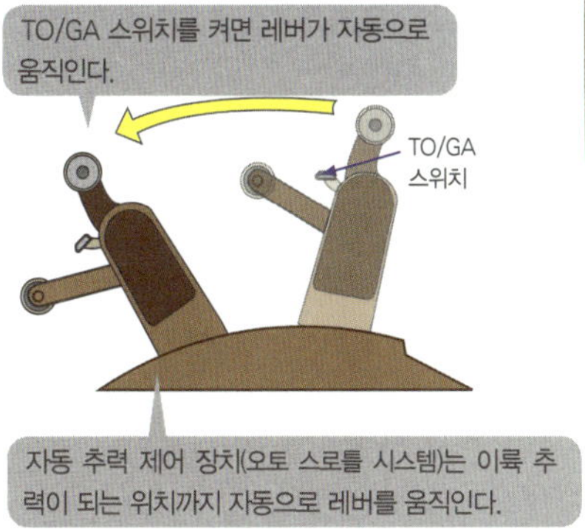
TO/GA 스위치를 켜면 레버가 자동으로 움직인다.
TO/GA 스위치
자동 추력 제어 장치(오토 스로틀 시스템)는 이륙 추력이 되는 위치까지 자동으로 레버를 움직인다.

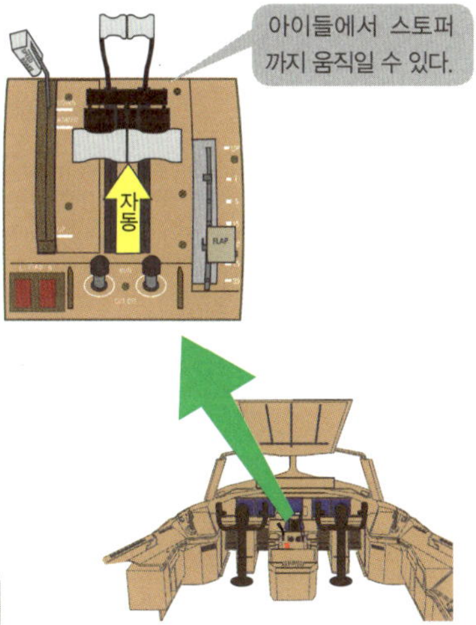
아이들에서 스토퍼까지 움직일 수 있다.
자동
FLAP

추력을 설정하는 방법은 무엇인가?

추력은 기온과 기압에 따라 제한된다

제트 엔진의 추력이 어떻게 결정되는지 확인하고 넘어가자. 제트 엔진은 빨아들인 공기를 압축해 연소시킴으로써 힘을 발휘한다. 따라서 빨아들이는 공기의 상태에 큰 영향을 받는다. 예를 들어 자동차 엔진이 여름철에 과열되기 쉬운 것처럼 제트 엔진도 외기 온도가 높다면 과열 방지를 생각할 필요가 있다. 기압이 높은 경우라면 압축기의 내부 압력이 지나치게 높아져 엔진 강도에 문제가 발생할 수도 있다. 한 번만 비행하고 말 것이라면 제한 없이 사용해도 상관이 없겠지만, 엔진을 오래 사용하려면 기온과 기압에 따라 출력을 제한할 필요가 있다.

기온과 기압을 고려해 제한한 최대 출력이 이륙 추력 또는 고 어라운드(Go Around. 착륙을 중단하고 상승하는 것) 추력이다. 엔진을 혹사시키므로 5분(또는 10분)으로 사용 시간이 제한된다. 다음으로 큰 추력은 엔진 고장 등의 긴급 상황용 추력인 최대 연속 추력(MCT. Maximum Continuous Thrust)이다. 그 이름처럼 제한 시간 없이 연속으로 사용할 수 있는 최대 추력이다. 그리고 상승할 때 사용하는 추력이 최대 상승 추력(MCLT. Maximum Cruise Level Thrust)이다. 이와 같이 지정된 조건에서 사용할 수 있는 추력을 정격 추력이라고 부른다.

초기 제트 여객기의 경우, 기온과 기압을 바탕으로 출력표를 이용해 각각의 정격 추력을 산출하고 수동으로 레버를 조정해야 했다. 그러나 현재는 각각의 정격 추력이나 비행 속도를 유지하는 추력 등을 컴퓨터가 자동으로 제어한다.

보잉727은 전부 수작업

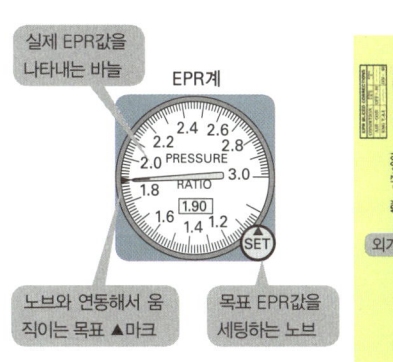

보잉777의 자동 추력 제어 시스템

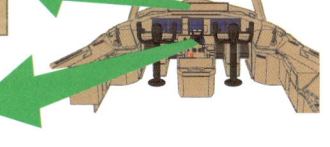

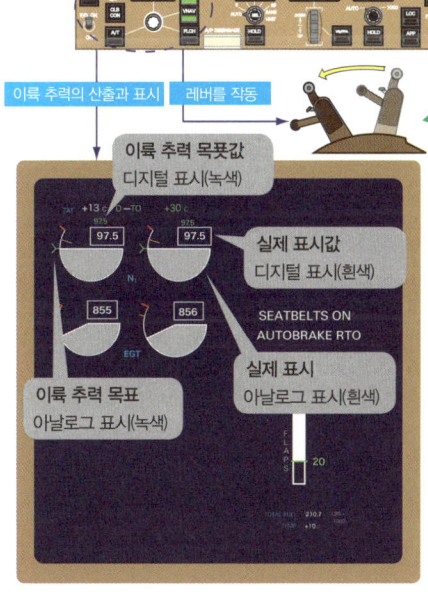

보잉777의 예
① 컴퓨터가 기온과 기압에 의거해 이륙 추력의 목표가 되는 N_1(팬 회전수)을 산출한다.
② 그 값을 엔진 관련 표시를 하는 EICAS 디스플레이에 디지털과 아날로그로 표시한다.(녹색)
③ 목표가 되는 N_1을 향해 자동으로 스러스트 레버가 작동한다.
④ 목푯값과 엔진이 실제로 나타내는 값(흰색)이 일치하면 스러스트 레버가 정지한다.

이륙 추력의 크기는 어느 정도일까?

양력과 추력의 관계를 이해한다

 앞에서 이륙 추력을 세팅하는 법을 알아봤다. 그렇다면 이륙 추력의 크기가 어느 정도인지 궁금할 것이다. 얼마나 되는지 어림셈해보자.

추력은 얼마나 공기를 빨아들여서 어느 정도의 속도로 분출하느냐에 따라 그 크기가 결정된다. 예를 들어 보잉777의 엔진은 좌우에서 합계 약 3톤의 공기를 빨아들여 약 290미터/초의 속도로 분출함으로써 약 89톤의 힘을 얻는다.

양력은 날개가 공기를 가속시키면서 흐르는 방향을 변화시킴으로써 발생한다. 가령 비행기의 무게가 300톤이라면 양력도 300톤이어야 한다. 이를 위해 날개는 가만히 있던 매초 약 30톤의 공기를 약 100미터/초로 가속시키면서 날개 뒤쪽으로 내리 불게 한다. 이로써 300톤의 양력을 얻는다.

비행기의 성능(하늘을 나는 성능과 능력)을 가늠하는 '잣대'로 양력(비행기의 무게)과 추력의 비인 양항비가 있다. 에어버스 A380의 이륙 시 양항비는 3.7인데, 다른 비행기도 비슷한 값을 보인다. 양항비는 클수록 작은 추력으로 큰 양력을 얻을 수 있다. 요컨대 작은 힘으로 무거운 비행기를 날게 할 수 있다.

새도 날아오를 때는 필사적으로 날개를 퍼덕이다 어느 시점이 되면 갑자기 천천히 날갯짓을 한다. 몸무게를 떠받치는 양력을 얻을 수 있는 속도에 다다른 뒤에는 앞으로 나아가기 위한 힘만 있으면 되기 때문이다. 비행기도 마찬가지다. 가령 무게 300톤의 보잉777이 일정 고도를 일정 속도로 비행할 경우, 엔진의 힘은 17톤 정도다. 이륙할 때 3.4였던 양항비가 18 정도로 증가하기 때문이다.

에어버스 A380

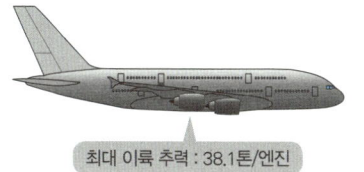

최대 이륙 추력 : 38.1톤/엔진

최대 이륙 중량 : 560톤
최대 이륙 추력 : • RR Trent900 : 38.1×4＝152.4톤
　　　　　　　• EA GP7200 : 36.9×4＝147.6톤

$\dfrac{\text{최대 이륙 중량}}{\text{최대 이륙 추력}} = 3.7$

보잉747-400

최대 이륙 추력 : 26.3톤/엔진

최대 이륙 중량 : 397톤
최대 이륙 추력 : • CF6-80C2B1F : 26.3×4＝105.2톤
　　　　　　　• PW4056 : 25.7×4＝102.8톤
　　　　　　　• RR RB211-5242 : 26.3×4＝105.2톤

$\dfrac{\text{최대 이륙 중량}}{\text{최대 이륙 추력}} = 3.8$

에어버스 A330-200

최대 이륙 추력 : 32.2톤/엔진

최대 이륙 중량 : 230톤
최대 이륙 추력 : • CF6-80E1A4 : 31.7×2＝63.4톤
　　　　　　　• RR Trent772 : 32.2×2＝64.4톤
　　　　　　　• PW4168 : 30.8×2＝61.6톤

$\dfrac{\text{최대 이륙 중량}}{\text{최대 이륙 추력}} = 3.6$

보잉777-300

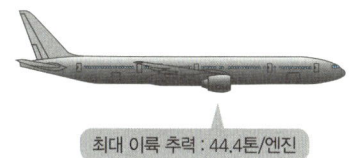

최대 이륙 추력 : 44.4톤/엔진

최대 이륙 중량 : 300톤
최대 이륙 추력 : • GE90-988 : 44.4×2＝88.8톤
　　　　　　　• RR Trent 898 : 44.4×2＝88.8톤
　　　　　　　• PW4098 : 44.4×2＝88.8톤

$\dfrac{\text{최대 이륙 중량}}{\text{최대 이륙 추력}} = 3.4$

이륙을 위해
가속을 시작한다

비행기의 속도계는 어떤 역할을 할까?

이륙 추력으로 세팅된 비행기가 가속을 시작한다. 그리고 속도계가 80노트(약 시속 150킬로미터) 또는 100노트(약 시속 185킬로미터)를 가리키면 좌우 조종석의 속도계가 같은 속도를 가리키고 있는지 확인한다. 이를 위해 조종을 담당하지 않는 파일럿인 PM은 "80노트(100노트)"라고 속도계가 가리키는 값을 소리 내어 읽는다. 이와 같이 항공계에서는 비행의 각 단계에서 누가, 언제, 무엇을 콜아웃(call out. 소리를 내서 읽는 것)할지 정해놓는다.

비행기의 속도계가 담당하는 중요한 역할은 공기와 힘의 관계를 아는 것이다. 비행기는 날아가는 속도가 빠르든 느리든 비행기가 받는 공기의 힘인 풍압(정확히는 동압)에 큰 영향을 받는다. 동압은 공기 밀도와 공기 속도의 제곱에 비례하므로 비행기의 주위를 통과하는 공기의 속도가 느려서 힘이 너무 약하면 실속(失速)할 우려가 있다. 실속이란 날개가 양력을 잃어서 비행기를 공중에서 떠받치지 못하고 속도와 고도를 잃는 현상이다. 반대로 공기의 속도가 빨라지면 힘이 너무 강해져서 비행기가 파괴될 우려가 있다.

이상과 같은 이유에서 속도계에는 실속하지 않는 최저 속도와 비행기의 강도를 감안했을 때 허용되는 최대 속도 등이 표시되어 있으므로 그 범위 안에서 비행하는 것이 안전하다.

참고로 측정된 동압은 대기 데이터 컴퓨터라고 부르는 장치로 보내져 속도로 산출된다. 그 컴퓨터의 능력 문제로 보잉747-200 세대의 속도계는 60노트(시속 111킬로미터) 이상이 아니면 표시되지 않았지만, 현재는 좀 더 느린 30노트(시속 56킬로미터)부터 표시된다.

비행기의 속도계

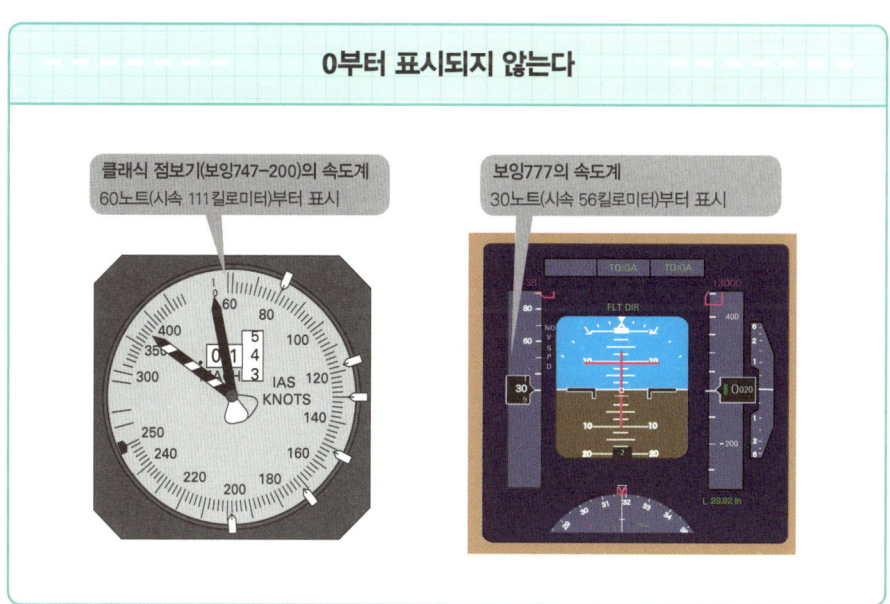

PFD(Primary Flight Display)

0부터 표시되지 않는다

클래식 점보기(보잉747-200)의 속도계
60노트(시속 111킬로미터)부터 표시

보잉777의 속도계
30노트(시속 56킬로미터)부터 표시

V_1(브이원) 이륙할 것인가, 말 것인가
이륙을 결정하는 속도가 문제다

비행기가 점점 가속해 V_1에 가까워졌다. 속도가 V_1에 다다르기 전이라면 이륙을 중지해도 활주로에 안전하게 정지할 수 있으므로 파일럿은 스러스트 레버에 손을 올려놓고 엔진 출력을 낮출 준비를 한다. 그러나 V_1을 넘어서면 설령 엔진이 고장 났더라도 이륙하는 편이 안전하므로 이륙을 속행하기로 마음먹고 스러스트 레버에서 손을 뗀다.

이와 같은 조작을 위해 속도계가 V_1을 통과할 때 "브이원"이라고 컴퓨터 음성으로 알려주는 장치가 있다. 이 장치가 없는 비행기의 경우에는 조종을 담당하지 않는 파일럿인 PM이 알려준다.

그리고 V_1을 지나 V_R에 다다르면 기수를 들어 올리기 위한 조작을 한다. 양력은 비행 속도에 비례하지만 날개의 영각(공기를 맞아들이는 각도)에 따라서도 변한다. 그래서 자연스럽게 떠오를 때까지 기다리는 것이 아니라 수평꼬리날개에 아래로 향하는 양력을 발생시켜 주륜을 받침점으로 삼는 지렛대 원리로 기수를 들어 올림으로써 날개의 영각을 키운다. 날개의 영각이 커지면 양력이 갑자기 커지며, 위로 끌어당겨지는 느낌이 들면서 주륜이 활주로에서 떨어져 부양한다.

속도가 V_2에 다다르고 안전하게 상승할 수 있는 태세가 갖춰지면서 승강계가 양의 수치를 가리키기 시작하면 확실히 상승했음을 확인할 수 있다. 기체의 상승을 확인하면 랜딩 기어를 올려서 격납하는데, 이것이 이륙할 때 가장 힘든 순간이다. 격납실의 문이 열리고 닫힘에 따라 공기의 저항력이 급격히 커지기 때문이다. 그 공기저항을 이겨낼 엔진 힘이 필요하다.

이륙 속도를 조작하다

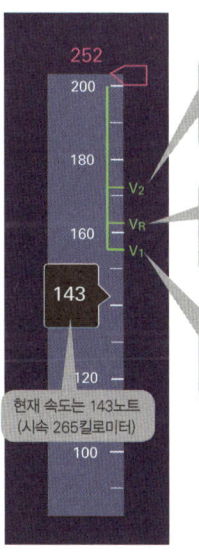

V₂ : 이륙 안전 속도
정해진 상승 각도로 안전하게 상승할 수 있는 속도
172노트(시속 319킬로미터)

V_R : 이륙 전환 속도
부양하기 위해 기수를 들어 올리는 속도
162노트(시속 300킬로미터)

V₁ : 이륙 결정 속도
이륙을 중지할지 계속할지 결정하는 속도
155노트(시속 287킬로미터)

V₁까지는 스러스트 레버에 손을 올려놓는다. 이륙을 중지할 경우 레버를 아이들까지 내려야 하기 때문이다. V₁을 넘어서면 이륙을 중지하지 않겠다고 결심하고 레버에서 손을 뗀다.

랜딩 기어를 올리는 작업을 할 때

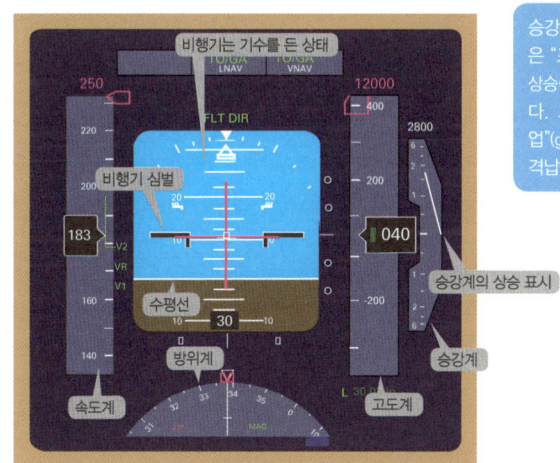

보잉777의 PFD(Primary Flight Display)

승강계의 상승 표시를 확인하면 PM은 "포지티브 클라임"(positive climb, 상승이 확실하다는 의미)이라고 말한다. 그 목소리를 들은 PF는 "기어 업"(gear up)이라고 말해 랜딩 기어의 격납을 지시한다.

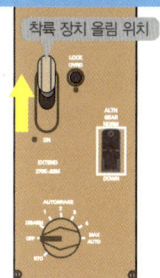

보잉777의 착륙 장치 제어 패널

V_R(브이알)
기수를 들어 올리다
정밀한 조작 감각이 필요하다

 이륙을 할 때 확인하는 이륙 속도 V_1, V_R, V_2 이외에도 중요한 것이 있다. 무게중심의 위치에 맞춘 수평꼬리날개의 각도다.

V_R에서 기수를 들어 올리는 작업을 시작하면 기수가 올라가는데, 이것은 수평꼬리날개에서 발생하는 아래로 향하는 양력 때문이다. 수평꼬리날개의 힘에 무게중심의 위치보다 조금 뒤쪽에 있는 주륜을 받침점으로 지렛대 원리가 작용함으로써 기수가 위를 향하게 된다. 그러나 무게중심의 위치가 앞쪽에 있을 경우, 기수를 들기 위해서는 들어 올리는 힘이 더 커야 한다. 만약 기수를 들어 올리는 힘이 약하면 리프트오프(liftoff. 이륙 시점)까지의 거리가 길어질 우려가 있다. 반대로 무게중심의 위치가 후방에 있으면 들어 올리기 조작을 하기 전부터 기수가 올라갈 우려가 있다.

그래서 기수를 상하 방향으로 움직이는 힘을 조정하기 위해 수평꼬리날개의 부착 각도를 바꾸는 방법을 사용한다. 그리고 이와 같이 수평꼬리날개의 부착 각도를 변화시켜 비행기의 균형을 잡는 장치를 스태빌라이저 트림(Stabilizer Trim)이라고 부른다. 예를 들어 무게중심의 위치가 앞쪽에 있다면 수평꼬리날개의 하향 각도를 크게 벌려 영각을 키우고 양력을 크게 발생시킨다. 또한 스태빌라이저 트림은 이륙뿐만 아니라 비행 중에도 유용하다. 비행기가 속도 변화에 대응해 자세를 변화시킬 때 오토파일럿과 연동해 자동 조정된다.

이와 같이 수평꼬리날개의 각도를 조정하면 언제라도 똑같은 들어 올리기 작업, 즉 같은 감각으로 조종할 수 있다. 기체 뒷부분은 활주로 위에서 기수가 위를 향해도 기체가 땅에 닿지 않도록 일정한 각도로 꺾여 있다.

가동식 수평꼬리날개

무게중심의 위치가 앞쪽에 있든 뒤쪽에 있든 같은 감각, 즉 같은 승강키의 움직임으로 들어 올리기 조타를 할 수 있도록 수평꼬리날개를 움직인다. 예를 들어 무게중심의 위치가 앞쪽에 있으면 수평꼬리날개의 하향 각도를 크게 해서 같은 승강키의 움직임으로도 큰 양력이 발생하도록 한다.

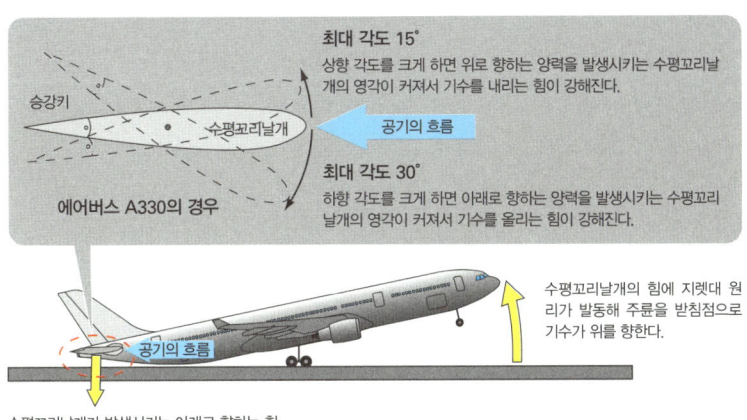

트림의 세팅

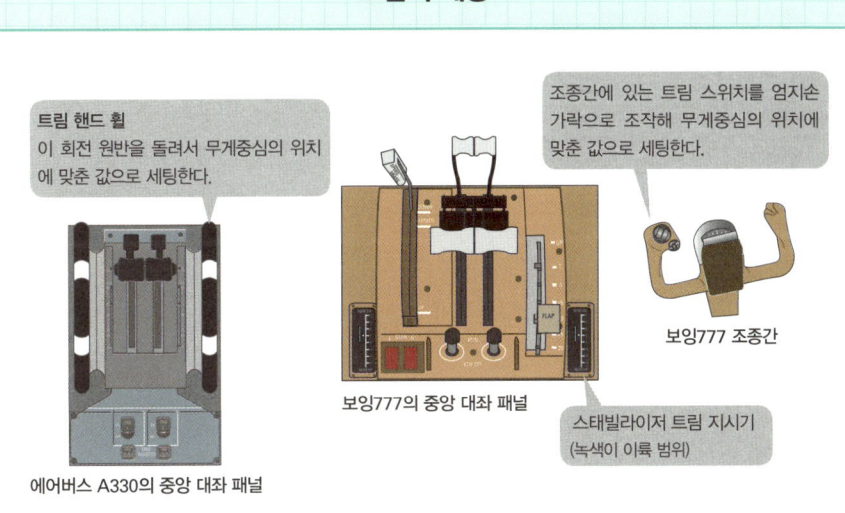

리프트오프에
필요한 거리

이륙거리란 무엇일까?

드디어 비행기가 리프트오프에 성공했는데, 과연 어느 정도의 거리를 이용했는지 궁금할 것이다. 이륙에 필요한 거리는 얼마일까? 가령 보잉 777-300의 경우, 카탈로그를 보면 최대 이륙 중량 300톤으로 이륙하기 위해 필요한 거리는 3,150미터로 나와 있다. 이 거리가 어떻게 정해졌는지 확인해보자.

먼저, 이때 측정하는 거리는 이륙 개시 지점부터 랜딩 기어가 활주로에서 떨어지는 리프트오프 지점까지가 아니라 높이 10.7미터(35피트)를 통과한 지점까지의 수평거리다. 그리고 비행기의 카탈로그에 실려 있는 이륙거리는 다음 세 가지 거리 가운데 가장 긴 거리다.

① 엔진 고장 상태로 이륙을 속행했을 경우의 거리
② 통상적인 이륙거리의 여유를 고려한 거리(1.15배)
③ 이륙을 중지했을 경우 완전히 정지하기까지의 거리

물론 통상적인 비행이라면 엔진이 정상적으로 작동하므로 카탈로그에 실려 있는 거리보다 이륙거리가 짧다. 또 항상 최대 이륙 중량으로 이륙하는 것도 아니므로 터미널 옥상에서 볼 수 있듯이 활주로의 중앙 부근에서 이륙하는 비행기나 활주로의 중간 지점에서 이륙을 개시(중간 이륙이라고 부른다)하는 비행기도 있다.

다만 이륙거리는 대기의 상태(기압, 온도, 바람)나 활주로의 상태(비나 눈에 따른 미끄러짐)에 큰 영향을 받는다. 그래서 비행을 할 때마다 대기와 활주로의 상태 등을 바탕으로 이륙거리를 산출하며, 그 결과 이륙거리가 사용하는 활주로의 길이보다 길 경우에 비행기의 무게를 줄이기도 한다.

이륙에 필요한 거리

이륙에 필요한 거리 : ①, ②, ③을 전부 충족하는 거리

① 가속을 개시해 V_1을 넘은 상태에서 엔진 고장이 발생했지만 이륙을 속행해 남은 엔진(쌍발 엔진기의 경우는 50퍼센트의 출력 감소)의 추력으로 높이 10.7미터(35피트)에 도달했을 때까지의 수평거리
② 가속을 개시해 통상적인 상태로 높이 10.7미터(35피트)에 도달했을 때까지의 수평거리에 여유(15퍼센트 증가)를 고려한 거리

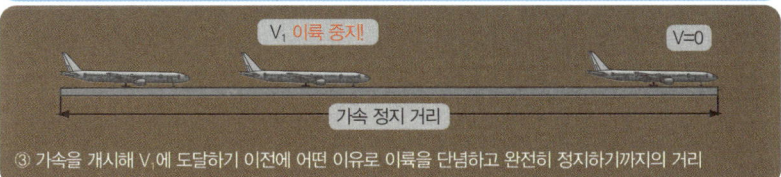

③ 가속을 개시해 V_1에 도달하기 이전에 어떤 이유로 이륙을 단념하고 완전히 정지하기까지의 거리

이륙거리와 대기의 영향

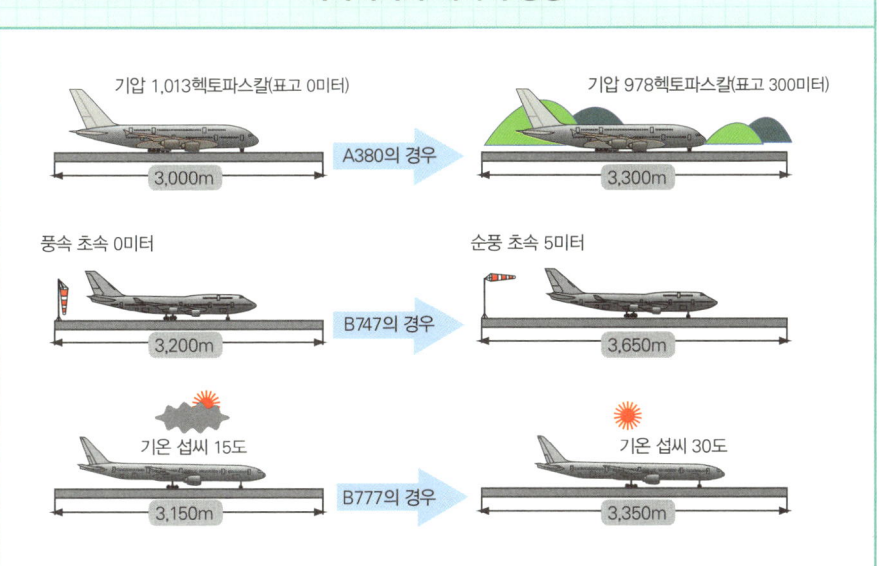

V₂(브이투) 안전하게 이륙한다

상승하면서 서서히 가속한다

속도가 V_2 이상에 도달하고 추력도 이륙 추력에서 상승 추력으로 전환되어 완전히 상승할 수 있는 태세가 갖춰졌다. 그렇다고 금방 가속할 수 있는 것은 아니다. 그 이유는 플랩과 소음 경감 비행 방식에 있다.

플랩은 이착륙을 할 때와 같이 비행 속도가 느린 경우에도 비행기를 떠받치는 양력을 유지시키는 장치다. 이륙한 뒤에는 플랩을 즉시 올리고 가속하고 싶지만, 플랩은 크고 무거울 뿐만 아니라 비행 속도의 제곱에 비례하는 풍압을 받고 있기 때문에 단번에 올릴 수가 없다. 속도를 지나치게 높이면 그 풍압 때문에 플랩이 부서질 우려도 있다. 또 플랩을 올리면 양력이 줄어들기 때문에 비행기가 실속하지 않을 속도를 유지하면서 플랩을 올릴 필요가 있다. 그래서 PF는 "스피드, 체크, 플랩 2"라고 말해 비행 속도를 확인하면서 서서히 플랩을 올린다. 객실 바닥 밑에서 '윙' 하는 기계음이 여러 번 들리는 것은 그 때문이다.

예전에는 이륙 후 낮은 고도에서 플랩을 올리곤 했다. '제트 여객기는 고속'임을 강조하기 위해 가속을 우선한 것이다. 그러나 현재는 소음을 줄이기 위해 플랩을 내린 상태에서 가장 좋은 상승률을 얻을 수 있는 속도를 유지하면서 최대한 높은 고도(예를 들면 1,000미터 이상)까지 상승한 다음 플랩을 올린다. 이와 같이 소음 경감을 목적으로 한 이륙을 급상승 방식이라고 부른다.

플랩을 올린다

플랩 위치 3에서의 실속 속도
V_S = 130노트(시속 241킬로미터)

속도가 너무 느리면 날개 윗면을 흐르는 공기가 흐트러져 비행기를 떠받치지 못한다. 속도와 고도를 잃을 우려가 있다.

플랩 위치 3에서의 안전 이륙 속도
V_2 = 156노트(시속 289킬로미터)

다음의 플랩 위치 2로 비행할 수 있는 안전 속도는 164노트(시속 304킬로미터)다.

플랩 위치 3에서의 최대 속도
V_{FE} = 186노트(시속 344킬로미터)

속도를 초과했다고 곧바로 플랩이 부서지지는 않지만, 반복되면 금속 피로가 겹치기 때문에 좋지 않다.

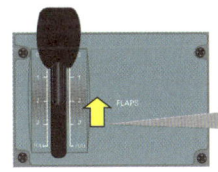

플랩 위치 3에서 이륙했을 경우, 안전 이륙 속도 V_2인 156노트(시속 289킬로미터)부터 가속해
- 플랩 위치 2의 안전 속도 164노트(시속 304킬로미터)
- 플랩 위치 3에서의 최대 속도 186노트(시속 344킬로미터)

사이의 속도에서 플랩 위치를 3에서 2로 세팅해야 한다.

소음을 줄이기 위해

이륙해서 분명히 상승 중인데 하강하고 있는 느낌이 들 때가 있다. 이것은 플랩을 올릴 수 있는 속도까지 가속하기 위해 기수를 내리기 때문이다. 또 진행 방향의 속도를 높이는 바람에 수직 방향의 속도인 상승률이 갑자기 작아지기 때문이기도 하다.

소음을 줄이기 위한 급상승 방식
이륙 상태로 1,000미터 이상까지 상승한 뒤에 플랩을 올리는 조작을 위해 가속 개시

통상적인 상승 방식
저고도에서 플랩을 올리는 조작을 위해 가속 개시

활주로

이륙 추력에서
상승 추력으로
에어버스기와 보잉기의 차이

 아무리 이륙 추력이 자동으로 세팅된다 해도 이륙 중지 판단이나 조작은 어디까지나 파일럿이 담당한다.

먼저 에어버스기의 경우, 이륙을 중지하기 위해 스러스트 레버를 아이들까지 내리더라도 이륙 추력이 유지되고 있다면 긴급 정지를 하기 위해 아무리 브레이크를 밟는다 한들 의미가 없다. 그래서 이륙 중에 레버를 당기면 오토 스러스트 시스템이 자동으로 해제되도록 만들어져 있다. 한편 보잉기의 경우는 이륙을 중지하기 위해 스러스트 레버를 아이들에 놓아도 다시 레버가 이륙 추력까지 움직이지 않도록 레버가 작동 모터로부터 분리된 상태(스로틀 홀드라고 부른다)가 되어 손으로 자유롭게 레버를 움직일 수 있도록 만들어져 있다.

한편 무사히 이륙을 하면 이륙 추력에서 상승 추력으로 자동으로 바통 터치가 이루어지는데, 이 구조도 에어버스기와 보잉기가 다르다.

먼저 에어버스 A330은 정해진 고도가 되면 자동으로 이륙 추력에서 상승 추력이 된다. 그리고 레버를 상승 추력 위치로 옮기라는 내용의 메시지가 표시되어 파일럿이 레버를 상승 추력 위치까지 움직인다. 추력은 전부 자동으로 제어되며 그 결과와 일치시키기 위해 파일럿이 조작을 하는 식이다.

보잉777의 경우는 스러스트 레버가 이륙 추력에서 상승 추력이 되는 위치까지 자동으로 움직인 후 정지한다. 자동으로 이루어지는 추력의 변화를 순차적으로 파일럿에게 알린다는 발상이다.

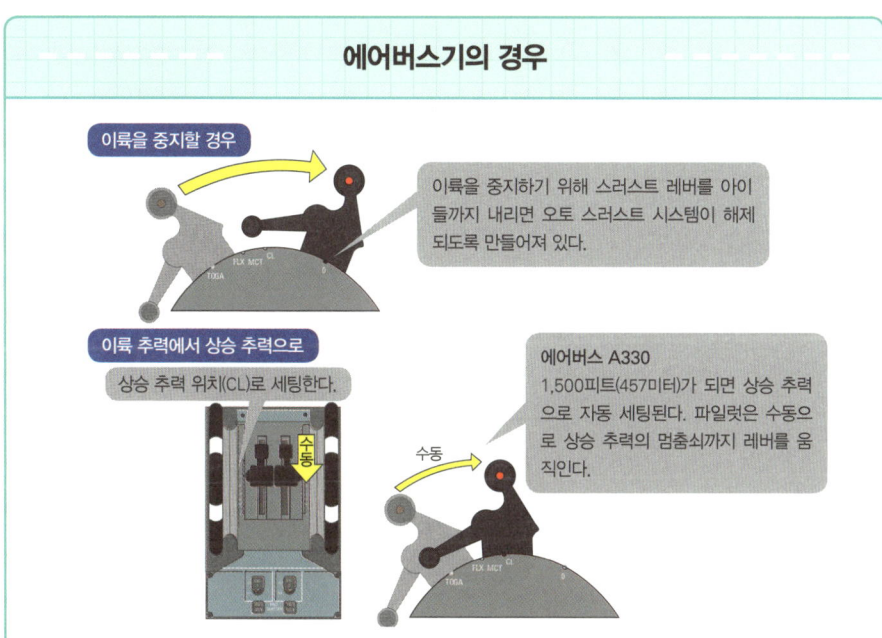

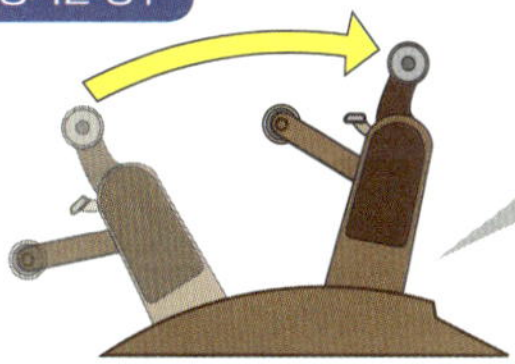

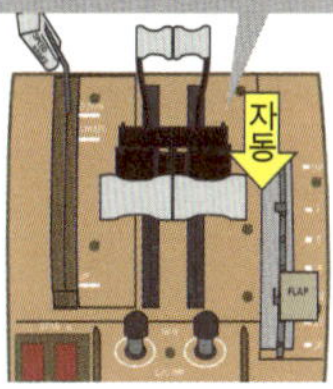

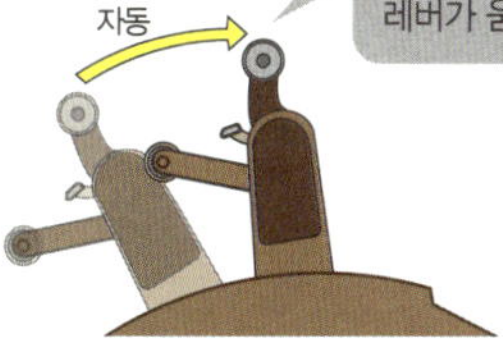

항상 최대 추력을
유지하지는 않는다

엔진의 수명을 늘리기 위한 궁리

 이륙이나 상승을 할 때 항상 최대 추력을 이용하는 것은 아니다. 여기에서는 그 이유를 살펴본다.

비행기의 카탈로그에 기재되어 있는 최대 이륙 추력은 국제민간항공기구(ICAO)가 제정한 국제표준대기(ISA)인 외기 온도 섭씨 15도, 1기압에서의 값이다. 그러나 실제 대기가 항상 섭씨 15도, 1기압을 유지하지는 않는다. 그래서 가령 외기 온도가 섭씨 30도라면 표준 대기보다 섭씨 15도가 높다는 의미에서 ISA+15도라고 표시한다.

오른쪽 아래 그래프의 예에서는 외기 온도가 섭씨 30도, 다시 말해 ISA+15도를 넘으면 터빈 입구 온도의 영향으로 이륙 추력이 제한(풀 레이트라고 부른다)되어 카탈로그의 값보다 작아져 버린다. 이것은 최대 연속 추력이나 최대 상승 추력도 마찬가지로, 상공의 외기 온도가 ISA+15도를 넘으면 풀 레이트가 되어 각각의 추력이 작아진다. 이는 달리 말해 엔진의 출력을 억제해 터빈 입구 온도가 낮은 상태로 운용하면 엔진의 수명을 연장하고 정비 비용을 경감할 수 있다는 말이다.

그래서 국내선처럼 이륙하는 비행기의 무게가 가벼울 경우나 활주로의 길이가 충분할 경우, 최대 이륙 추력에서 25퍼센트 정도를 줄인 감소 추력(Derated Thrust)이라고 부르는 이륙 추력을 사용한다. 엔진 수명을 연장하여 정비 비용을 경감할 뿐만 아니라 이륙 추력이 지나치게 커서 급격하게 가속할 때 느끼는 불쾌감을 방지하는 이점도 있다. 물론 감소 추력도 엔진이 고장 났을 때의 이륙 성능 기준을 만족한다. 또 이륙 추력뿐만 아니라 상승 추력에도 감소 추력을 이용한다.

터빈 입구 온도

고압 터빈은 지속적으로 고온의 가스를 맞으면서 고속으로 회전해야 하는데, 연소실에서 뿜어져 나오는 가스의 온도를 터빈 입구 온도(TIT)라고 부른다. 터빈 입구 온도를 어떻게 관리하느냐에 따라 엔진의 수명이 결정된다. 온도가 너무 높으면 고압 터빈이 변형되거나 파손될 수 있는데, 만약 파손되었을 경우는 후류(後流)에 날아가 엔진이 비참한 결과를 맞이한다.

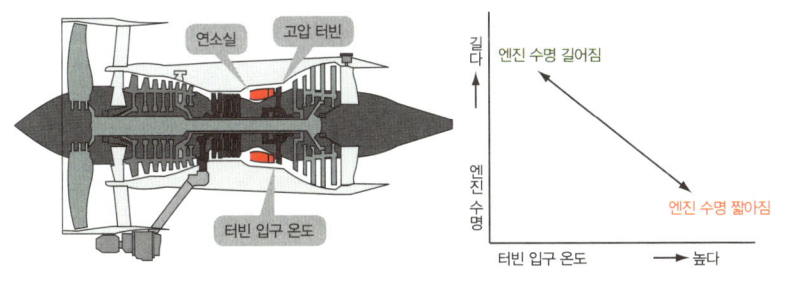

감소 추력

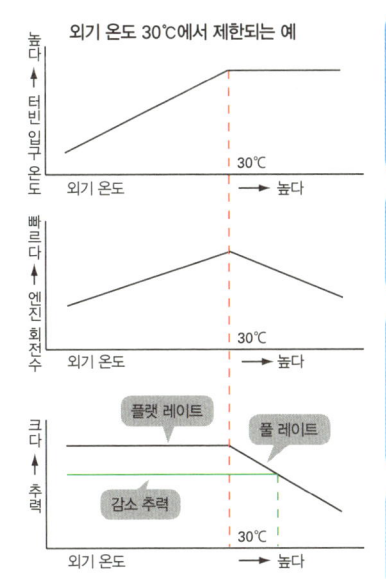

터빈 입구 온도는 이륙하고자 하는 활주로의 외기 온도에 영향을 받는다. 외기 온도가 높아지면 터빈 입구 온도도 높아지다 결국은 한계치를 넘어서기 때문에 터빈 입구 온도를 일정하게 유지할 필요가 있다. 왼쪽 그래프는 섭씨 30도 이상이 되면 제한되는 엔진 상태를 보여준다.

외기 온도가 높아져도 터빈 입구 온도를 일정하게 유지하려면 외기 온도의 상승에 맞춰 엔진의 출력을 낮춘다. 즉, 회전수를 줄일 필요가 있다.

엔진의 추력은 외기 온도가 낮을 때는 일정 크기를 유지하지만 외기 온도가 일정 온도 이상이 되면 온도 상승과 함께 추력이 작아진다. 이와 같이 외기 온도가 일정 온도 이하일 경우에 일정 추력이 되도록 규정한 것을 플랫 레이트, 터빈 입구 온도에 따라 제한되는 것을 풀 레이트라고 부른다.

비행기가 가벼울 때처럼 비행 조건이 좋을 때는 터빈 입구 온도를 낮추기 위해 최대 추력보다 작은 추력인 감소 추력을 사용한다.

이륙 방법에는
두 종류가 있다

롤링 테이크오프와 스탠딩 테이크오프

이착륙하는 비행기가 매우 많은 공항에서는 비행기들이 착륙하는 가운데 빈 시간을 이용해 이륙을 한다. 그런 공항에서 재빨리 이륙하는 방법으로 롤링 테이크오프(Rolling Takeoff)가 있다. 롤링 테이크오프는 유도로를 주행하던 속도(시속 25킬로미터 전후)로 활주로에 진입해서 그대로 브레이크를 밟지 않고 엔진 출력을 절반 정도로 높여 엔진이 안정되었는지 확인한 뒤, 이륙 추력으로 세팅해 이륙하는 방법이다. 롤링 테이크오프의 이점은 이륙 활주를 해서 리프트오프하기까지의 시간을 단축할 수 있고, 엔진 후방 분사(업계에서는 블래스트라고 부른다)의 영향이 적어 소음을 줄일 수 있다는 점 등이다. 그러나 이륙에 필요한 거리가 길어지는 경향이 있다.

한편 국제선이 많은 공항에서는 스탠딩 테이크오프(Standing Takeoff)라고 부르는 이륙 방법을 많이 사용한다. 활주로에서 완전히 정지하고 엔진 출력을 절반 정도로 높여 엔진이 안정되었는지 확인한 다음, 브레이크를 풀고 이륙 추력으로 세팅해 이륙을 개시하는 방법이다. 스탠딩 테이크오프는 이륙거리를 산출하는 근거가 되는 이륙 방법이므로 국제선처럼 비행기가 매우 무거울 경우, 눈이 쌓여 활주로의 상태가 미끄러울 경우, 옆바람을 맞으며 이륙하는 경우 등 활주로의 길이를 최대한으로 이용하고 싶은 상황에서 실시한다. 그래서 이륙에 소요되는 시간은 롤링 테이크오프보다 길다.

어떤 방법이든 이륙을 위해 가속을 시작한 다음 리프트오프한다. 상승하면서 서서히 가속해 플랩이 날개 안에 완전히 격납되면 이륙 종료가 되고, 엔루트 클라임(Enroute Climb)이라고 부르는 순항고도를 향해 상승하는 단계에 접어든다.

두 가지 이륙 방법

롤링 테이크오프
유도로에서 활주로로 진입해 브레이크를 밟지 않고 엔진 출력을 절반으로 높인 뒤, 엔진이 안정되었을 때 이륙 추력으로 세팅해 이륙하는 방법이다. 이륙 시간을 단축하고 엔진이 후방에 끼치는 영향이 적어 소음이 줄어드는 이점이 있지만, 이륙거리가 길어지는 단점도 있다.

스탠딩 테이크오프
활주로에서 완전히 정지시켜 놓고 엔진 출력을 절반으로 높인 다음, 엔진이 안정되었을 때 브레이크를 풀고 이륙 추력으로 세팅해 이륙하는 방법이다. 이륙거리 산출의 근거가 되는 이륙 방법으로 비행기가 무거운 경우나 옆바람 또는 적설 때문에 활주로의 상태가 좋지 않을 경우에 실시한다. 이륙할 때까지의 소요 시간이 길어지는 단점이 있다.

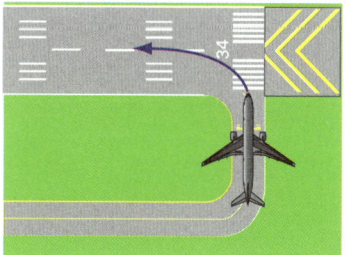
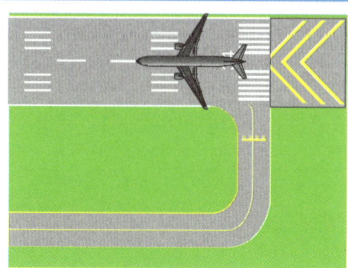

이륙 종료까지

제한 속도
3,000피트(914미터) 이하 : 200노트(시속 370킬로미터)
10,000피트(3,048미터) 이하 : 250노트(시속 463킬로미터)

- 상승 속도로 가속
- 플랩 올리기 조작 개시
- 플랩이 완전히 올라가면 이륙이 종료되고 '애프터 테이크오프 체크 리스트'를 실시한다.
- 최적 속도로 급상승
- 이륙 추력에서 상승 추력으로
- 랜딩 기어 올리기
- V_1 V_R
- 1,500피트 (457미터)
- 3,000피트 (914미터) 이상

앞으로 나아가는 힘인 '추력'이란 무엇일까?

터보 팬 엔진이 추력을 만들어낸다

비행기는 날개만으로 양력과 앞으로 나아가는 힘을 모두 발생시키는 새와 달리 양력은 날개가, 앞으로 나아가는 힘은 엔진이 만들어내면서 하늘을 자유롭게 날아간다. 여기에서는 그 앞으로 나아가는 힘인 추력이란 무엇인지를 복습하고 다음 장으로 넘어가자.

오른쪽 그림과 같이 배에 선풍기를 달고 후방으로 바람을 불게 하면 배는 앞으로 나아간다. 선풍기가 후방으로 바람을 보내면, 즉 가만히 있던 공기를 후방으로 힘차게 운동시키면 그 반작용으로 앞으로 나아가는 힘이 발생하기 때문이다. 선풍기를 '강'으로 틀어서 후방으로 보내는 공기의 속도를 빠르게 하거나 선풍기의 날개를 크게 만들어서 공기의 양을 늘리면 앞으로 나아가는 힘은 더 커진다.

제트 엔진도 선풍기와 똑같은 원리로 추력을 만든다. 다만 날개는 여러 겹으로 구성되어 있으며, 전기 모터가 아니라 열에너지를 이용한 터빈이 날개를 움직인다. 빨아들인 공기를 여러 겹으로 구성된 날개로 압축하고, 열에너지를 가해서 공기를 빨아들이기 위한 터빈을 돌리면서 후방으로 기세 좋게 분사하면 추력이 일어난다. 분사를 영어로 '제트'(jet)라고 하기 때문에 제트 엔진이라고 부른다.

선풍기와 마찬가지로 추력의 크기는 공기를 분사하는 속도와 양에 따라 결정된다. 초음속기의 경우, 초음속으로 분사하지 않으면 공기를 운동시키지 못해 추력이 발생하지 않는다. 그러나 음속의 80퍼센트 전후로 비행하는 여객기의 경우는 분사 속도보다 공기량을 늘려서 큰 추력을 얻는다. 이때 쓰이는 것이 커다란 팬이 특징인 터보 팬 엔진으로, 소음이 작고 연비도 우수하기 때문에 여객기에 알맞다.

작용과 반작용

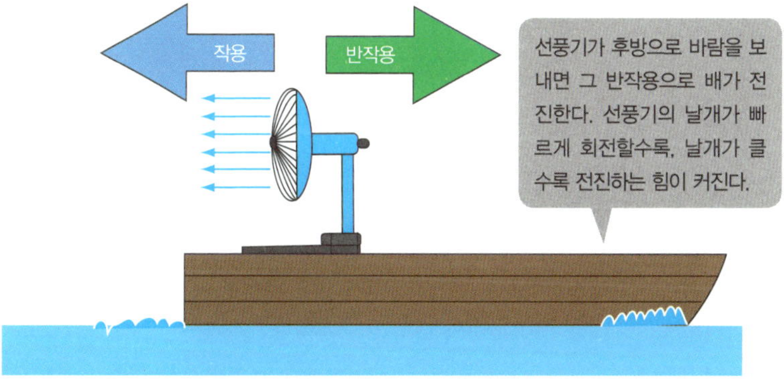
작용
반작용
선풍기가 후방으로 바람을 보내면 그 반작용으로 배가 전진한다. 선풍기의 날개가 빠르게 회전할수록, 날개가 클수록 전진하는 힘이 커진다.

제트 엔진의 추력

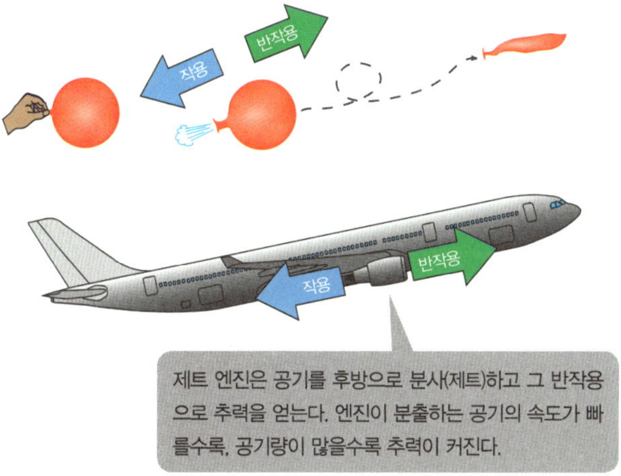
반작용
작용
반작용
작용
제트 엔진은 공기를 후방으로 분사(제트)하고 그 반작용으로 추력을 얻는다. 엔진이 분출하는 공기의 속도가 빠를수록, 공기량이 많을수록 추력이 커진다.

푸시백과 엔진 스타트

대부분의 공항에서는 견인차의 능력이나 운전 기술에 따라 푸시백 도중에 엔진 스타트를 실시한다. 이 방법을 사용하면 푸시백 후에 활주로를 향해 지상 활주를 하는 데 필요한 시간이 줄어들기 때문에 연료를 절감하고 유도로 점유 시간을 줄일 수 있다.

과거의 경우, 출발 게이트에서 엔진 스타트를 한 뒤에 푸시백을 할지 푸시백이 종료된 뒤에 엔진 스타트를 할지는 견인차의 마력에 달려 있었다. 푸시백 후에 엔진 스타트를 할 경우 엔진 스타트를 하는 몇 분 동안은 유도로를 점유하기 때문에 스타트가 종료될 때까지 다른 비행기들이 기다리는 광경을 종종 볼 수 있었다. 또한 출발 게이트 주변이 눈이나 얼음으로 미끄러울 경우, 지금도 푸시백이 종료된 뒤에 엔진 스타트를 할 때가 있다.

참고로 견인차는 직선으로 미는 것이 아니라 90도로 방향을 바꾸면서 민다. 그래서 푸시백 도중에 엔진 스타트를 하면 추력이 서서히 증가해 견인차를 되미는 힘이 작용하므로 그 되밀리는 힘을 고려하면서 방향을 전환하는 고도의 운전 기술이 필요하다.

보조 동력 장치의 고장으로 압축 공기를 사용할 수 없을 경우, 이미 스타트를 한 엔진의 압축 공기를 사용해 다른 엔진을 스타트하는 크로스 블리드 스타트(cross bleed start)라는 방법이 있다. 그러나 스타터를 회전시키기 위해서는 2기압 이상의 압축 공기가 필요한데, 이를 위해서는 엔진의 출력을 높여야 한다. 그래서 출발 게이트 안의 지상 시설을 이용해 먼저 엔진 하나를 스타트하고 그 엔진의 출력을 높여도 후방에 아무것도 없어서 안전한 유도로까지 푸시백한 다음 나머지 엔진을 스타트한다.

Chapter 4

하늘 높이 올라가자
Climb

비행기는 활주로에서 벗어나 창공을 향해 상승한다.
기내로 쏟아지는 햇살의 움직임에서 비행기가 선회하고 있음을 알 수 있다.
이 장에서는 오토파일럿으로 선회하는 방법을 해설한다.

상승을 나타내는 계기

속도, 자세, 고도, 상승률이 표시된다

비행기가 랜딩 기어와 플랩을 밖으로 내놓지 않은 상태를 업계에서는 클린 상태라고 부른다. 비행기가 불필요한 것을 밖으로 내놓지 않은 균형 잡힌 유선형의 모습이라는 의미다. 그리고 클린 상태에서 순항고도를 향해 상승하는 것을 엔루트 클라임이라고 부른다.

파일럿은 상승 중에 설령 오토파일럿을 작동시켰더라도 항상 비행 상황을 모니터링한다. 모니터링은 비행기의 비행 상황이나 계기 등을 감시하는 것으로, 중요한 계기로는 속도와 자세, 고도 등을 한꺼번에 표시하는 PFD(Primary Flight Display)가 있다.

비행기의 속도계는 공기의 힘인 동압을 속도로 환산한 대기속도계였다. 그리고 대기속도계가 나타내는 속도를 지시대기속도(IAS. Indicated Air Speed)라고 부른다. 보통은 IAS를 일정하게 유지하며 상승한다.

자세 지시기는 앞 유리를 통해서 본 풍경과 똑같이 수평선, 대기, 대지가 있고 이것을 비행기의 심벌과 비교함으로써 좌우상하의 기울기를 알 수 있게 하는 계기다. 이륙할 때 들어 올린 각도는 속도와 고도가 증가함에 따라 작아진다.

고도계는 기압을 고도로 환산한 것으로, 기압 고도계라고 부른다. 그리고 승강계는 분당 변화한 고도, 즉 수직 방향의 속도다. 가령 상승률 3,000피트/분이라면 1분에 3,000피트(914미터)를 상승한 셈이다. 수직 방향의 속도는 자동차 수준으로, 비행 속도에 비하면 자릿수가 다르다. 사람이든 자동차든 비탈길을 오를 때는 힘들어하는데, 이는 비행기도 마찬가지다.

A330의 PFD

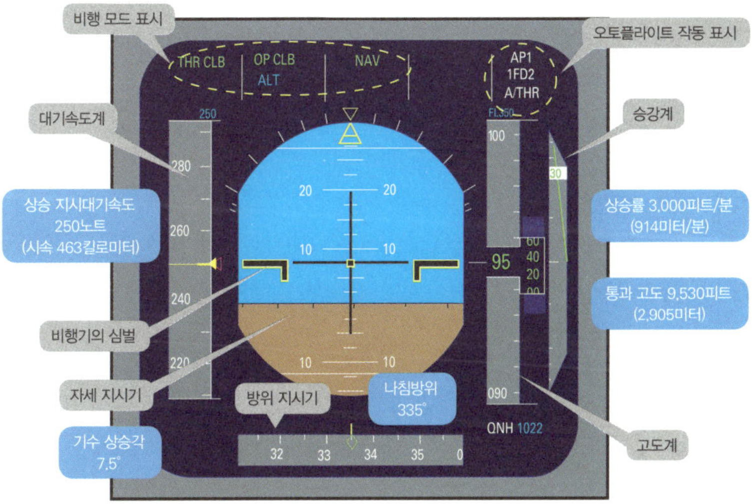

- 비행 모드 표시: THR CLB / OP CLB / NAV / ALT
- 오토플라이트 작동 표시: AP1 / 1FD2 / A/THR
- 대기속도계
- 상승 지시대기속도 250노트 (시속 463킬로미터)
- 비행기의 심벌
- 자세 지시기
- 기수 상승각 7.5°
- 방위 지시기
- 나침방위 335°
- 승강계
- 상승률 3,000피트/분 (914미터/분)
- 통과 고도 9,530피트 (2,905미터)
- 고도계
- QNH 1022

B777의 PFD

- 비행 모드 표시: THR REF / LNAV / VNAV
- 오토플라이트 작동 표시: A/P
- 대기속도계
- 상승 지시대기속도 250노트 (시속 463킬로미터)
- 비행기의 심벌
- 자세 지시기
- 기수 상승각 7.5°
- 방위 지시기
- 나침방위 318°
- 승강계
- 상승률 2,800피트/분 (853미터/분)
- 통과고도 5,500피트 (1,676m)
- 고도계

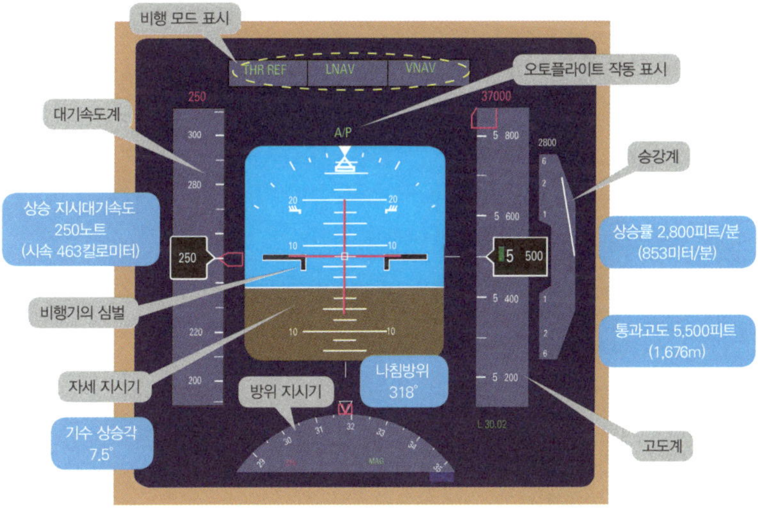

대기속도계

지시대기속도와 진대기속도

보통은 대기속도계가 가리키는 지시대기속도를 일정하게 유지하면서 상승하지만, 고도가 높아지면 실제로 비행기가 공중을 비행하는 속도가 증가한다. 그 이유가 무엇인지 과거의 속도계(현재도 스탠바이 계기로 사용)를 참고로 생각해보자.

비행기의 속도계는 피토관이라고 부르는 가늘고 긴 관을 이용해서 공기의 힘인 동압을 측정해 속도로 환산한다. 동압은 공기 밀도와 피토관으로 들어오는 공기의 속도, 다시 말해 비행 속도의 제곱에 비례한다. 그리고 대기속도계는 지상의 공기 밀도에 따른 동압을 기준으로 눈금이 매겨져 있기 때문에 속도계가 지상에서 270노트를 가리킬 경우에 통상적인 속도와 마찬가지로 1시간에 270해리(500킬로미터)를 나아가게 된다. 실제 비행 속도를 진대기속도(TAS, True Air Speed)라고 부르는데, 지상에서는 지시대기속도와 실제 속도인 진대기속도가 같다.

공중에서는 조종석의 앞 유리가 바람을 가르는 소리가 들린다. 바람을 가르는 소리는 공기가 비행기에 부딪히는 힘 때문에 나는데, 비행기가 가속하면 소리가 커지고, 감속하면 소리가 작아진다. 고도가 어떻든 바람을 가르는 소리의 크기가 같다면 같은 지시대기속도로 비행하고 있다고 말할 수 있다. 일정한 지시대기속도를 유지하며 상승한다는 것은 바람을 가르는 소리를 똑같은 크기로 유지하면서 상승한다는 의미다. 그러나 고도가 높아지면서 공기가 희박해지면 앞 유리에 부딪히는 공기의 속도, 다시 말해 실제 비행 속도인 진대기속도를 높여야 한다. 요컨대 지시대기속도를 일정하게 유지하면서 상승하려면 실제 비행 속도인 진대기속도가 가속되어야 한다.

피토관과 동압

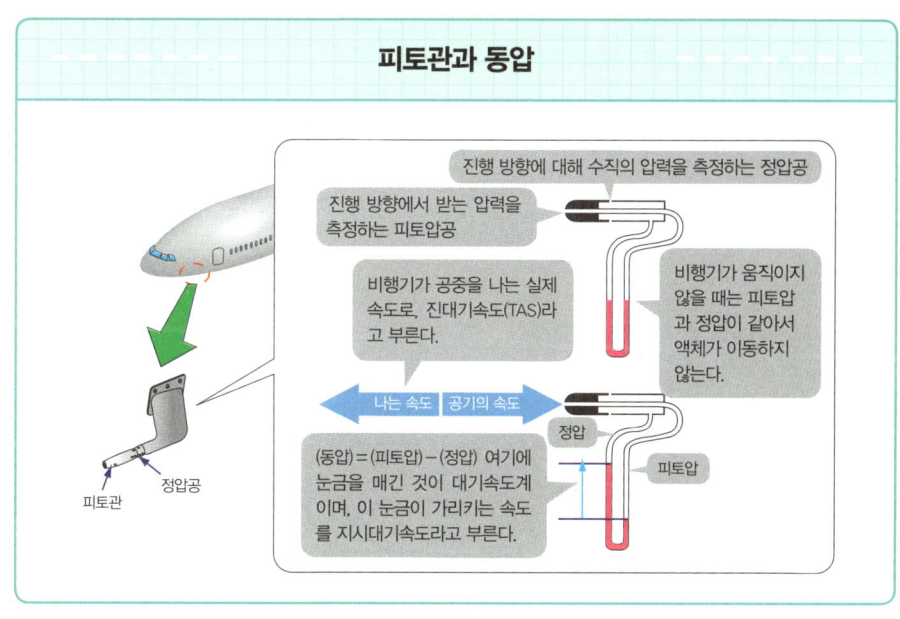

- 진행 방향에 대해 수직의 압력을 측정하는 정압공
- 진행 방향에서 받는 압력을 측정하는 피토압공
- 비행기가 공중을 나는 실제 속도로, 진대기속도(TAS)라고 부른다.
- 비행기가 움직이지 않을 때는 피토압과 정압이 같아서 액체가 이동하지 않는다.
- 나는 속도 ← → 공기의 속도
- (동압)=(피토압)−(정압) 여기에 눈금을 매긴 것이 대기속도계이며, 이 눈금이 가리키는 속도를 지시대기속도라고 부른다.
- 정압
- 피토압
- 피토관
- 정압공

지시대기속도와 진대기속도

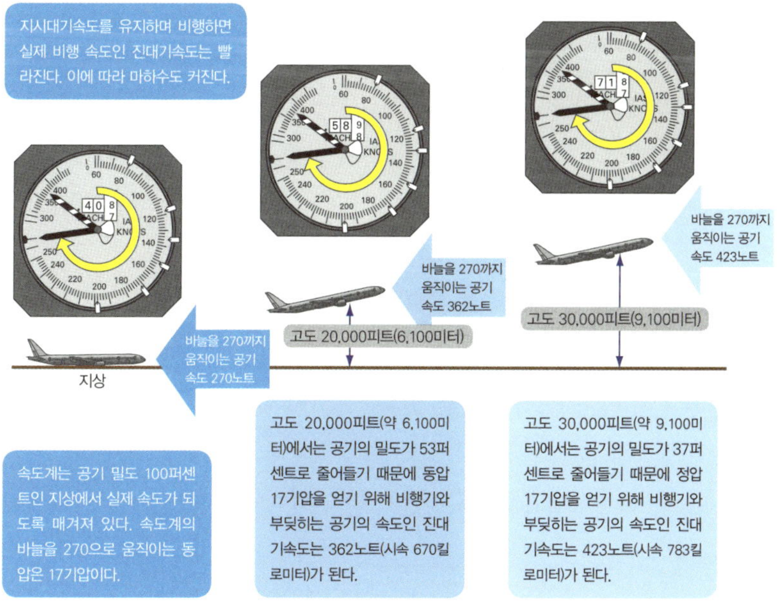

지시대기속도를 유지하며 비행하면 실제 비행 속도인 진대기속도는 빨라진다. 이에 따라 마하수도 커진다.

바늘을 270까지 움직이는 공기 속도 423노트
고도 30,000피트(9,100미터)

바늘을 270까지 움직이는 공기 속도 362노트
고도 20,000피트(6,100미터)

바늘을 270까지 움직이는 공기 속도 270노트
지상

속도계는 공기 밀도 100퍼센트인 지상에서 실제 속도가 되도록 매겨져 있다. 속도계의 바늘을 270으로 움직이는 동압은 17기압이다.

고도 20,000피트(약 6,100미터)에서는 공기의 밀도가 53퍼센트로 줄어들기 때문에 동압 17기압을 얻기 위해 비행기와 부딪히는 공기의 속도인 진대기속도는 362노트(시속 670킬로미터)가 된다.

고도 30,000피트(약 9,100미터)에서는 공기의 밀도가 37퍼센트로 줄어들기 때문에 정압 17기압을 얻기 위해 비행기와 부딪히는 공기의 속도인 진대기속도는 423노트(시속 783킬로미터)가 된다.

비행에 필요한 속도

속도계마다 고유한 역할이 있다

비행기의 속도계에는 PFD에 표시되는 지시대기속도계와 마하계, 수직속도계가 있고, ND에 표시되는 대지속도계와 진대기속도계가 있다. 각각의 역할을 생각해보자.

피토관에서 측정한 공기의 힘을 대기 데이터 컴퓨터로 처리해 표시하는 것이 대기속도계와 마하계다. 이 계기들은 비행을 유지하기 위해 필요한 것들이다. 항공업계에서 승강계를 부르는 일반적인 명칭인 수직속도(VS. Vertical Speed)계는 외기압의 변화를 감지하거나 관성항법장치(다음 장에서 설명한다)의 가속도계가 검출한 수직 방향의 속도를 나타내는 계기로, 상승 혹은 하강할 때 또는 이착륙을 할 때 중요한 속도계다.

자동차와 마찬가지로 지면과의 상대 속도를 나타내는 대지속도(GS. Ground Speed)계는 관성항법장치의 가속도계가 검출한 속도로, 소요 시간의 산출 등에 이용된다. 지상에서는 대기속도계가 30노트 이하를 표시하지 않기 때문에 지상 주행을 할 때 대지속도계를 참고한다.

진대기속도계는 마하수에서 계산한 속도를 표시하며, 비행에 보조적인 역할을 하는 속도계다. 비행기와 관련된 일반적인 수식에 사용되는 속도는 진대기속도를 이용한다.

이상과 같이 비행기의 속도로는 비행에 필요한 공기와의 힘 관계를 알기 위한 속도인 지시대기속도와 마하수, 상승·하강 정도를 알기 위한 수직속도, 소요 시간의 산출 등 항법에 필요한 대지속도, 주로 비행 성능 등을 생각할 때 필요한 진대기속도가 있다.

비행기의 속도

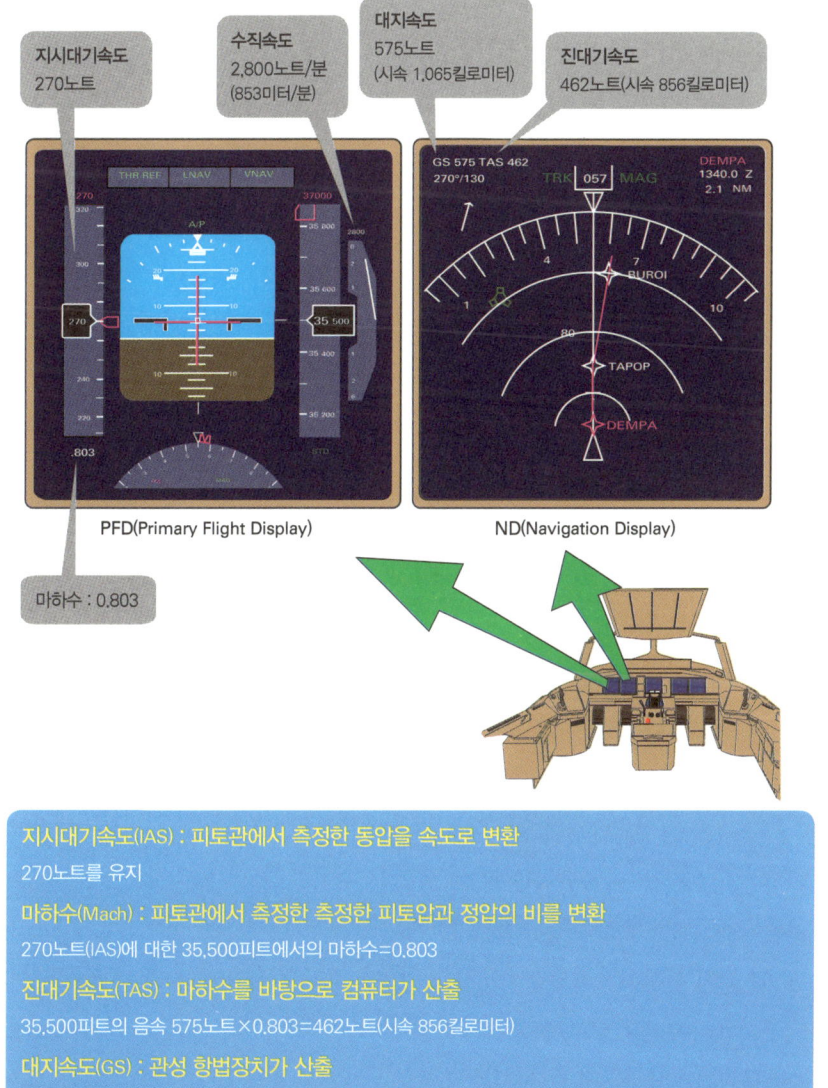

지시대기속도
270노트

수직속도
2,800노트/분
(853미터/분)

대지속도
575노트
(시속 1,065킬로미터)

진대기속도
462노트(시속 856킬로미터)

PFD(Primary Flight Display)

ND(Navigation Display)

마하수 : 0.803

지시대기속도(IAS) : 피토관에서 측정한 동압을 속도로 변환

270노트를 유지

마하수(Mach) : 피토관에서 측정한 측정한 피토압과 정압의 비를 변환

270노트(IAS)에 대한 35,500피트에서의 마하수=0.803

진대기속도(TAS) : 마하수를 바탕으로 컴퓨터가 산출

35,500피트의 음속 575노트×0.803=462노트(시속 856킬로미터)

대지속도(GS) : 관성 항법장치가 산출

TAS+순풍 성분 113노트=462+113=575노트(시속 1,065킬로미터)

수직속도(VS) : 외기압의 변화를 변환 또는 관성항법장치가 산출

462노트(TAS), 상승각 3.5도에서의 수직 속도=2,800피트/분(853미터/분)

기압 고도계

기압과 고도의 관계를 안다

이른 아침 첫 비행기의 출발 전 점검을 하다 보면 원래는 공항의 표고를 가리켜야 할 고도계가 터무니없는 고도를 가리키고 있을 때가 종종 있다. 여기에서는 예전의 고도계를 예로 들어 그 원인을 생각해보도록 하자.

비행기의 고도계는 기압계에 눈금을 매긴 것으로, 기압 고도계라고 부른다. 기압을 이용하는 이유는 중력 덕분에 상공으로 올라갈수록 규칙적으로 작아진다는 점, 그리고 작은 장치로 비교적 간단히 측정할 수 있어 편리하다는 점 때문이다. 유일한 단점은 매일 기압 배치가 달라진다는 사실에서 알 수 있듯이 기압이 항상 일정하지는 않다는 것이다. 그래서 기압의 변화에 맞춰 고도계의 원점을 수정할 수 있도록 만들어져 있다.

예를 들어 어제 하네다 공항에 착륙했을 때 공항의 정확한 표고인 21피트(6.4미터)를 가리켰던 고도계가 오늘 출발 전 점검을 할 때는 450피트(137미터)를 가리키는 경우가 있다. 어제는 1,013헥토파스칼의 고기압 영향권에 있어서 날씨가 좋았지만, 오늘은 큰 비를 내리는 저기압이 접근함에 따라 기압이 997헥토파스칼로 낮아졌기 때문이다. 그래서 원점을 수정하는 노브를 이용해 997헥토파스칼로 세팅하면 고도계의 바늘이 다시 돌아와 공항의 표고인 21피트를 가리킨다.

이와 같이 고도계의 원점을 수정하는 작업을 고도계 수정(Altimeter Setting)이라고 부른다. 그리고 지상에서 고도계가 공항의 표고를 가리키게 하는 기압의 수정값을 QNH(낮은 고도를 비행할 경우의 수정값)이라고 부른다. 위에서 예로 든 경우의 QNH는 997헥토파스칼이 된다.

기압 고도계가 나타내는 고도는?

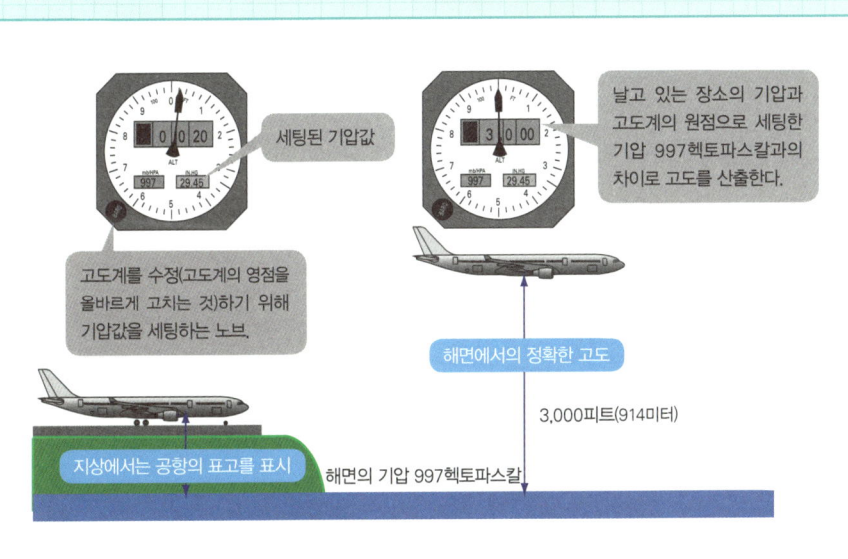

QNH

고도계를 출발(또는 도착) 공항의 표고가 되도록 수정하는 기압값을 QNH라고 부른다. 이 예에서 QNH는 997헥토파스칼이 된다.

① 어제는 1,013헥토파스칼의 고기압 영향권에 있어서 하네다 공항의 표고가 정확히 21피트를 가리켰다.

② 오늘은 저기압이 접근함에 따라 도쿄 만 해수면 위의 기압이 997헥토파스칼이므로 1,013헥토파스칼로 세팅된 고도계는 450피트(137미터)를 표시한다.

③ 고도계의 'BARO' 노브를 돌려서 수정값 997헥토파스칼로 다시 세팅하면 고도계는 하네다 공항의 표고 21피트로 돌아온다.

※고도계는 10피트 단위로 표시된다.

플라이트 레벨

또 다른 수정값 QNE란?

비행기가 계속 상승해 비행고도가 1만 4,000피트(4,267미터) 이상이 되면 파일럿은 "1013(또는 2992)"이라고 콜아웃을 해 좌우의 고도계가 1,013헥토파스칼로 세팅되어 있는지 서로 확인한다. 가령 997헥토파스칼로 되어 있다면 고도계가 450피트나 다른 상태로 비행하게 되기 때문이다.

이 고도계 수정값 1,013헥토파스칼을 QNE(높은 고도나 해상을 비행할 경우의 수정값)라고 부른다. QNE로 세팅해야 하는 고도는 국가에 따라 다르다. 가령 영국에서는 6,000피트(1,829미터), 미터 단위를 사용하는 중국에서는 3,000미터(9,842피트), 싱가포르와 타이에서는 1만 1,000피트(3,353미터), 미국에서는 1만 8,000피트(5,486미터) 이상이다. 이 고도 이하에서는 관제 기관에서 제공하는 지역 QNH라는 근방의 기압 수정값을 세팅하며, 그때마다 비행고도를 수정하면서 비행한다.

QNE로 세팅하면 설령 지상의 기압이 1,013헥토파스칼이 아니더라도 모든 비행기가 1,013헥토파스칼을 원점으로 한 고도로 비행하므로 고도 간격을 지킬 수 있게 된다. QNE로 규정된 고도를 플라이트 레벨(Flight Level)이라고 부르며, 100 자리 이하를 생략하고 단위는 붙이지 않는다. 예를 들어 '3만 5,000피트'가 아니라 '플라이트 레벨 350'으로 표현한다.

참고로 고도계 수정값을 세팅하는 고도가 국가마다 다른 탓에 일본에서는 '1만 피트'라고 표현하는 고도가 영국에서는 '플라이트 레벨 100'이 된다. 또한 미국에서 '1만 7,000피트'라고 말하는 것을 일본에서는 '플라이트 레벨 170'으로 표현해야 한다.

고도 수정

QNH
고도계는 실제 고도를 가리킨다.

고도계 수정 : QNH ← | → 고도계 수정 : QNE

QNE
고도를 표준 대기면에서의 고도로 수정한 수정값 1,013헥토파스칼(29.92 수은주인치)을 QNE라고 부른다. 그리고 QNE로 수정된 고도를 예컨대 고도 1만 5,000피트가 아니라 플라이트 레벨 150(FL 150이라고 쓴다)이라고 부름으로써 QNH 수정을 통한 실제 고도와 구별한다.

※ 수은주인치의 단위 : inHg

플라이트 레벨 150
14,000피트
13,000피트

실제 기압 997헥토파스칼
표준 대기 1기압인 1,013 헥토파스칼로 가정

1만 4,000피트까지는 공항의 표고가 되는 기압을 세팅.

1만 4,000피트 이상에서는 1,013헥토파스칼(29.92수은주인치)을 세팅.

에어버스 A330의 경우

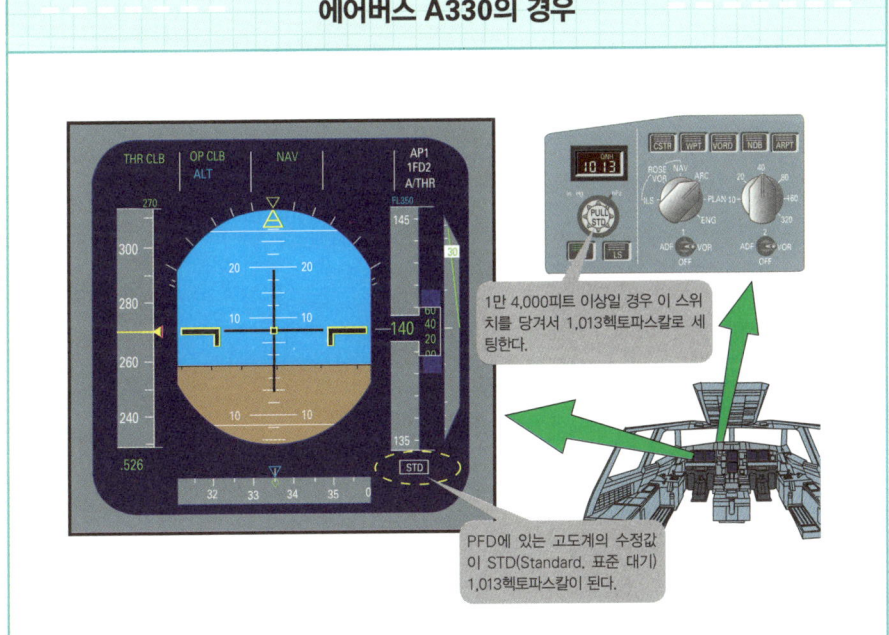

1만 4,000피트 이상일 경우 이 스위치를 당겨서 1,013헥토파스칼로 세팅한다.

PFD에 있는 고도계의 수정값이 STD(Standard, 표준 대기) 1,013헥토파스칼이 된다.

어디까지 상승하는가?

최대 고도를 알아보자

✈ 순항하는 고도까지 1,000피트(305미터)가 남으면 조종을 담당하지 않는 파일럿인 PM이 "1,000 투 레벨 오프"라고 콜아웃을 한다. '수평비행을 하는 고도까지 1,000피트 남았음'을 서로 확인하기 위함이다. 예컨대 순항고도가 플라이트 레벨 360(FL 360)이라면 플라이트 레벨 350을 통과한 시점에 콜아웃을 한다. 상승할 때뿐만 아니라 하강할 때도 수평비행하는 고도에 도달하기 전에 실시하게 되어 있다.

순항고도에 도달하기까지의 소요 시간과 거리, 연비는 상승 속도를 어떻게 선택하느냐에 따라 크게 변화한다. 그래서 각각의 목적에 맞는 상승 방식이 있다.

먼저, 상승각이 가장 커지는 속도로 상승하는 방식을 최량 상승각 방식이라고 부른다. 눈앞에 뇌운이 기다리고 있거나 공항 주변에 있는 장해물을 넘어야 할 경우, 소음을 줄이고 싶을 경우 등 짧은 거리에서 더 높은 고도로 올라가야 할 때 효과적인 상승 방식이다.

상승률이 최대가 되는 상승을 최량 상승률 방식이라고 부른다. 순항고도에 빠르게 도달해 경제적이기 때문에 실제 비행에서는 이 속도 전후를 선택하는 일이 많다. 또 경쟁 노선이 있어서 비행 소요 시간을 단축하고 싶을 때는 고속 상승 방식(물론 순항 중에도 고속)을 사용한다.

어떤 상승 방식이든 고도가 높아져 공기가 희박해질수록 엔진의 추력이 작아지므로 상승률도 서서히 나빠진다. 상승률이 300피트/분(91미터/분)이 되는 고도를 운용 상승 한도라고 부르며 상승할 수 있는 최대 고도로 삼는다.

대표적인 상승 방식

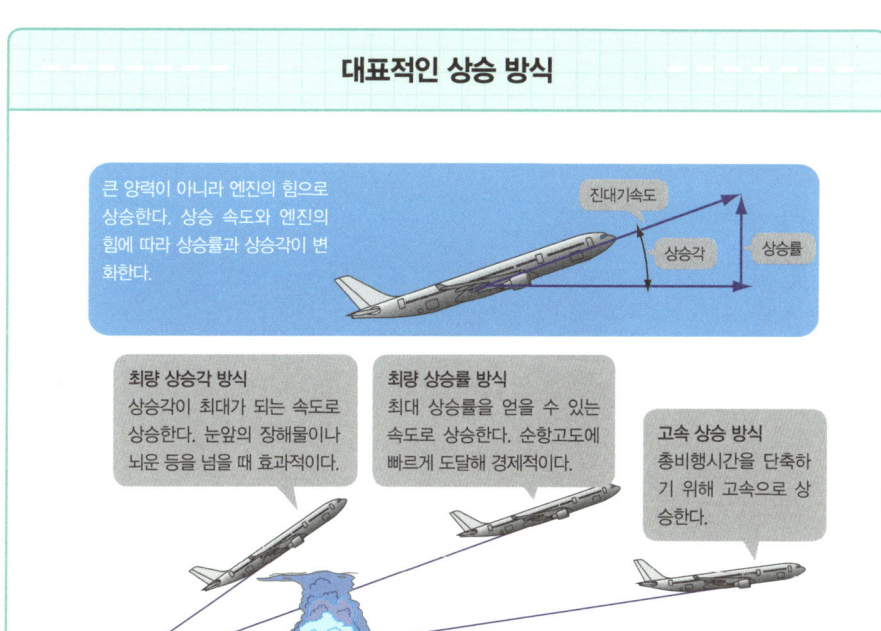

일정 시간 경과 후의 수평 위치와 획득 고도의 관계

운용 상승 한도

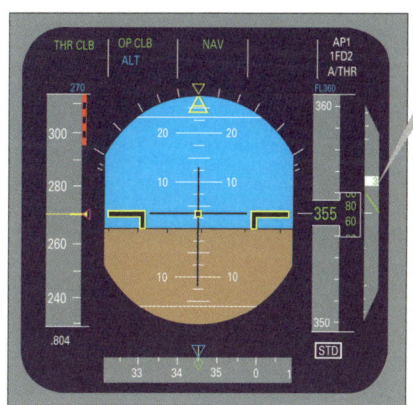

300피트/분을 시속으로 환산하면 5킬로미터/시로, 사람이 걷는 속도 수준이다. 그래서 고도계의 움직임이 거의 없고 상승한다는 실감도 나지 않는다.

상승률이 300피트/분(91미터/분)이 되는 고도를 운용 상승 한도라고 부르며, 운용상 상승할 수 있는 최대 고도로 삼는다.

계기에 의지해 선회한다

선회할 때는 어떻게 할까?

비행기는 계속 상승하면서 선회를 개시한다. 선회란 비행기가 원을 그리면서 방향을 바꾸는 것이다. 오토바이가 방향을 틀 때 차체를 기울이듯 비행기도 원심력에 지지 않도록 기체를 기울일 필요가 있다. 하늘에서 구름 속을 비행할 때는 물론이고 푸른 하늘이 펼쳐져 시야가 확 트여 있더라도 앞 유리로 보이는 풍경만으로는 비행기가 얼마나 기울어졌는지 알 수 없다. 그래서 비행기의 자세를 바꿀 때는 PFD의 표시를 확인하면서 실시한다.

3차원 공간을 나는 비행기에는 방향의 움직임을 나타내는 말이 세 가지 있다. 먼저 뱅크(bank)는 비행기의 좌우 기울기, 피치(pitch)는 기수의 상하 기울기, 헤딩(heading)은 기수의 방향, 정확히는 방위를 나타낸다. 예를 들어 "뱅크 30도로 우로 선회한다" "피치를 5도 높인다" "헤딩을 270도로 향한다"와 같이 표현한다.

그렇다면 실제로 선회하는 모습을 에어버스 A330의 PFD를 예로 살펴보자. 헤딩 270도를 향해 우선회를 개시하면 수평선이 왼쪽으로 기울기 시작한다. 뱅크각은 수평선과 수직 관계인 롤 인덱스라고 부르는 삼각 지침이 가리키는 위치로 확인한다. 한 눈금이 10도이므로 세 번째 눈금의 위치까지 기울이면 뱅크각은 30도가 된다.

한편 방위 지시기는 270도를 향해 수치가 증가한다. 오른쪽 그림의 예에서는 255도를 통과한 시점을 보여주고 있다. 헤딩이 270도가 되기 직전에 서서히 뱅크각이 줄어들기 시작하며 헤딩이 270도가 되면 완전히 뱅크각 0도의 상태가 되어 선회가 종료된다.

뱅크 · 피치 · 헤딩

선회란 비행기가 원을 그리면서 방향을 바꾸는 것이다. 오토바이가 방향을 바꿀 때 차체를 기울이듯이 비행기도 원을 그릴 때 발생하는 원심력에 지지 않도록 기체를 기울여야 한다.

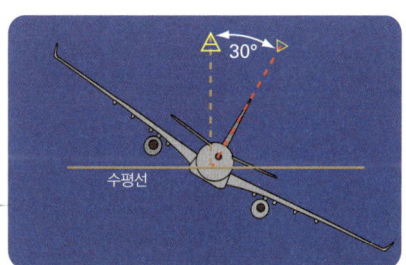

뱅크 : 비행기의 좌우 기울기
이 예에서는 오른쪽으로 뱅크각이 30도.

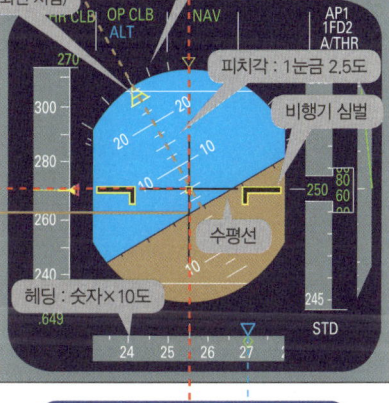

롤 인덱스(회전 지침)
뱅크각 : 1눈금 10도
피치각 : 1눈금 2.5도
비행기 심벌
헤딩 : 숫자×10도

피치 : 기수의 상하 기울기
기수를 올리는 것을 피치 업, 기수를 내리는 것을 피치 다운이라고 한다. 이 예에서는 피치업 5다.

헤딩 : 방위
일반적으로는 나침방위를 가리키지만, 지도 위의 방위인 '진방위'와 구별할 경우 진방위를 '트루 헤딩' 나침방위를 '매그 헤딩'이라고 한다. 이 예에서는 헤딩 270도를 향해 선회 중에 255도를 통과 중이다.

어떻게 선회하는가?

일부러 균형을 무너트려 자유자재로 비행한다

✈ 비행기의 창가 좌석에서 주 날개를 보고 있으면 도움날개가 아주 조금 움직였는데 비행기가 크게 기울기 시작하고, 도움날개가 원래 위치로 돌아간 뒤에도 비행기가 기울어진 채로 날고 있음을 알 수 있다. 방향을 바꾸는 동안 핸들을 꺾고 있어야 하는 자동차와는 큰 차이가 있는데, 그 이유를 알아보자.

종이비행기는 균형이 잘 잡히도록 만들지 않으면 똑바로 날아가지 않는다. 날개가 아주 조금만 비틀린 상태여도 오른쪽으로 날아가거나 왼쪽으로 급강하한다. 진짜 비행기도 종이비행기와 마찬가지로 균형이 중요하지만, 생각을 달리하면 균형을 적절히 무너트릴 경우 자유롭게 방향을 바꿀 수 있다는 발상도 가능하다. 바로 그 균형을 적절히 무너트리는 장치가 주 날개에 있는 도움날개와 수평꼬리날개에 있는 승강타, 수직꼬리날개에 있는 방향키(러더)다.

똑바로 비행하던 비행기의 조종간을 오른쪽으로 돌리면(또는 사이드스틱을 오른쪽으로 기울이면) 왼쪽 도움날개가 아래로 움직이고 오른쪽 도움날개는 위로 움직인다. 이와 동시에 스포일러(양력을 작게 하고 항력을 늘리는 판)가 일어선다. 그러면 왼쪽 날개의 양력이 커지고 반대편인 오른쪽 날개의 양력이 작아지기 때문에 좌우의 균형이 무너져 오른쪽으로 기운다. 그러나 좌우 양력의 균형이 무너진 채로 계속 놔두면 점점 기울어지므로, 기운 상태에서 균형을 유지하려면 도움날개를 원래 위치로 되돌려야 한다. 그래서 원하는 뱅크각이 되면 조종간을 원래의 중립 위치로 되돌린다.

참고로 러더에는 방향키라는 이름이 붙어 있기는 하지만 선회 중에 방향을 조정하는 주역이 아니라 선회를 원활히 조정하는 보조적인 역할을 한다.

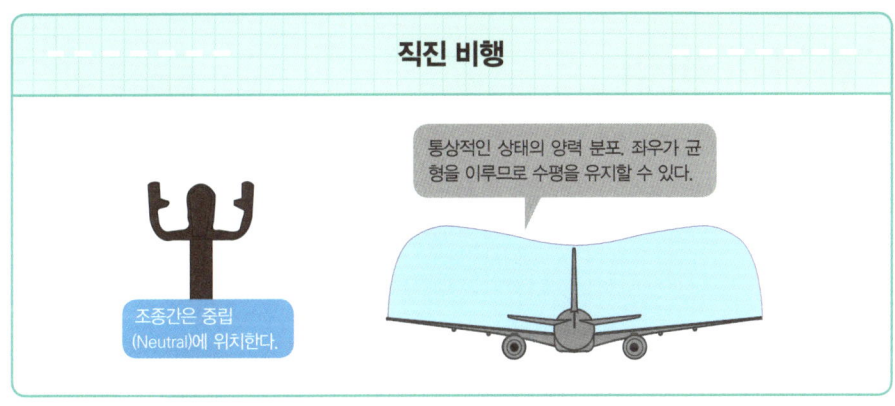
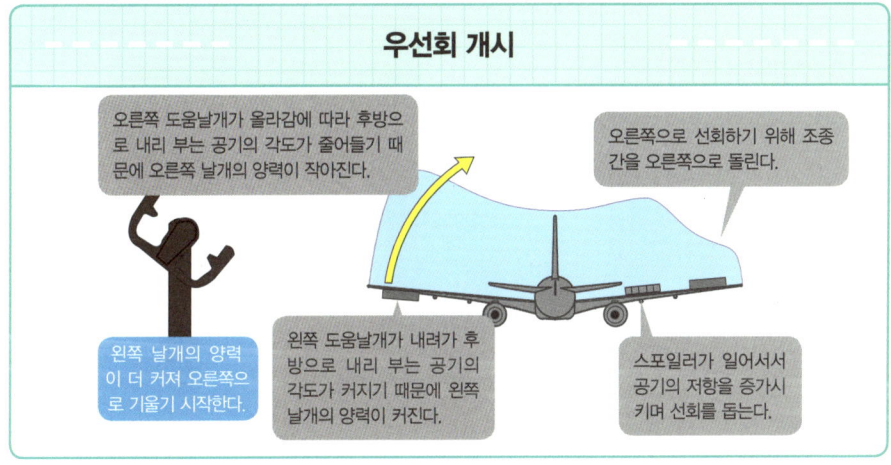
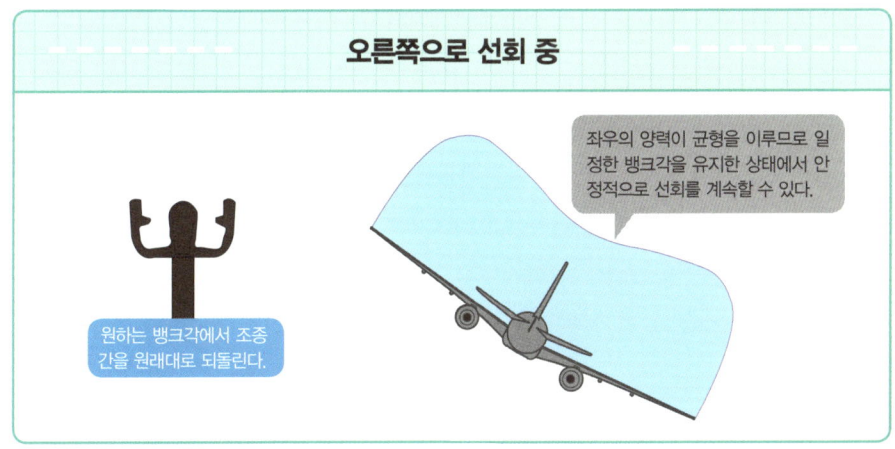

플라이 바이 와이어란?

전기 신호로 키를 움직인다

에어버스 A300이나 보잉747-400 세대의 비행기는 파일럿이 조작하는 조종간의 움직임이 케이블(금속으로 만든 줄)이나 도르레를 경유해 에일러론이나 엘리베이터의 유압 작동 장치(액추에이터)로 전달되고, 그 힘이 에일러론(도움날개)이나 엘리베이터를 작동시켰다. 자동차의 경우 고속으로 주행할 때 핸들을 급히 꺾으면 위험하기 때문에 고속에서는 핸들이 무거워지는 파워 스티어링이 주류다. 비행기도 고속에서 키를 크게 꺾으면 승기감이 나쁠 뿐만 아니라 비행기에 불필요한 힘이 작용한다. 그래서 에일러론은 조종간을 돌리는 각도가 커질수록 무겁게, 엘리베이터는 고속이 될수록 조종간이 무거워지게 인공적인 조종 감각을 만들어낸다. 다만 발로 조작하는 러더(방향키)는 페달이 무거워지는 것이 아니라 속도가 빨라질수록 똑같이 페달을 밟아도 러더의 작동 범위가 좁아져 수직 꼬리날개에 불필요한 힘이 작용하지 않게 한다.

에어버스 A320 이후에는 기계적인 케이블이 아니라 전기 신호로 에일러론이나 엘리베이터 등의 액추에이터를 제어하는 플라이 바이 와이어(FBW. Fly By Wire)가 주류가 되었다. 파일럿의 조작은 조종 장치를 제어하는 컴퓨터를 거쳐 액추에이터를 작동시키는데, 에어버스기와 보잉기 사이에 큰 차이가 있다. 먼저 에어버스기는 조종간이 아니라 사이드스틱을 채용했으며, 설령 파일럿이 과대 조작을 하더라도 보호 기능이 작동해 실속이나 비행기에 발생할 수 있는 과부하를 방지한다. 한편 보잉777은 조종간을 계속 사용하며 고속이 되면 조종간이 무거워지는 등 기존의 비행기와 같은 조종 감각을 유지하고 있다.

조종간과 케이블

에어버스 A300, 보잉747까지는 파일럿이 조작하는 조종간의 움직임이 금속제 케이블을 거쳐 각 조종면의 액추에이터(유압 작동 장치)에 전달된다.

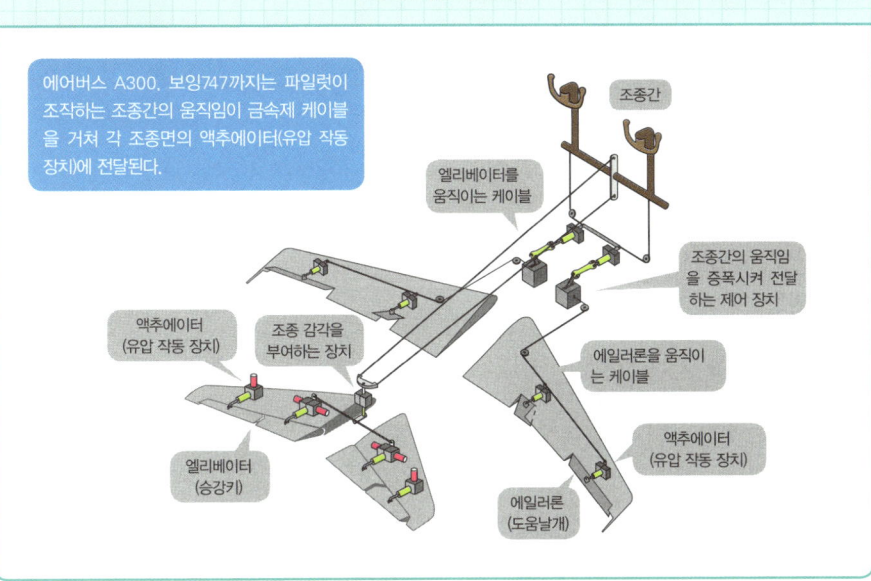

플라이 바이 와이어

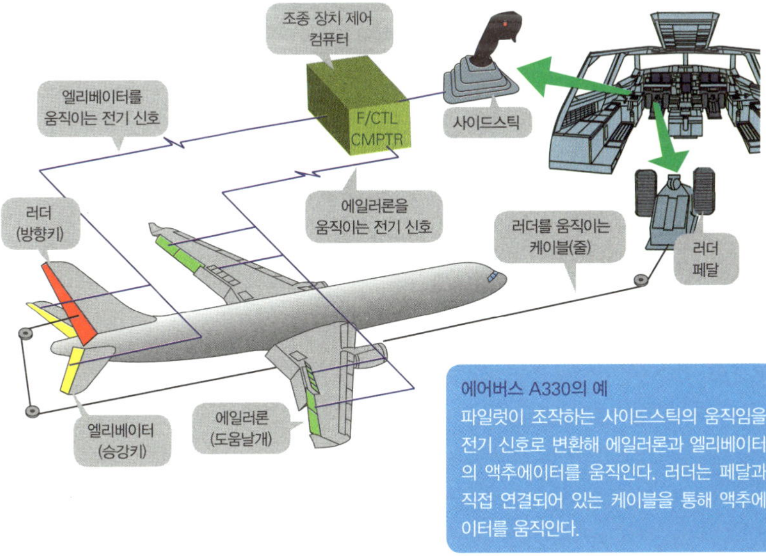

에어버스 A330의 예
파일럿이 조작하는 사이드스틱의 움직임을 전기 신호로 변환해 에일러론과 엘리베이터의 액추에이터를 움직인다. 러더는 페달과 직접 연결되어 있는 케이블을 통해 액추에이터를 움직인다.

오토파일럿을 언제 켤까?

작동시키는 시기가 빨라졌다

꿈의 제트기로 불렸던 보잉727의 표준 운항 방식에서는 오토파일럿 (Auto Pilot)을 작동시키는 시기가 아무리 빨라도 플랩을 올린 이륙 종료 후였다. 그러나 에어버스 A330이나 보잉777 세대가 되자 보잉727보다 훨씬 이른 시기인 리프트오프 직후의 낮은 고도에서 오토파일럿을 작동시키는 운항 방식이 표준이 되었다. 그 이유를 알아보자.

먼저, 보잉727의 오토파일럿을 제어하는 패널을 보면 노브 하나로 비행기를 조종하도록 되어 있다. 조금 과장해서 말하면 보잉727의 오토파일럿을 켠 상태에서의 비행은 A330이 오토파일럿을 끄고 사이드스틱으로 비행기를 조종하는 상태와 비슷하다. 그러나 보잉727의 오토파일럿의 노브는 속도와 상승률을 세밀하게 설정, 제어할 수 있는 설계가 아니다. 그래서 속도나 상승률의 세밀한 제어가 필요한 플랩을 올리는 조작이 끝날 때까지 오토파일럿을 켜지 않았다.

한편 A330이나 보잉777은 컴퓨터가 발전하고 자이로스코프의 정확도가 향상된 덕분에 오토파일럿의 성능이 크게 향상되어 속도와 상승률 등을 세밀하게 조정할 수 있다. 그래서 이륙 초기 단계에서 '온'(ON)을 켜고 스위치와 노브로 속도와 방위, 고도, 상승률을 미세 조정하면서 이륙 조작을 실시한다.

또 정확도가 높은 오토파일럿은 긴급사태가 발생했을 때도 여유 있게 원인을 찾아내고 대처할 수 있는 등 파일럿의 작업량을 크게 줄여준다. 그래서 오토파일럿을 켜는 시기가 빨라진 것이다.

보잉727의 오토파일럿

NAV LOC
MAN
AUTO G/S
MAN G/S
FDR
PRESS
MODE SELECTOR
TURN
DOWN
PICH
UP
ENGAGED
AIL
DISENGAGED
ELEV
A
B
ALT HOLD
OFF
HDG SEL
턴 앤드 피치 제어 노브
• 앞으로 밀면 기수가 내려간다.
• 뒤로 당기면 기수가 올라간다.
• 돌리면 선회한다.
오토파일럿 작동 레버

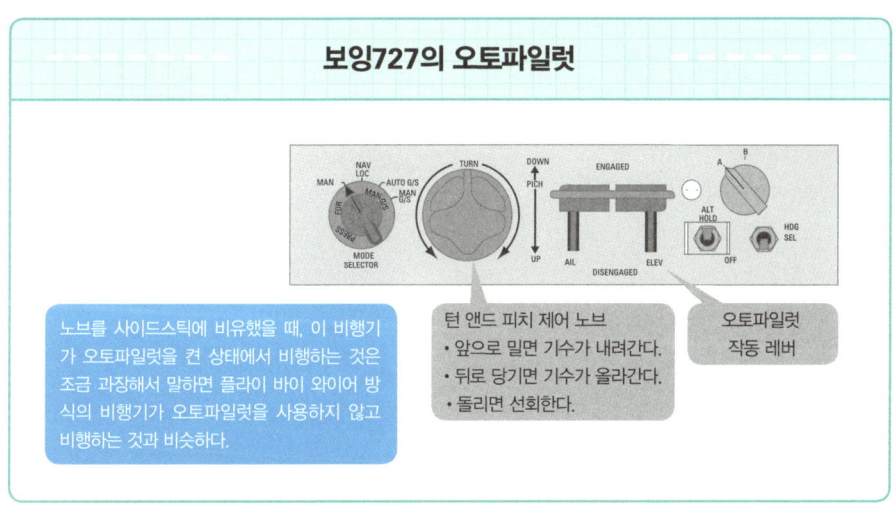

노브를 사이드스틱에 비유했을 때, 이 비행기가 오토파일럿을 켠 상태에서 비행하는 것은 조금 과장해서 말하면 플라이 바이 와이어 방식의 비행기가 오토파일럿을 사용하지 않고 비행하는 것과 비슷하다.

A330의 오토파일럿

FCU(Flight Control Unit)
파일럿이 선택•설정하기 위한 패널

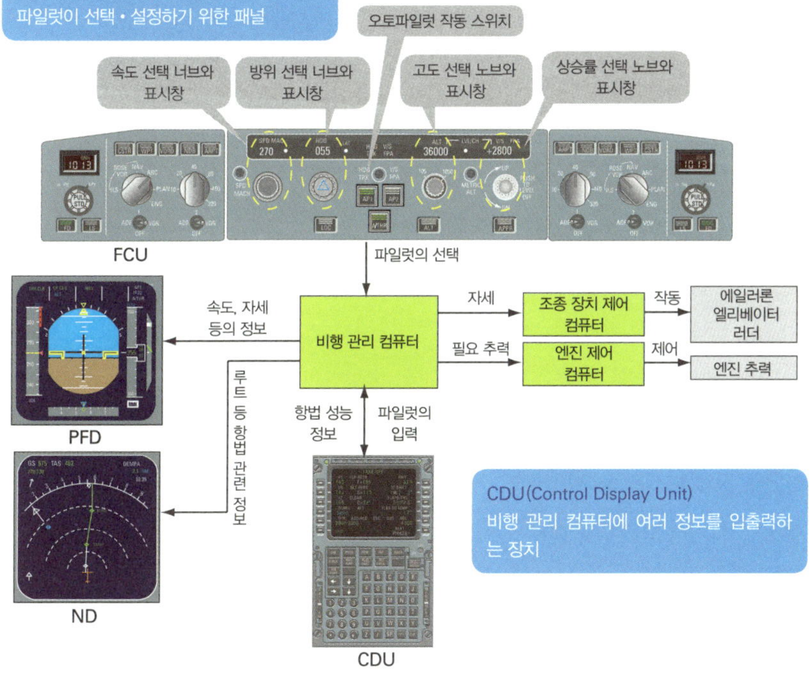

오토파일럿 작동 스위치
속도 선택 너브와 표시창
방위 선택 너브와 표시창
고도 선택 노브와 표시창
상승률 선택 노브와 표시창
FCU
파일럿의 선택
속도, 자세 등의 정보
비행 관리 컴퓨터
자세
필요 추력
조종 장치 제어 컴퓨터
엔진 제어 컴퓨터
작동
제어
에일러론 엘리베이터 러더
엔진 추력
PFD
루트 등 항법 관련 정보
항법 성능 정보
파일럿의 입력
ND
CDU

CDU(Control Display Unit)
비행 관리 컴퓨터에 여러 정보를 입출력하는 장치

노브 하나로 선회한다

사이드스틱과 조종간의 차이는?

보통은 이륙 후에 오토파일럿을 켜면 표준 출발 방식이나 항공로 위를 자동으로 비행하는 자동 유도 기능(NAV 모드)을 이용한다. 그러나 이착륙이 많은 공항에서는 관제탑이 레이더 유도로 속도, 방위, 고도를 빈번하게 지시하는 경우가 있다. 그럴 때는 오토파일럿의 자동 유도 기능이 아니라 FCU(Flight Control Unit)나 MCP(Mode Control Panel)를 통해 비행기의 속도와 방위, 고도 등을 조정한다.

예를 들어 "기수를 방위 340도로 향하라."라는 지시를 받았을 경우, 방위 선택 노브를 340도가 될 때까지 돌린다. 그러면 방위계의 지침이 340도까지 움직이며 340도를 향해 선회를 개시한다. 이 조작은 A330이나 보잉777 모두 마찬가지다. 그러나 A330의 경우는 선회 중에도 사이드스틱을 움직이지 않는다. 한편 보잉777의 경우는 마치 투명 인간이 조종하듯이 조종간이 움직인다. 자동 추력 제어 장치의 예시에서 살펴봤듯 A330의 스러스트 레버는 일정 위치를 유지하지만 보잉777의 레버는 엔진 추력의 변화와 함께 움직였던 것과 같은 개념이다.

또한 FMS(비행 관리 시스템)에 입출력을 행하는 장치인 CDU(Control Display Unit)에서도 속도 등을 조정할 수 있지만 입력할 때 머리를 숙이는(헤드다운) 일이 많아져 외부나 기타 계기를 감시하지 못한다. 그래서 FCU는 속도나 방위 등을 선택해 오토파일럿을 제어하는 역할, FMS는 주로 비행 관리 컴퓨터의 데이터를 가지고 제어하는 역할을 한다. 참고로 우선순위가 높은 쪽은 FCU다.

A330의 경우

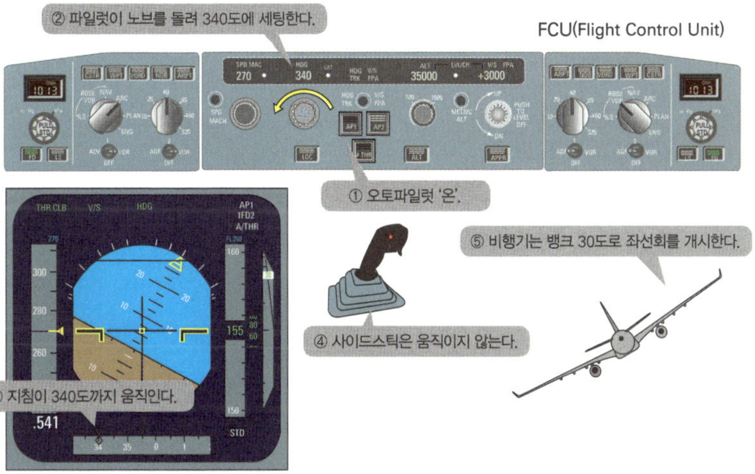

② 파일럿이 노브를 돌려 340도에 세팅한다.

FCU(Flight Control Unit)

① 오토파일럿 '온'.

⑤ 비행기는 뱅크 30도로 좌선회를 개시한다.

④ 사이드스틱은 움직이지 않는다.

③ 지침이 340도까지 움직인다.

PFD(Primary Flight Display)

보잉777의 경우

① 오토파일럿 '온'.

② 파일럿이 노브를 돌려서 340도에 세팅한다.

MCP(Mode Control Panel)

⑤ 비행기는 뱅크 30도로 우선회를 개시한다.

③ 지침이 340도까지 움직인다.

④ 마치 투명 인간이 조작을 하고 있는 듯 조종간이 오른쪽으로 돌아간다.

PFD(Primary Flight Display)

외부 라이트를 켜야 하는 이유

이륙 허가가 떨어지면 밤낮과 상관없이 비행기의 외부 라이트를 켠 다음 이륙을 개시한다. 낮에도 에어버스기는 모든 라이트를 켜지만 보잉기는 날갯죽지의 라이트만을 켠다. 모든 라이트를 켜고 이륙할 경우, 앞바퀴의 라이트가 켜진 상태라면 격납실 안에서 열을 발산하기 때문에 위험하다. 그래서 앞바퀴가 격납되면 자동으로 불이 꺼지도록 만들어져 있다. 그러나 자동으로 꺼지지 않을 경우도 생각해 랜딩 기어를 수납한 뒤 앞바퀴에 있는 라이트의 스위치만은 반드시 오프로 전환한다.

낮에도 라이트를 켜는 이유는 새가 비행기에 충돌하는 위험을 최소화하기 위함이다. 그래서 비행기가 새가 날지 않는 고도 약 3,000미터에 이르면 모든 라이트를 끈다.

야간 비행의 경우, 비행기끼리 스쳐 지나갈 때도 라이트를 켠다. 가령 항공교통관제센터에서 "12시 방향 7마일에 플라이트 레벨 280으로 서쪽을 향하고 있는 보잉777이 있습니다."라는 정보를 얻으면 외부 감시를 하면서 라이트를 켠다. 그러면 스쳐 지나가는 상대 비행기도 라이트를 켜므로 이를 확인하고 항공교통관제센터에 "비행기를 발견했습니다."라고 답신한다.

혼잡한 루트의 교차점, 가령 일본 아이치 현의 고와(河和) 상공은 여러 루트가 교차해 교통량이 많기 때문에 전방에 있는 비행기에 대응해 라이트를 켰는데 여기저기에 있는 다른 비행기들이 응답하는 라이트를 켜는 경우가 있다.

Chapter 5

더 빨리, 더 멀리, 더 높이
Cruise

시트 벨트 사인이 꺼지고 안정적인 순항에 들어갔다.
순항 중에 파일럿은 무엇을 하고 있을까?
또 순항속도나 고도는 어떻게 정할까?
이 장에서는 이러한 의문에 답한다.

레벨 오프,
수평비행으로 이행하다

순항고도에 도달하면 수평비행으로 이행한다

"1,000 투 레벨 오프"라고 콜아웃을 할 무렵이 되면 비행기는 서서히 기수를 내리고, 순항고도에 다다르면 수평비행으로 자동 이행(레벨 오프)된다. 그리고 엔진도 상승 추력에서 순항속도를 유지하는 추력으로 자동 제어된다. 오토파일럿이 실시하는 이러한 조작은 물 흐르듯이 매끄럽게 진행되기 때문에 객실에서는 수평비행을 시작했는지도 알기 어렵다. 순항속도에 이르러 엔진이 순항 추력에서 안정되면 조종석에서는 조용히 안도의 한숨을 내쉰다.

상승에서 순항으로 자동 이행할 수 있는 것은 FMS(비행 관리 시스템)가 개발된 덕분이다. FCU(Flight Control Unit)와 MCP(Mode Control Panel)뿐만 아니라 FMS로 오토파일럿을 제어함에 따라 상승에서 순항으로 원활하게 이행을 제어하고 순항속도를 산출, 제어할 수 있게 된 것이다. 방위나 속도 등을 자주 바꿀 필요가 있는 이착륙 시에는 파일럿이 패널을 조작해 조종하고, 상승이나 순항을 할 때는 FMS로 관리한다.

FMS가 장비되지 않은 보잉727 세대의 비행기는 오토파일럿으로 비행을 하더라도 상승에서 순항으로 이행할 때 파일럿의 조작이 필요했다. 노브 조작에 따라서는 비행기의 기수가 크게 변화해 엘리베이터가 내려갈 때와 같은 불쾌감을 느끼거나 상승률이 큰 상태에서 고도 유지 스위치를 켜는 바람에 갑자기 비행기의 자세가 변화해 승기감이 나빠질 수 있다. 이 때문에 오토파일럿으로 레벨 오프를 할 때 숙련된 조작이 필요했다.

보잉777의 경우

순항고도 직전이 되면 자동으로 상승률이 작아진다.

순항고도에 다다르면 자동으로 레벨 오프해 순항속도를 유지한다.

FMS가 제어하고 있기 때문에 고도나 상승률이 표시되지 않는다.

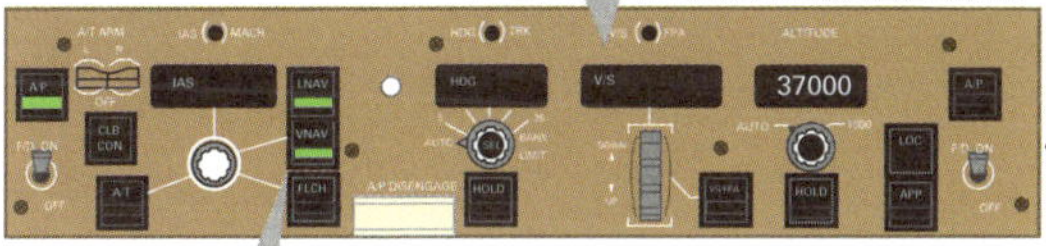

MCP(Mode Control Panel)

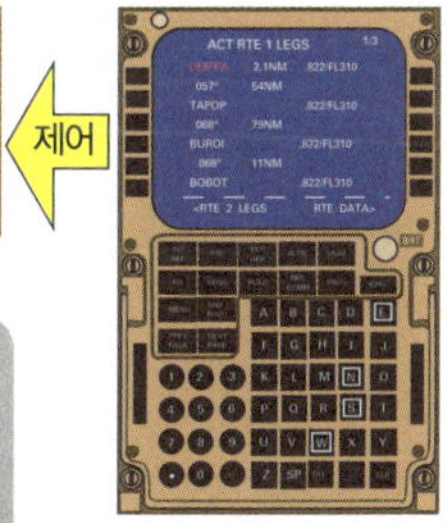

제어

FMS(비행 관리 시스템)

VNAV(Vertical NAVigation. 수직 항법) 스위치를 '온'(ON)해놓으면 순항고도 직전에 자동으로 상승률이 작아지다 순항고도에 다다르면 자동으로 레벨 오프한다. 그리고 예정한 순항속도에 다다르면 자동으로 엔진 출력을 제어해 속도를 유지한다. 비행 관리 시스템이 개발된 덕분에 이러한 제어가 가능해졌다.

보잉727의 경우

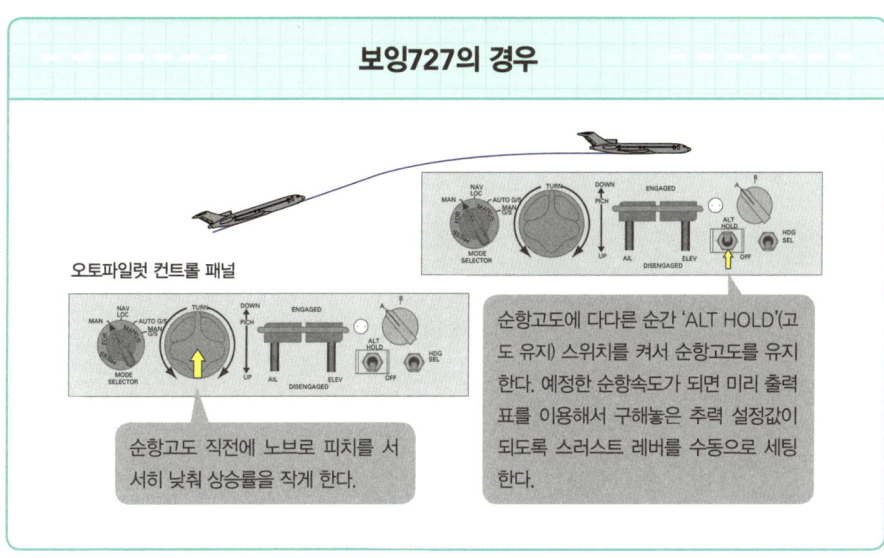

오토파일럿 컨트롤 패널

순항고도 직전에 노브로 피치를 서서히 낮춰 상승률을 작게 한다.

순항고도에 다다른 순간 'ALT HOLD'(고도 유지) 스위치를 켜서 순항고도를 유지한다. 예정한 순항속도가 되면 미리 출력표를 이용해서 구해놓은 추력 설정값이 되도록 스러스트 레버를 수동으로 세팅한다.

115

장거리 순항은
스텝업 순항

기체가 가벼워짐에 따라 고도를 높인다

 순항고도에 이르러 한숨 돌리는 것도 잠시뿐, 곧 다음 순항고도를 생각해야 한다. 도쿄에서 뉴욕까지 비행하는 보잉777-300ER을 예로 생각해보자.

일반적으로 비행기는 높은 고도에서 비행할수록 연비가 좋아지는 경향이 있다. 그러나 국제선처럼 비행기가 무거울 경우 무리하게 높은 고도까지 상승하면 무거운 비행기를 떠받치기 위해 비행기의 자세가 나빠지고, 이 때문에 오히려 연비가 나빠진다. 연비가 가장 좋아지는 고도를 최적 고도라고 부르는데, 비행기의 무게에 맞는 최적 고도가 있다.

오른쪽 그림을 보면 이륙 중량 343톤의 비행기에 알맞은 최적 고도는 3만 1,000피트다. 그러나 그 고도에서 12시간가량을 내내 비행하는 것은 아니다. 화장실에서 용변을 봐도 기체 밖으로 방출되는 것이 아니므로 비행기 무게에는 변화가 없어야 한다. 다만 연료가 소비되기 때문에 비행기는 시간이 지날수록 가벼워진다. 순항 초기에는 연비가 좋은 높은 고도였는데 비행기가 가벼워짐에 따라 연비가 나쁜 고도가 되는 것이다. 그래서 국제선처럼 장거리를 순항하는 경우 최적 고도를 지향하며 상승을 반복하는 스텝업 순항이라는 방식을 이용한다.

스텝업을 하지 않고 최초의 순항고도로 목적지까지 비행할 경우, 그림에서 보듯 약 1.7톤이나 되는 연료를 더 소비한다. 드럼통으로 10통 이상이며 1년이면 3,650통 이상을 낭비하는 셈이다.

순항고도

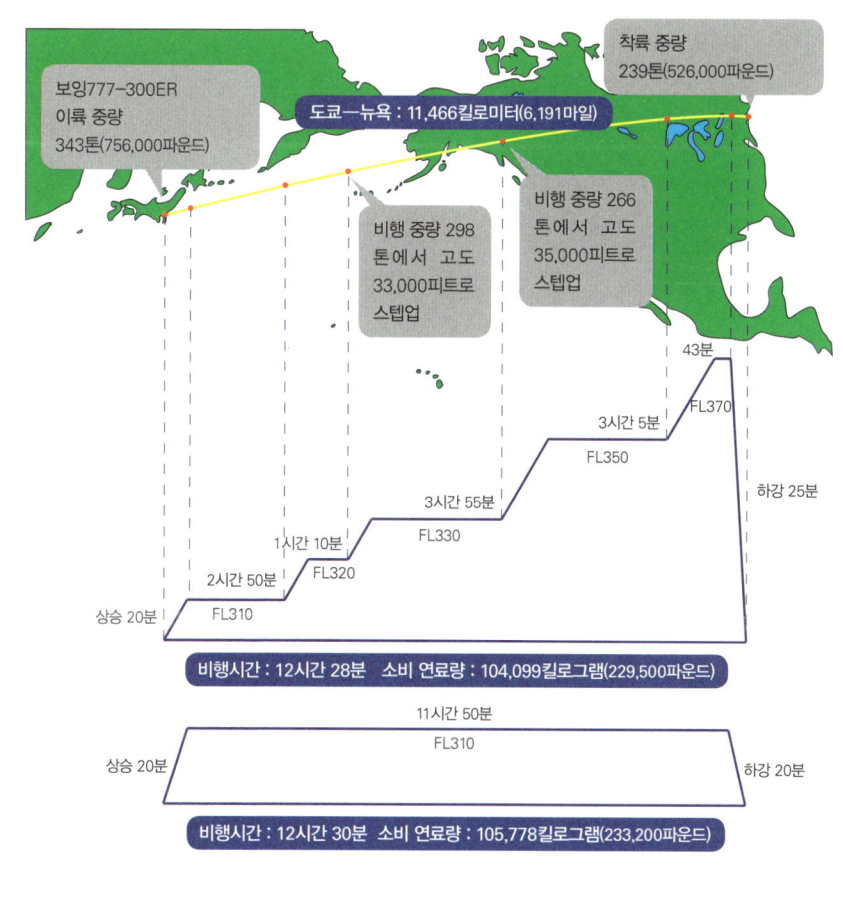

스텝업하지 않고 모든 루트를 FL310으로 비행하면
- 소요 시간은 12시간 30분으로 2분 증가
- 소비 연료는 10만 5,778킬로그램으로 1,678킬로그램이나 증가

근거리 순항일 경우는 어떻게 할까?

종합적인 연비를 기준으로 고도와 루트를 결정한다

순항하는 거리가 짧은 국내선에서는 스텝업 순항을 하지 않는다. 고도를 변경하는 것은 기류나 구름 등이 원인일 경우가 많으며, 통상적인 비행에서는 일정 고도로 순항한다.

근거리 비행의 경우 적재 연료가 적고 비행기도 가벼우므로 연비가 가장 좋아지는 최적 고도가 상당히 높다. 가령 하네다 공항에서 이타미(오사카) 공항까지 가는 근거리를 최적 고도로 순항할 계획이라면 순항고도에 다다르자마자 하강하게 된다. 그래서 근거리 노선이라면 최적 고도가 아니라 상승과 하강을 포함해 전체 연료 소비가 최소가 되는 고도를 선택한다.

또 하네다 공항에서 후쿠오카 공항까지 가는 비교적 긴 거리일 때는 최적 고도에서 순항하는 편이 연비가 좋아진다. 그러나 겨울철과 같이 제트 기류(편서풍대의 특히 풍속이 빠른 지역)가 강할 경우는 아무리 최적 고도를 순항해도 상류를 향해 보트를 젓는 것과 마찬가지로 거의 앞으로 나아가지 못하기 때문에 오히려 연비가 나빠진다. 그래서 최적 고도 이하여도 제트 기류의 영향이 적은 낮은 고도를 선택하는 편이 비행시간을 단축하고 연비를 개선할 수 있다.

물론 반대로 후쿠오카 공항에서 하네다 공항을 향할 경우 순풍의 효과를 온전히 누릴 수 있는 높은 고도를 선택한다. 최적 고도가 되는 순항고도에서 바람을 등지고 비행하면 가만히 있어도 속도가 빨라져 연비가 더욱 좋아진다. 이러한 순풍의 효과는 국제선이 더 커서, 호놀룰루나 미국 서해안으로 향하는 노선은 제트 기류를 탈 수 있는 고도와 루트를 선택한다.

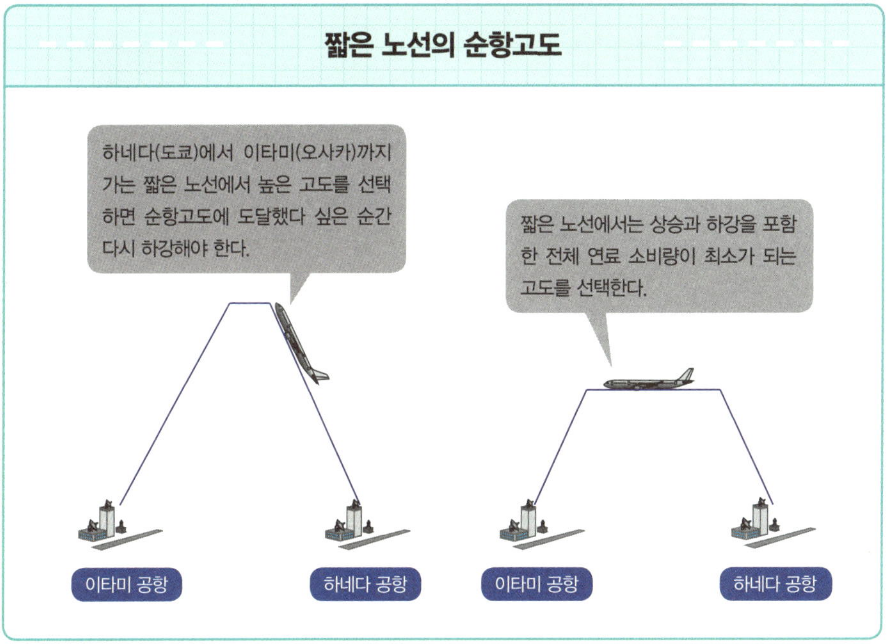

짧은 노선의 순항고도

하네다(도쿄)에서 이타미(오사카)까지 가는 짧은 노선에서 높은 고도를 선택하면 순항고도에 도달했다 싶은 순간 다시 하강해야 한다.

짧은 노선에서는 상승과 하강을 포함한 전체 연료 소비량이 최소가 되는 고도를 선택한다.

이타미 공항   하네다 공항   이타미 공항   하네다 공항

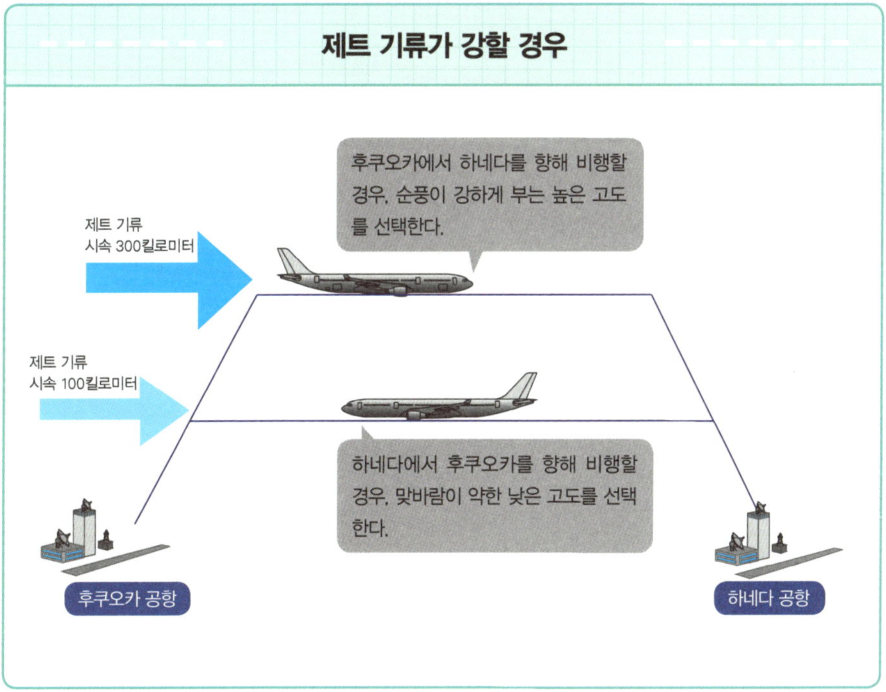

제트 기류가 강할 경우

제트 기류 시속 300킬로미터

후쿠오카에서 하네다를 향해 비행할 경우, 순풍이 강하게 부는 높은 고도를 선택한다.

제트 기류 시속 100킬로미터

하네다에서 후쿠오카를 향해 비행할 경우, 맞바람이 약한 낮은 고도를 선택한다.

후쿠오카 공항   하네다 공항

ECON 속도로 비용을 절감한다
순항속도에는 여러 종류가 있다

연비가 가장 좋아지는 최고 고도가 있듯이 연비가 가장 좋아지는 속도도 있다. 자동차의 연비는 리터당 주행거리로 계산하는데, 항공계에서 주행거리에 해당하는 것은 항속거리이며 연비에 해당하는 것은 항속률이다. 항속률은 소비 연료의 무게, 예를 들어 1만 파운드(약 4.5톤)당 항속거리로 계산한다.

이 항속률과 비행 속도의 관계는 오른쪽 그림처럼 스푼을 뒤집은 것 같은 모양의 곡선을 그리며, 여기에서 스푼의 바닥에 해당하는 부분이 최대 항속률이다. 이 속도로 순항하는 것을 최대 항속거리 순항 방식(MRC. Maximum Range Cruise)라고 부른다. 그러나 이 속도는 통상적인 비행 속도로는 너무 느리기 때문에 항속률을 다소 희생하고 속도를 높인 장거리 순항 방식(LRC. Long Range Cruise)이 있다.

오늘날은 자동차뿐만 아니라 모든 분야에서 ECO(환경)가 주류인데, 이러한 흐름은 항공계도 예외가 아니다. 운항과 관련된 온갖 비용을 고려한 ECON(ECON-omy. 보통 '이콘'이라고 읽는다) 속도가 있는데, 이 속도로 순항하는 경제 순항 방식(ECON Cruise)이 주류를 이루고 있다. 운항 비용에는 정비 비용, 보험료, 착륙료, 여기에 승무원의 급여 등도 포함된다. 각각의 비용은 예를 들어 비행시간이 길어지면 승무원에게 지급하는 시간 외 수당이 늘어나는 등 시간과 관계가 있으므로 시간 비용으로 생각할 수 있다. 그래서 연료 가격이 저렴할 경우는 비행시간을 중요시해 속도를 높이고, 연료 가격이 급등하면 항속률을 중시하는 속도로 비행하는 등 항공사가 상황에 따라 알맞게 대응한다.

그리고 비행 관리 시스템은 복잡한 ECON 속도의 개념을 책상 위에서만이 아니라 비행기 내에서도 운용할 수 있게 만들었다.

순항 방식

- **MRC : 최대 항속거리 순항 방식**
  항속률이 최대가 되는 속도로 순항
- **LRC : 장거리 순항 방식**
  MRC 항속률의 99퍼센트를 얻을 수 있는 속도로 순항
- **고속 순항 방식**
  고속으로 순항

항속률 변화선

좋다 ← 연비(항속률)
비행 속도 → 빠르다

ECON 속도란?

$$CI(\text{Cost Index, 비용 지수}) = \frac{\text{운항 비용}}{\text{연료 비용}}$$

※운항 비용은 운항에 필요한 비용 중 승무원의 급여, 정비 비용과 보험료, 착륙료 등 연료비를 제외한 비용으로, 시간 비용으로도 생각할 수 있다.

이 같은 비용 지수의 정의를 전제로 각 항공사는 연료 비용을 중시한다면 CI를 작게 설정하고, 운항 비용을 중시한다면 CI를 크게 설정한다.

이를 바탕으로 ECON 속도를 산출한다. 이와 같이 연비뿐만 아니라 운항 비용도 고려한 ECON 속도로 순항하는 것을 경제 순항 방식이라고 부른다.

비행 속도 : 느리다 ← CI와 속도의 예 → 비행 속도 : 빠르다

CI=0	CI=40~50	CI=60~130	CI=999
MRC : 최대 항속거리 순항	LRC : 장거리 순항	ECON : 경제 순항	고속 순항

FMS란 무엇인가?
원활한 비행을 위한 장치

FMS(비행 관리 시스템)의 기능을 확인하기 위해 파일럿이 출발 준비를 할 때 실시하는 조작을 다시 살펴보자. 먼저, 출발 전에 주기장에서 MCDU(다목적 제어 표시 유닛)로 FMS에 현재 위치를 위도와 경도로 입력한다. 이렇게 하면 최초 위치에서 비행기가 얼마나 이동했는지 계산할 수 있다. 다음으로 비행기의 이륙 중량을 입력하면 최적 고도와 이륙 속도, 상승 속도, ECON 속도, 착륙 속도 등의 속도가 산출된다. 그리고 출발 준비의 마지막 단계로 이륙할 활주로와 표준 출발 방식, 비행 계획과 같은 비행 루트를 선택한다. 그러면 비행 관리 컴퓨터는 파일럿이 입력, 선택한 정보를 데이터베이스와 함께 처리한다.

- 이륙에서 착륙까지 비행 루트 위를 날도록 유도(항법 관리)
- 상승, 순항, 하강이 원활하도록 자세와 추력을 제어(비행 관리)
- 최적의 성능을 발휘할 수 있는 속도 등을 산출(성능 관리)
- 비행 정보를 계기에 표시(표시 기능)

FMS는 위와 같은 기능을 하는데, 구체적으로는 경제적인 속도로 상승하고 매끄럽게 순항으로 이행하며, 비행 루트 위를 날도록 유도하고, 각 포인트의 통과 예정 시각과 예정 연료 잔량 등을 표시한다. 뇌운이 기다리고 있을 경우 방위나 거리 등을 입력하면 피할 수도 있으며, 스텝업할 고도와 시기, 목적지 공항을 향해 하강을 개시하는 시기, 혹은 엔진 고장이 발생했을 경우의 성능 정보 등 파일럿에게 필요한 정보를 표시한다.

FMS(비행 관리 시스템)

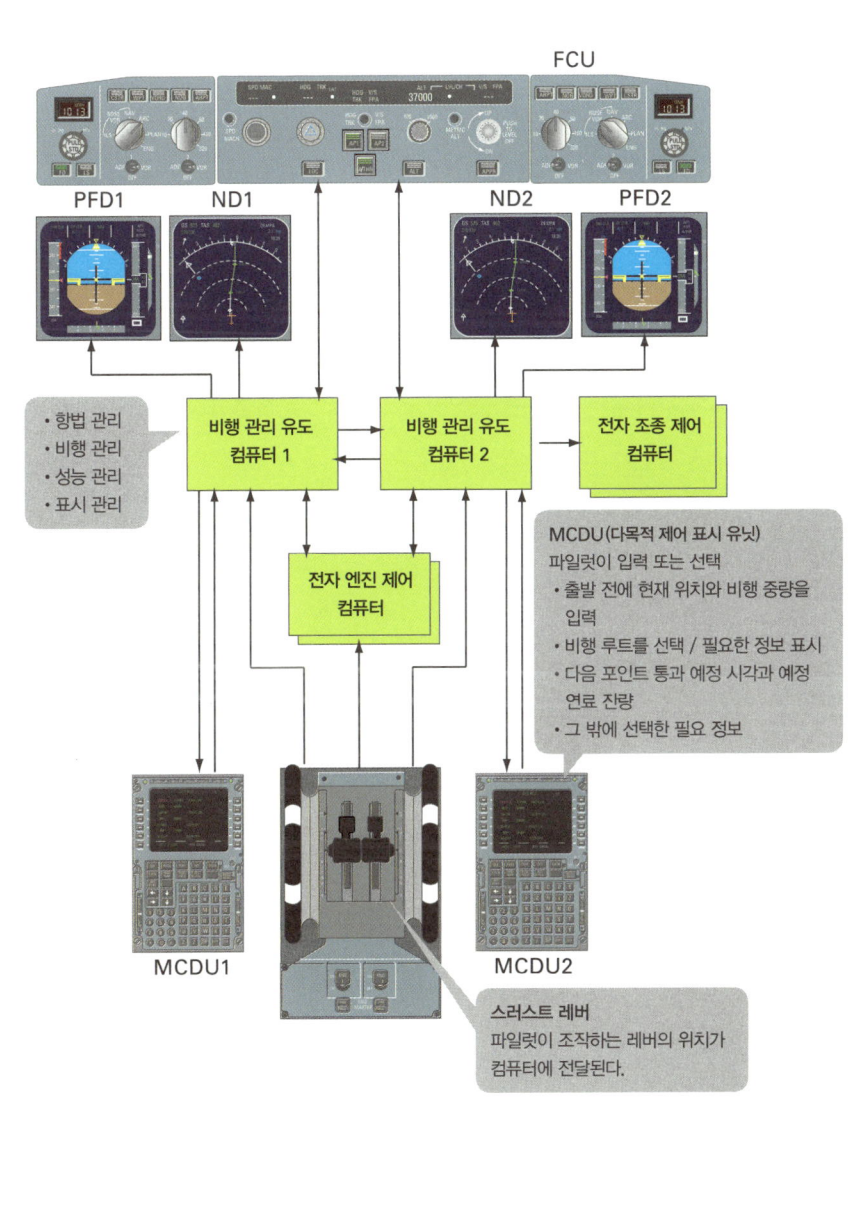

루트를 어떻게 비행할까?

지상의 지점을 연결한 웨이포인트

비행 루트는 웨이포인트라고 부르는 지리상의 지점을 연결해 구성된다. 비행기의 중요한 기능 중 하나로 웨이포인트로 연결된 루트 위를 자동으로 비행하는 자동 유도 기능이 있는데, 어떤 구조인지 확인하고 넘어가자.

보잉727 세대에도 지상의 전파를 이용한 자동 유도 기능은 있었지만, 웨이포인트를 통과할 때마다 코스와 주파수를 바꿔야 했다. 또 전파가 도달하지 않는 지역에서는 자동 유도가 불가능했다. 그러나 보잉747 세대가 되자 전파에 의지하지 않아도 자이로스코프와 가속도계를 이용해 자신의 위치를 알 수 있는 관성항법장치(INS)가 개발되어 웨이포인트 위를 자동으로 비행할 수 있게 되었다.

다만 출발 준비가 만만치 않았다. 가령 "N35323(노스 삼오삼이삼), E139465(이스트 일삼구사육오)"와 같이 웨이포인트의 위도와 경도를 하나하나 읽으면서 입력해야 했던 것이다. 그러면 입력한 위도와 경도에서 각 웨이포인트 사이의 거리와 방위가 산출되므로 각 웨이포인트를 향해 루트 위를 정확히 비행할 수 있었다.

그런데 보잉777 세대가 되자 이런 조작을 할 필요가 없어졌다. 목적지까지의 몇 가지 표준적인 루트 중에서 비행 계획과 일치하는 루트를 선택하기만 하면 모든 웨이포인트가 자동으로 입력된다. 또 ND(Navigation Display)는 보잉747 세대의 위치 표시 계기인 수평 위치 지시기(HSI)와 달리 높은 상공에서 기체를 내려다보듯이 정보를 표시하기 때문에 자기(自機)의 위치 관계를 한눈에 이해할 수 있다.

루트와 웨이포인트

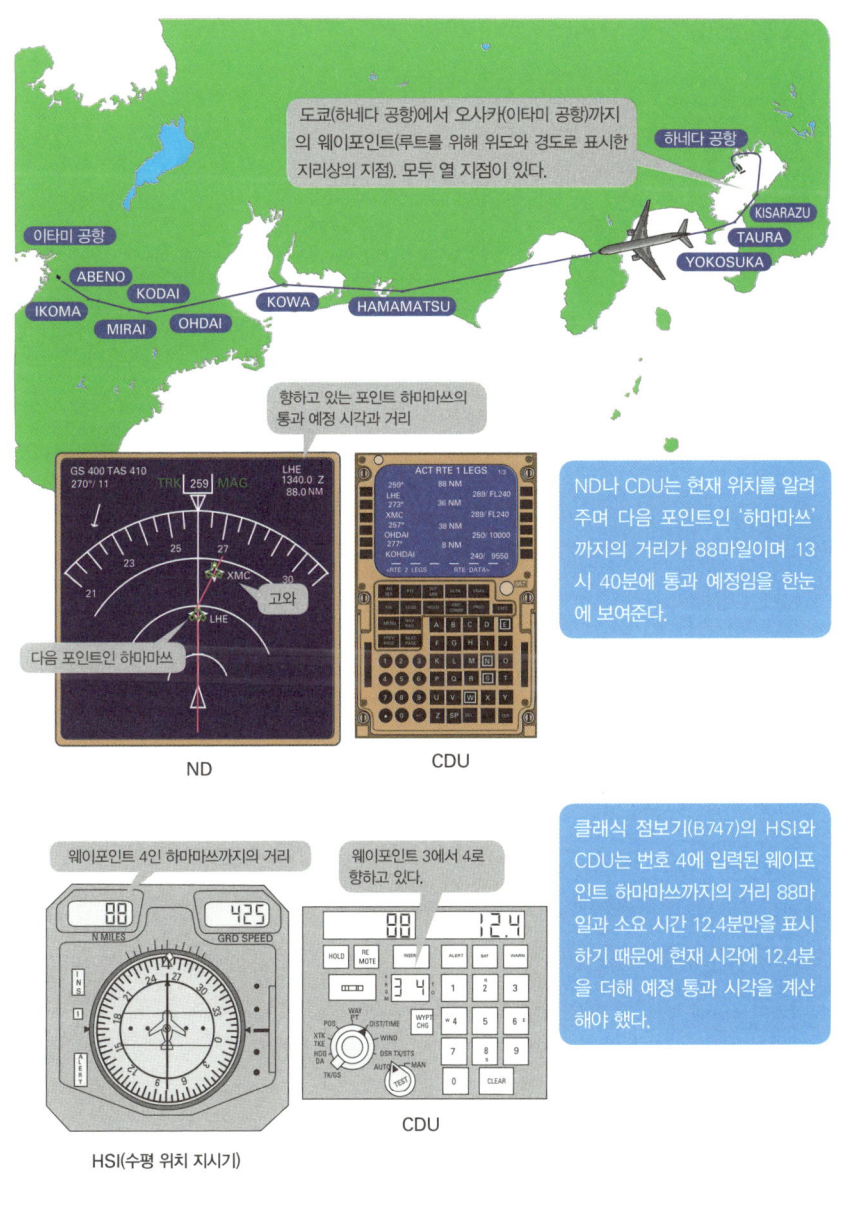

연료 잔량 확인은 중요하다

포인트를 통과할 때 계획과 비교한다

비행 루트를 자동으로 비행한다고 해서 파일럿이 아무것도 안 하지는 않는다. 비행 감시 이외에 중요한 임무로 웨이포인트 통과 시각과 연료 잔량을 확인한다.

목적지 공항까지 소비하는 연료의 양은 여객 예약 상황 등에서 산출한 비행기의 무게와 목적지까지의 거리, 비행 속도, 예보된 상공의 바람과 외기 온도 등을 바탕으로 산출된다. 상공의 바람이나 외기 온도는 세계공역예보센터(WAFC. World Area Forecast Centre)라는 기관에서 얻는데, 국제적인 항공 기상 정보를 작성하는 곳으로 실제로 비행을 해보면 그 정확성에 놀란다.

그래도 소비 연료의 양에 오차가 발생하는 경우가 있다. 가령 북아메리카 동해안으로 향하는 루트인 NOPAC(노팍. North Pacific)이라는 북태평양 루트는 교통량이 많고 같은 기종이 많아서 비행고도나 속도가 비슷한 탓에 예정한 고도로 비행할 수 없거나 비행 속도를 지정받는 경우가 있다. 계획한 고도와 속도로 비행하지 못하면 당연히 소비하는 연료도 달라진다.

이처럼 여러 가지 이유로 연료 잔량의 확인이 중요하다. 비행 계획과 함께 작성한 내비게이션 로그에는 웨이포인트 사이의 거리, 예정 소요 시간과 연료 잔량 등이 기재되어 있는데, 실제 비행을 하면서 웨이포인트를 통과한 시각과 연료 잔량 등을 기입하고 이것을 예정 연료 잔량과 비교한다. 그 결과 차이가 크게 나더라도 보정 연료를 초과하지 않는 범위, 가령 오른쪽 그림의 예에서 보듯 1만 1,500파운드(5,220킬로그램) 이내라면 걱정할 필요가 없다. 게다가 실제로 그렇게까지 오차가 발생하는 일은 거의 없다.

루트와 웨이포인트

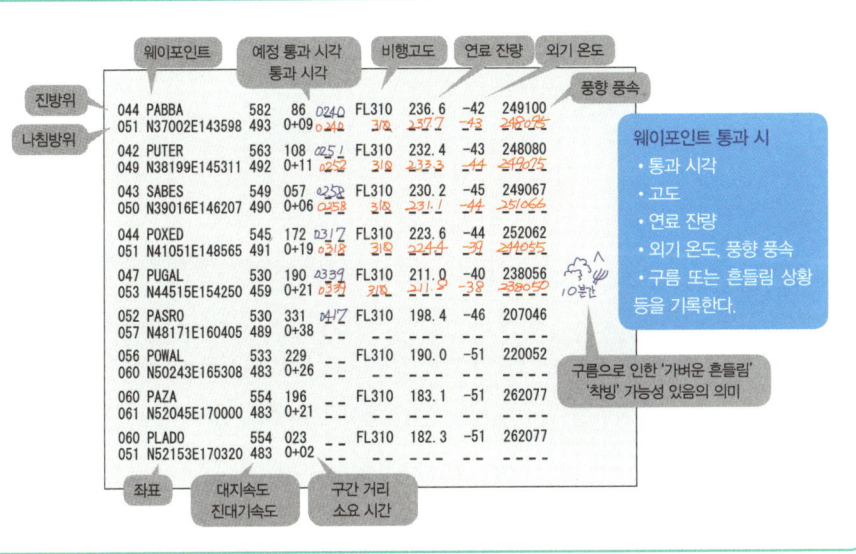

도쿄—뉴욕 연료 계획

보잉777-300ER의 예

구분	공항	시간	단위 (파운드)	단위 (킬로그램)
B/O	KJFK	12+28	229,500	104,100
CON		00+48	11,500	5,220
ALT	KEWR	00+23	6,300	2,860
HLD		00+30	7,100	3,220
TXI			1,500	680
EXT			0	0
FOB		14+09	255,900	116,080

B/O : 소비 연료
목적지까지 소비할 연료로 예측한 비행 중량, 고도, 속도, 상공의 날씨 등에서 산출한다.

CON : 보정 연료
산출한 소비 연료와 실제로 소비하는 연료의 차이를 보정하기 위한 연료.

ALT : 대체 연료
목적지 공항에 착륙하지 못했을 경우에 대신 착륙할 공항까지 비행하기 위해 소비하는 연료.

HLD : 공중대기 연료
대체 공항의 상공에서 공중대기하기 위한 연료.

TXI : 지상 활주 연료
출발 게이트에서 활주로까지 소비하는 연료.

EXT : 예비 연료
항로상의 악천후, 목적지 공항이나 대체 공항의 기상 예보가 나쁠 경우, 운항상 유리해질 경우 등에 탑재하는 연료.

FOB : 탑재 연료
이상의 연료 합계로, 실제로 비행기에 탑재하는 연료.

어떤 위치의 연료부터 사용하는가?

날개의 강도, 무게중심의 위치와 관계가 있다

비행기의 연료 탱크는 기체의 자세가 변해도 연료가 멋대로 이동해서 기울지 않도록 좌우 날개 안과 동체 중앙 등에 들어 있다. 그리고 날개 안 탱크의 연료는 날갯죽지에 불필요한 힘이 걸리지 않도록 하는 무게추의 역할도 한다. 그래서 엔진에 연료를 공급할 때는 비행기의 무게중심 위치가 적절한 범위를 유지하도록, 날갯죽지에 불필요한 힘이 가해지지 않게 할 필요가 있다. 어떤 조작으로 엔진까지 연료를 공급하는지 알아본다.

클래식 점보기(보잉747-200)의 경우, 중앙 탱크에서 모든 엔진으로 연료를 공급하고 중앙 탱크가 비면 날개 안의 탱크에서 연료를 공급했다. 보잉777도 마찬가지로 먼저 중앙 탱크에서 연료를 공급한다. 엔진에 연료를 보내기 위해 탱크 안의 연료 펌프를 작동시키는데, 중앙 탱크의 내부뿐만 아니라 다른 탱크의 내부에서도 펌프가 작동한다. 중앙 탱크의 펌프는 토출력(吐出力)이 커서 양쪽 엔진으로 연료를 공급하는데, 중앙 탱크의 펌프가 고장이 났을 경우를 대비해 모든 펌프를 작동시킨다.

한편 에어버스 A330-200은 중앙 탱크에서 직접 엔진으로 연료를 공급하는 방식이 아니라 중앙 탱크에서 좌우 날개 안의 탱크로 연료를 이동시키고, 날개 안 탱크의 펌프로 엔진에 연료를 공급한다. 참고로 에어버스기와 보잉기 모두 연료 공급은 전부 자동으로 실시되는데, 클래식 점보기는 각 탱크 안의 연료 잔량을 확인하면서 수동으로 실시한다.

연료 제어 패널

보잉747-200의 연료 제어 패널

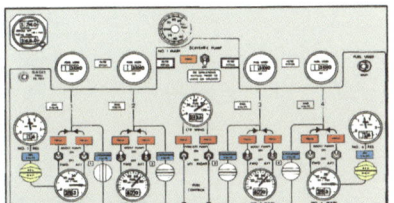

클래식 점보(보잉747-200)의 연료 제어
연료 탱크 일곱 개, 밸브 여섯 개, 연료 펌프 열 개를 적절히 사용해 날갯죽지에 불필요한 힘이 가해지지 않도록, 또 비행기의 무게중심이 적절한 위치를 유지하도록 연료를 관리한다.

A330-200의 연료 제어 패널

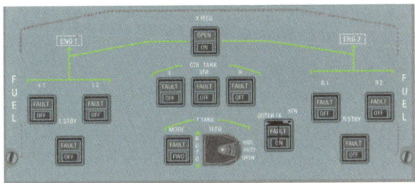

에어버스 A330-200의 연료 제어
중앙 탱크에서 직접 엔진으로 연료를 공급하는 것이 아니라 중앙 탱크 안의 연료를 양 날개에 있는 탱크로 이동시키고, 각 날개 안의 탱크에서 엔진으로 연료를 공급한다. 날갯죽지에 불필요한 힘이 가해지지 않도록 균형을 유지하며 전부 자동으로 실시한다.

연료 공급의 예

보잉777의 연료 제어 패널

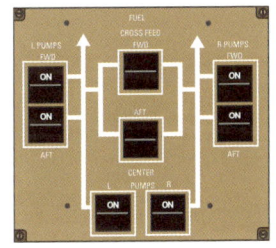

보잉777의 EICAS 시스템 디스플레이

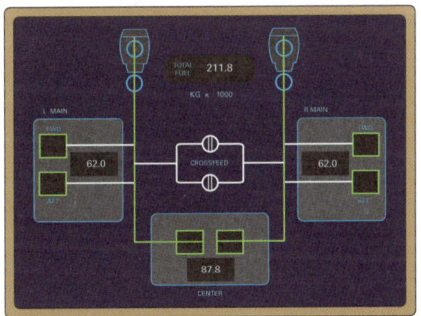

보잉777의 연료 제어
모든 연료 펌프가 작동하지만, 중앙 탱크에 있는 연료 펌프의 토출력이 크기 때문에 중앙 탱크 안에 있는 연료를 엔진으로 공급한다. 중앙 탱크가 비면 연료 펌프는 자동으로 정지하며, 각 탱크에서 엔진으로 연료를 공급한다.

어디까지 멀리 날 수 있을까?
유료 하중과 연료의 골치 아픈 관계

비행기의 항속거리는 자동차처럼 연료를 가득 채웠을 때 어느 정도까지 달릴 수 있느냐 같은 단순한 문제가 아니다. 비행기의 경우, 어느 정도의 유료 하중으로 얼마나 먼 거리를 이동할 수 있느냐가 문제가 된다. 이 관계를 나타낸 것이 오른쪽 그림과 같은 유료 하중/거리다.

대부분의 비행기는 객석 만석에 화물 만재 상태, 다시 말해 유료 하중이 최대인 상태에서는 연료를 가득 채우지 못한다. 최대 유료 하중인 채로 멀리 날기 위해 연료량을 늘리면 최대 이륙 중량을 초과해버리기 때문이다. 따라서 최대 이륙 중량을 초과하지 않도록 유료 하중을 희생하고 연료를 탑재해야 한다. 오른쪽 그림의 유료 하중/거리를 보면 연료를 가득 채운 상태에서의 최대 유료 하중은 에어버스 A380이 약 33톤, 보잉747-400이 약 44톤, 보잉777-300ER이 약 39톤이다.

연료를 가득 채워서 항속거리를 늘리려면 유료 하중을 줄여 비행기의 무게를 가볍게 해야 한다. 최종적으로 유료 하중을 제로, 즉 승객과 화물을 제로로 만들어 비행기의 무게(물론 파일럿의 무게는 포함한다)만 남겼을 경우 연료를 가득 채운 상태로 비행할 수 있는 거리는 A380이 약 1만 7,500킬로미터, 보잉747-400이 약 1만 5,300킬로미터, 보잉777-300ER이 약 1만 5,500킬로미터가 된다.

비행기 카탈로그에 있는 일반적인 항속거리는 표준적인 유료 하중을 기준으로 산출한 것이다. 예를 들어 승객 400명과 화물실에 실은 화물의 무게를 더하면 유료 하중은 39.2톤이 된다. 이 표준적인 유료 하중을 기준으로 산출한 항속거리는 A380이 약 1만 5,600킬로미터, 보잉747-400이 약 1만 3,300킬로미터, 보잉777-300ER이 약 1만 4,000킬로미터다.

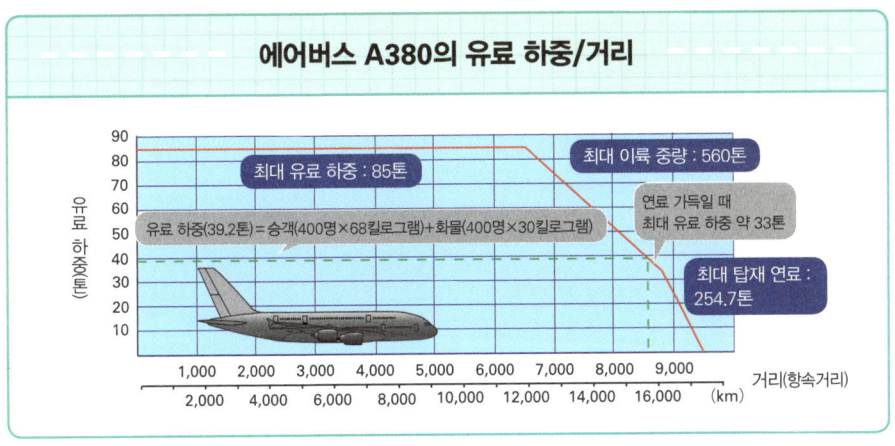

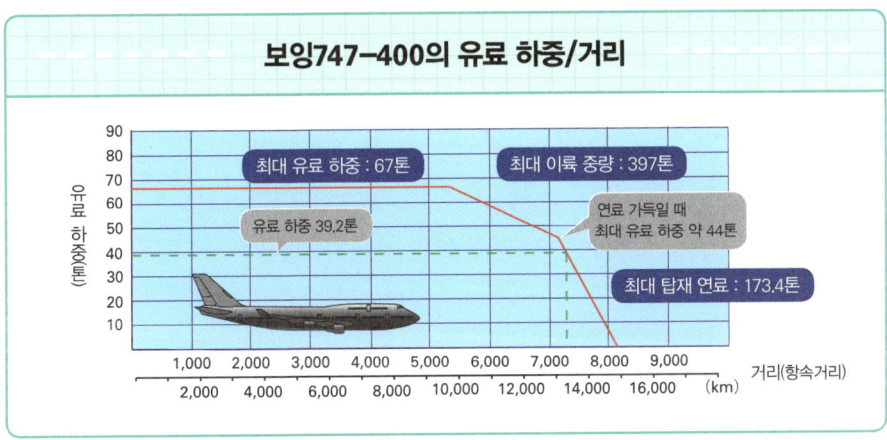

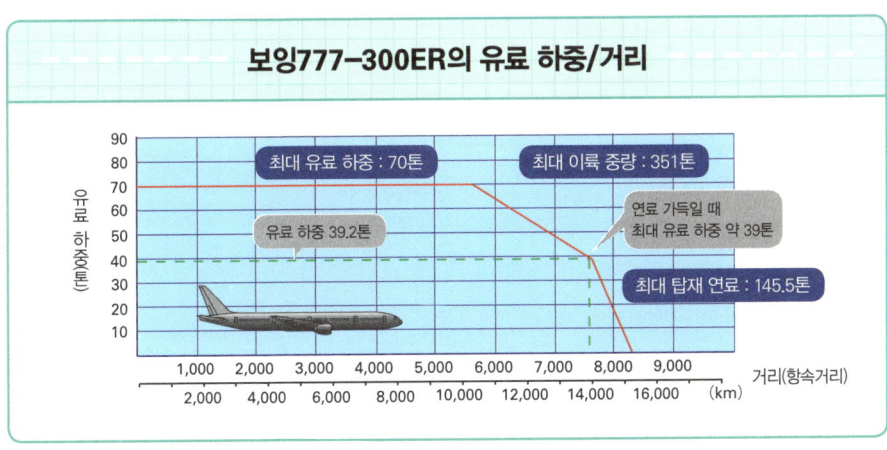

어디까지 높이 올라갈 수 있을까?

객실고도가 비행고도의 한계를 결정한다

1만 미터 상공에서는 외기 온도가 섭씨 영하 50도, 외기압은 지상의 20퍼센트 이하가 된다. 그래서 고고도를 비행하는 여객기에는 반드시 에어컨과 여압 장치(기내의 온도와 기압을 쾌적한 상태로 유지하는 장치)가 있다. 기내는 적정 온도인 섭씨 24도를 기준으로 여름철에는 조금 높은 온도, 겨울철에는 반대로 조금 낮은 온도가 되도록 조절한다.

한편 기압 설정은 기온만큼 단순하지가 않다. 가령 기내를 1기압으로 유지한 채 상승하면 외기압이 낮아지기 때문에 비행기를 풍선처럼 부풀리는 힘이 커진다. 비행고도 1만 1,000미터에서 기내와의 기압 차이에 따른 힘은 8.1톤/m^2이며, 고도 1만 3,000미터에서는 8.7톤/m^2로 증가한다. 게다가 비행을 할 때마다 부풀어 오르고 오그라드는 힘이 반복해서 가해지기 때문에 비행기체 강도에 악영향을 끼친다.

그래서 비행고도에 따라 힘이 변화하지 않도록 외기압의 변화에 맞춰 기내의 기압을 변화시키는 방법으로 압력 차이에 따른 힘의 영향을 줄인다. 그러나 기내의 기압을 크게 변화시키면 쾌적성에 문제가 발생하므로 아무리 낮춰도 0.75기압 이하, 고도로는 2,400미터 이상이 되지 않도록 규정되어 있다.

기내의 기압에 상당하는 고도를 객실고도라고 불러서 비행기의 고도인 비행고도와 구별한다. 비행기의 최고 비행고도는 객실고도를 최대인 2,400미터로 만들었을 때의 압력 차이에 따라 결정된다. 가령 보잉747의 최대 압력 차이는 약 6.1톤/m^2이므로 객실고도를 2,400미터 이하로 유지하는 최대 비행고도는 1만 3,750미터(4만 5,100피트)가 된다.

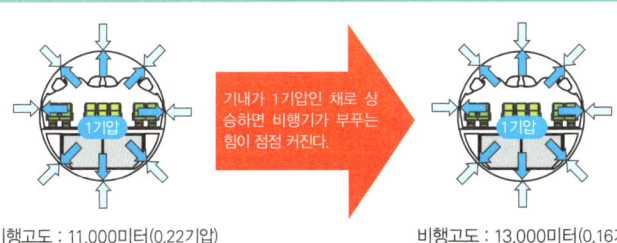

비행기가 부푸는 힘

비행고도 : 11,000미터(0.22기압)
부푸는 힘 : 0.78기압(8.1톤/m²)

비행고도 : 13,000미터(0.16기압)
부푸는 힘 : 0.84기압(8.7톤/m²)

기내가 1기압인 채로 상승하면 비행기가 부푸는 힘이 점점 커진다.

비행고도 : 11,000미터(0.22기압)
부푸는 힘 : 0.59기압(6.0톤/m²)

비행고도 : 13,000미터(0.16기압)
부푸는 힘 : 0.59기압(6.0톤/m²)

부푸는 힘을 일정하게 유지하기 위해 상승할 때마다 기내의 기압을 조금씩 낮춘다(0.75기압까지).

객실고도와 비행고도

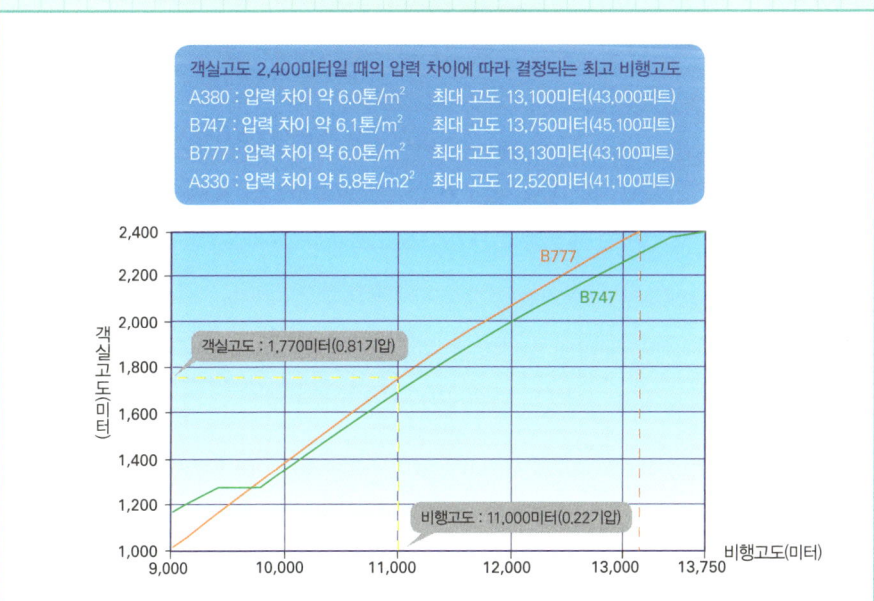

객실고도 2,400미터일 때의 압력 차이에 따라 결정되는 최고 비행고도
A380 : 압력 차이 약 6.0톤/m²   최대 고도 13,100미터(43,000피트)
B747 : 압력 차이 약 6.1톤/m²   최대 고도 13,750미터(45,100피트)
B777 : 압력 차이 약 6.0톤/m²   최대 고도 13,130미터(43,100피트)
A330 : 압력 차이 약 5.8톤/m²² 최대 고도 12,520미터(41,100피트)

객실고도 : 1,770미터(0.81기압)
비행고도 : 11,000미터(0.22기압)

얼마나 빠르게 날 수 있을까?

최대 운용 한계 속도를 초과해서는 안 된다

✈ 대기속도계의 중요한 역할은 공기와의 힘 관계를 아는 것에 있다. 공기로부터 받는 힘이 너무 작으면 비행기 무게를 떠받치는 양력을 얻지 못해 실속하고 마는데, 이 최소 속도는 비행고도와 상관없이 일정한 값이다. 반대로 공기로부터 받는 힘이 너무 크면 비행기가 부서질 우려가 있는데, 이 최대 속도도 비행고도와 상관없이 일정한 값이다. 이와 같이 비행기의 대기속도계는 고도와 상관없이 최솟값과 최댓값을 바로 알 수 있으므로 파일럿에게는 편리한 속도계다.

비행기의 강도에 따라 제한되는 최대 속도를 최대 운용 한계 속도라고 부르며 V_{MO}라는 기호로 나타낸다. 속도계는 최대 운용 한계 속도를 한눈에 알 수 있도록 되어 있다. 가령 클래식 점보기의 속도계에서는 이발소 간판과 비슷하다고 해서 바버폴(Barber Pole)이라고 부르는 바늘이 가리키는 속도가 최대 운용 한계 속도가 된다.

또 비행 속도와 음속과의 관계도 생각해야 한다. 비행 속도가 음속을 넘지 않아도 양력을 얻기 위해 날개의 윗면을 흐르는 공기의 속도는 비행 속도보다 빠르기 때문에 음속을 넘어설 경우가 있다. 그러면 충격파가 발생해 공기가 날개 윗면에서 박리되어 버린다. 그 박리된 공기가 기체에 부딪혀 버핏(buffet)이라고 부르는 기체 진동을 일으키는 현상이 발생한다. 최악의 경우 충격파 실속(Shock Stall)이라고 부르는 상태에 빠질 위험성도 있다. 따라서 일정한 마하수 이하로 비행할 필요가 있는데, 그 최대 운용 한계 마하수를 M_{MO}라는 기호로 나타낸다.

최대 운용 한계 속도

V_{MO} : 비행기의 강도에 따라 제한되는 대기속도
M_{MO} : 비행기의 조종성에 따라 제한되는 마하수

	V_{MO} (노트)	M_{MO} (마하수)
A380	340	0.89
B747	365	0.892
A330	330	0.86
B777	330	0.87

V_{MO}, M_{MO} : 최대 운용 한계 속도, 통칭 바버폴

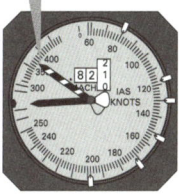

보잉747-200의 속도계

V_{MO}, M_{MO} : 최대 운용 한계 속도

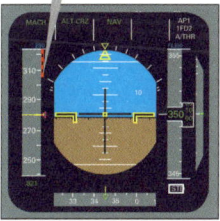

A330의 PFD

만약 최대 운용 한계 속도를 넘어서면 조종석 스피커에서 커다란 경보음이 울린다.

조종석 스피커

최대 운용 한계 마하수를 넘어서면

비행 마하수가 M_{MO}를 넘어서면 날개 윗면을 통과하는 공기의 속도가 마하 1.0을 넘어서 충격파가 발생한다. 그 충격으로 날개 윗면을 흐르는 공기가 '박리'되어 비행기에 부딪히며, 기체 전체가 크게 진동하는 버핏이라는 현상이 발생한다. 또한 충격파 실속이라고 부르는 실속 상태에 빠질 수도 있다.

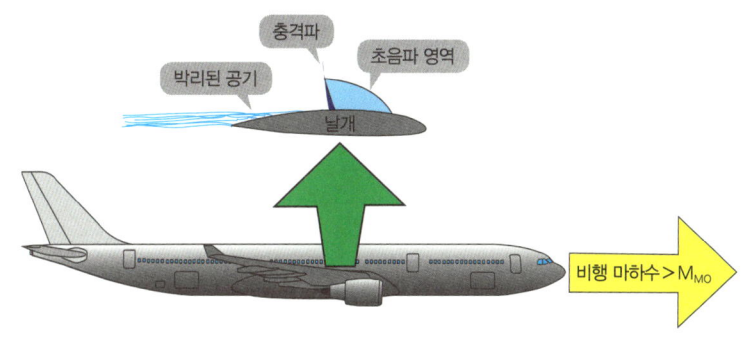

신기한 마하의 세계

같은 마하수인데 속도가 다르다?

✈ 비행 속도와 충격파의 관계를 알 수 있는 속도계로 마하계가 있다. 마하계가 가리키는 마하수는 비행 속도와 음속의 비를 의미한다. 가령 마하수 0.83은 음속의 83퍼센트이며 마하수 1.0은 음속의 100퍼센트, 즉 음속 자체가 된다. 음속은 외기 온도가 높으면 빨라지고 낮으면 느려지는 성질이 있다. 여담이지만, 겨울보다 여름에 소음이 크게 느껴지는 것은 기온이 높아서 소리가 빨리 전해지기 때문인지도 모른다.

음속이 외기 온도에 따라 변한다는 말은 비행기가 나는 고도에 따라서도 변한다는 의미다. 예컨대 외기 온도가 섭씨 영하 56.5도인 고도 1만 2,000미터에서 음속은 시속 1,062킬로미터인 데 비해 영하 50도인 고도 1만 미터에서는 시속 1,078킬로미터, 영하 43.5도인 고도 9,000미터에서는 시속 1,094킬로미터가 된다.

에어버스 A330의 최대 운용 한계 마하수인 M_{MO}는 0.86이었다. 음속의 86퍼센트를 속도로 환산하면 오른쪽 아래의 그림과 같이 비행고도에 따라 달라진다. 파일럿이 1만 1,000미터에서는 시속 913킬로미터, 1만 미터에서는 시속 927킬로미터와 같이 고도별로 속도를 전부 기억하기는 불가능하다. 그러나 마하수로 표현하면 별문제가 없다. 어떤 고도에서든 마하 0.86을 초월할 경우 충격파가 발생할 수 있다는 것을 기억하면 되기 때문이다.

이와 같이 현재 비행하고 있는 고도에서 날개를 통과하는 공기의 속도가 음속을 넘어서 충격파가 발생하느냐는 중요한 문제이므로 그 고도의 마하수를 아는 것이 중요하다. 이를 위해 PFD의 마하계는 고속이 되면 해당 상황을 표시하도록 만들어져 있다.

마하계

마하계는 대기속도계와 같이 연속해서 확인하는 속도계가 아니므로 디지털로만 표시된다. 또 저속 비행을 할 때는 필요가 없으므로 일정 마하수 이상이 되면 표시되는 방식이 주류다.

보잉747-200의 속도계

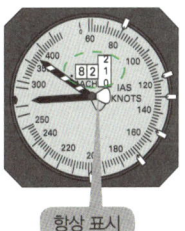

항상 표시

A330의 PFD

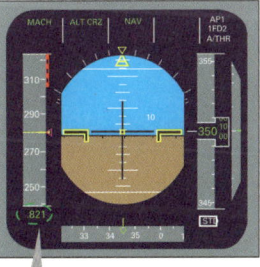

마하 0.5 이상이 되면 표시

보잉777의 PFD

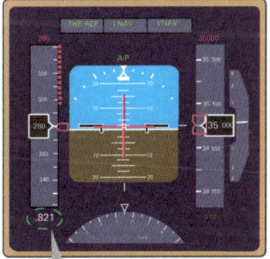

저속일 때는 대지속도를 표시
고속일 때는 마하수를 표시

마하수란

마하수 = 비행하고 있는 고도의 음속의 몇 퍼센트인가?
예를 들어 11,000미터에서의 음속 1,062km/h의 86퍼센트는 913km/h가 된다.

$$마하수 = \frac{외기\ 온도}{음속}$$

마하수 0.86 → 비행 속도 913km/h

11,000m
외기 온도 -56.5℃
음속 1,062km/h

마하수 0.86 → 비행 속도 927km/h

10,000m
외기 온도 -50.0℃
음속 1,078km/h

같은 마하수로 비행해도 온도가 높은 저고도에서는 비행 속도가 빨라진다.

마하수 0.86 → 비행 속도 941km/h

9,000m
외기 온도 -43.5℃
음속 1,094km/h

여객기는 왜 흔들릴까?

흔들림에는 여러 가지 원인이 있다

 원활하게 비행 중인데 갑자기 시트 벨트 사인에 불이 들어올 때가 있다. 이럴 경우에는 재빨리 자리로 돌아가 벨트를 착용하는 편이 좋다.

파일럿은 비행 중의 흔들림을 매우 신경 쓴다. 출발 전의 브리핑은 물론이고 다른 파일럿과 복도에서 마주치는 짧은 시간에도 "엔루트는 어땠어?"라며 비행 루트상의 흔들림과 관련된 정보를 교환한다. 또한 비행 중에도 무선 통신으로 항공교통관제센터나 다른 비행기로부터 흔들림이 있는 위치와 고도, 강도(라이트, 모더레이트, 시비어의 3단계로 나뉜다) 등의 최신 정보를 입수한다.

흔들림의 원인에는 여러 가지가 있는데, 대표적인 예를 살펴보자. 먼저, 눈에 보이는 원인으로는 적란운이 있다. 멀리서 감상할 때는 웅대한 모습이 아름답지만, 파일럿은 결코 적란운에 접근하지 않는다. 크기를 알 수 없는 야간에는 기상 레이더에 의지해 우회한다. 적란운의 경우 그 안은 물론이고 주위에서도 매우 강한 흔들림을 동반할 뿐만 아니라 피뢰(벼락을 맞는 것)나 커다란 우박 등이 비행기에 큰 피해를 입힐 위험성이 높다.

또 CAT(Clear-Air Turbulence), 줄여서 캣이라고 부르는 현상도 있다. 구름 한 점 없는 화창한 날씨인데 흔들리는 현상으로, 윈드 시어(Wind Shear)라고 부르는 바람의 방향이나 속도의 급격한 변화가 원인이다. 그리고 지형에 따른 흔들림도 있다. 그 대표적인 예가 산악파(山岳波)다. 가령 겨울철 맑은 날에 후지 산 주변에서는 산악파가 원인인 매우 강한 흔들림이 발생한다. 보소 반도까지 영향을 미치기 때문에 하네다 공항에 착륙하기 위해 진입할 때 크게 흔들리는 경우가 있다.

비행기 흔들림의 정도

흔들림의 호칭	가속도계의 값	상태
라이트 터뷸런스(가벼운 흔들림)	0.5G	보행 요주의
모더레이트 터뷸런스(중간 정도의 흔들림)	0.5~1.0G	보행 곤란
시비어 터뷸런스(맹렬한 흔들림)	1.0G 이상	보행 불가능

비행기가 흔들리는 원인

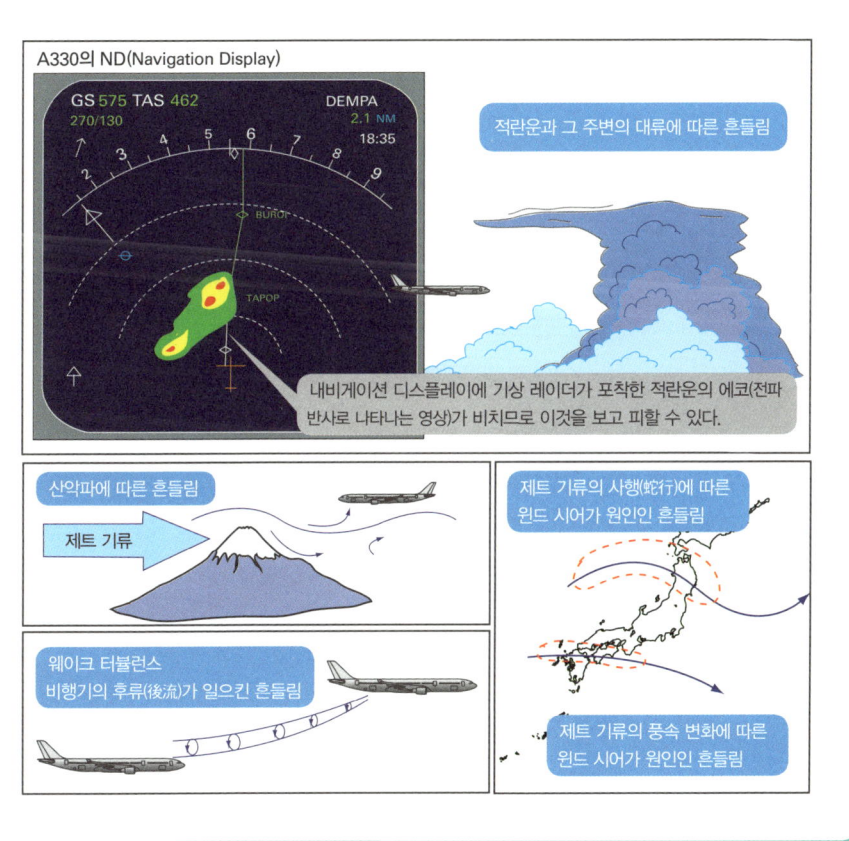

어떻게 위치를
알 수 있을까?

관성항법장치로 자신이 있는 곳을 알 수 있다

자동차를 타고 일정한 속도로 달릴 때는 아무것도 느끼지 못하지만 액셀러레이터를 밟아 가속하면 좌석 쪽으로 눌리는 힘을 느낀다. 반대로 브레이크를 밟아 속도를 줄이면 앞으로 꼬꾸라지는 힘을 느낀다. 아무도 밀거나 잡아당기지 않았는데 느끼는 이 힘을 관성력이라고 부른다.

이것은 비행기도 마찬가지여서, 가속이나 감속을 하면 관성력이 작용한다. 힘은 질량과 가속도의 곱이므로 힘의 크기로 가속도를 구할 수 있다. 그리고 가속도를 알면 (속도)=(가속도)×(시간)으로 시간을 알 수 있다. 또한, (거리)=(속도)×(시간)으로 거리를 산출할 수 있다.

다만 비행기의 자세가 변화했을 경우도 가속도로 착각하게 되므로 비행기의 자세와 상관없이 가속도계를 수평으로 유지할 필요가 있다. 가속도에서 속도와 거리를 산출할 수 있으므로 날아가는 방향만 알면 자신의 위치를 계산할 수 있다.

그래서 자이로스코프가 등장했다. 자이로스코프의 회전축은 우주의 한 점을 지속적으로 가리킨다는 성질을 이용해 기수가 어느 방위를 향하고 있는지 구할 뿐만 아니라 가속도계를 수평으로 유지하는 역할도 한다. 처음에 있었던 자신의 위치만 확실히 하면 이동한 방향과 거리를 바탕으로 현재 위치를 추측할 수 있는 것이다. 이와 같이 관성을 이용해 자이로스코프와 가속도계의 조합으로 자신의 위치와 방위를 추측하는 장치를 관성항법장치라고 부른다.

관성항법

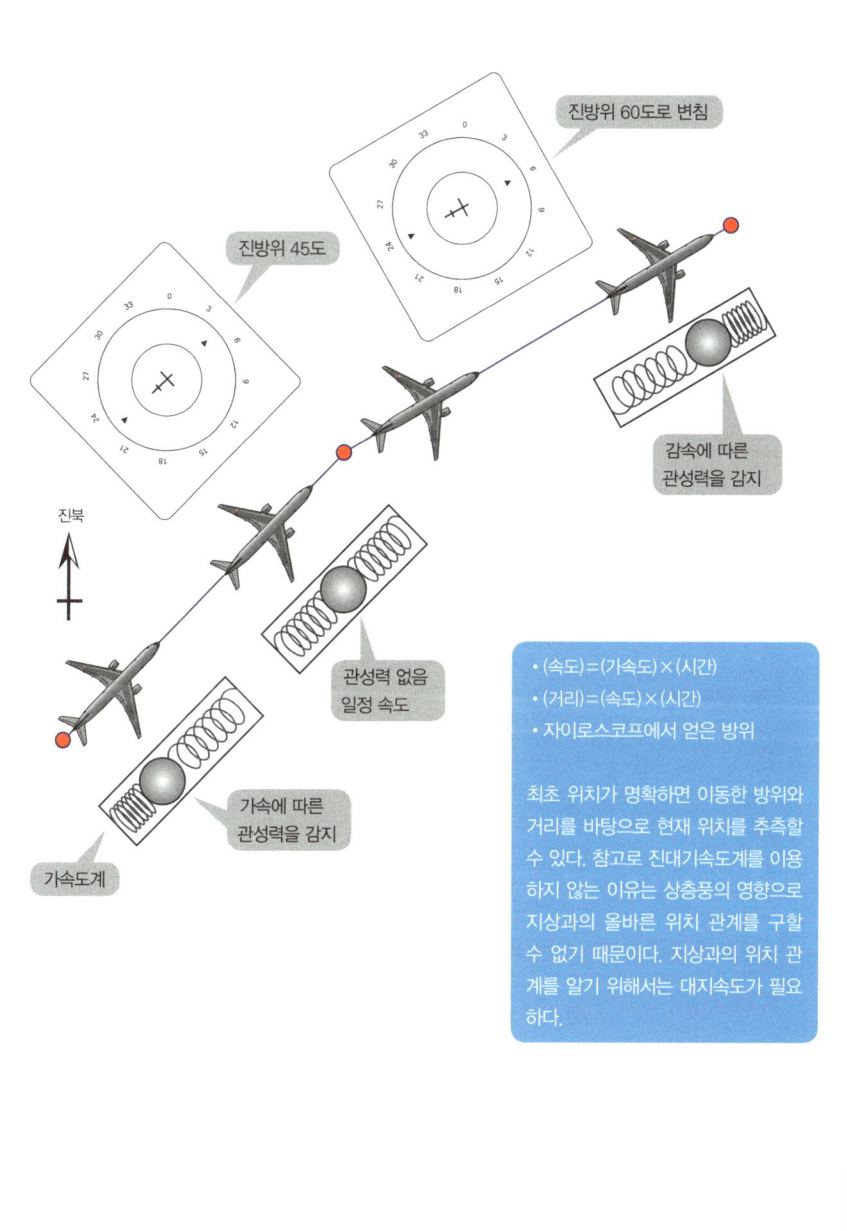

141

 ## 조종석에서는 어떤 소리가 들릴까?

조종석에서는 수많은 장치의 작동음, 비행기가 공기를 가르는 소리, 엔진 소리 등 여러 가지 소리가 섞여서 들린다.

아직 전원(電源)도 투입되지 않은 이른 아침의 비행기 안은 조용해서 아무 소리도 들리지 않는다. 배터리 스위치를 켜면 배터리만으로 작동하는 장치의 소리가 희미하게 들린다. 이어서 주 전원을 켜면 수많은 장치의 작동음이 들리기 시작하며 비행기가 잠에서 깨어났음을 알린다.

비행기가 고속으로 날기 때문에 발생하는 바람을 가르는 소리는 비행 속도가 빨라지면 커지고 느려지면 작아진다. 1970년대에 활약한 보잉727은 엔진이 최후방에 있었기 때문에 조종석 안에서는 엔진 소리가 작게 들리는 비행기였다. 그러나 '제트 여객기는 빠르다'가 세일즈 포인트였기에 순항속도는 고도 7,500미터에서 약 시속 970킬로미터에 이르렀다. 그런 까닭에 바람을 가르는 소리가 상당히 커서 조종석 안에서는 비교적 큰 소리로 대화를 해야 했다. 현재 비행기는 대부분 시속 800킬로미터 전후로 비행하기 때문에 바람을 가르는 소리가 그다지 크지 않다.

그런데 조종석에서 들리는 소리 가운데 가장 듣기 싫은 것은 굵은 빗방울이 비행기에 격렬히 부딪히는 소리일 것이다. 특히 우박이 섞여 있으면 소리가 한층 심해져서 조종석에 긴장이 흐른다. 그러나 구름에서 빠져나와 새파란 하늘이 눈앞에 펼쳐질 때는 이루 말할 수 없는 상쾌함을 느낀다.

Chapter 6

하강은 어떻게 이루어지는가
Descent & Approach

비행기는 양력을 작게 해서 하강하는 것이 아니다.
그렇다면 어떻게 하강을 할까?
하강을 하면 귀가 막히는 느낌이 드는데, 그 이유는 무엇일까?
이런 의문을 이 장에서 풀어보자.

하강을 개시한다
TOD와 BOD란?

✈ 길었던 순항도 끝이 가까워졌다. 하강을 개시하기 10분 전이 되면 조종을 담당하는 파일럿인 PF가 착륙 회의인 랜딩 브리핑(landing briefing)을 실시한다. 이륙 전의 미팅인 테이크오프 브리핑과 마찬가지로 PF의 의도(intention)와 방침(policy), 조종을 담당하지 않는 파일럿인 PM과의 역할 분담 등을 명확히 해두는 것이 커다란 목적이다.

하강을 하는 이유는 물론 목적지 공항에 착륙하기 위함인데, 무엇을 기준으로 하강을 개시할까? 하강 개시 지점을 확인해보자. 순항하던 항공로를 벗어나 목적지 공항에 착륙하기 위해 진입할 때는 정해진 지점을 정해진 고도로 통과해야 한다. 가령 후쿠오카 공항 서쪽 방면에서 하네다 공항으로 진입하려면 보소 반도의 남쪽에 있는 ADDUM(아덤)이라는 지점을 고도 1만 피트(약 3,000미터)로 통과해야 한다.

통과하는 지점(BOD. Bottom Of Descent)과 고도를 알면 현재 위치와 순항고도를 역산해 하강해야 하는 지점을 결정할 수 있다. 그 하강을 개시하는 지점을 TOD(Top Of Descent)라고 부르며, 오른쪽 그림의 예에서는 니지마 섬의 서남쪽 약 100킬로미터 전, 시즈오카 현 오마에자키의 남쪽 부근이 된다.

TOD는 순항고도, 비행기의 무게, 속도, 상층풍 등의 영향에 따라 변화된다. 또 착륙할 공항에 따라 통과해야 하는 고도가 달라지므로 하강 개시 전에 고도 처리를 반드시 확인해야 한다.

하강 개시 전

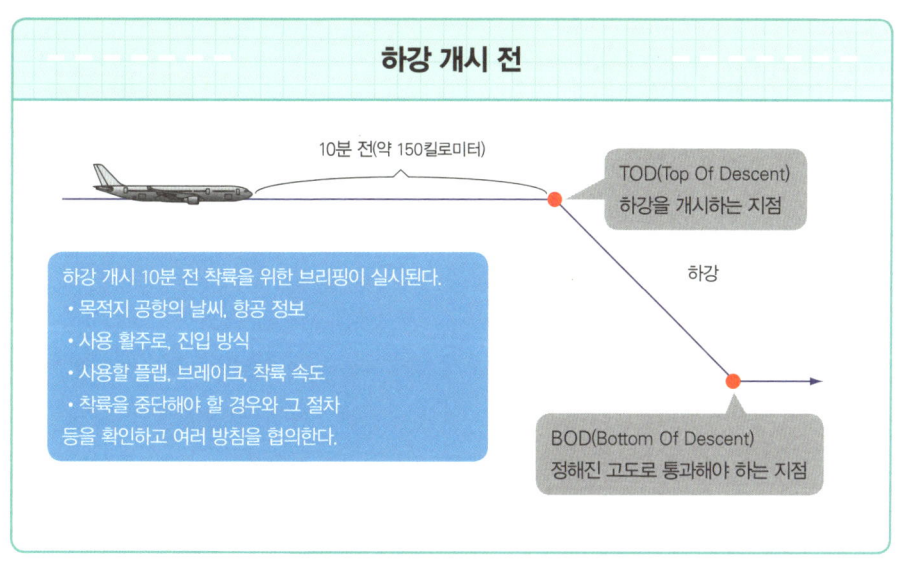

10분 전(약 150킬로미터)
TOD(Top Of Descent)
하강을 개시하는 지점
하강
하강 개시 10분 전 착륙을 위한 브리핑이 실시된다.
• 목적지 공항의 날씨, 항공 정보
• 사용 활주로, 진입 방식
• 사용할 플랩, 브레이크, 착륙 속도
• 착륙을 중단해야 할 경우와 그 절차
등을 확인하고 여러 방침을 협의한다.
BOD(Bottom Of Descent)
정해진 고도로 통과해야 하는 지점

하네다 공항을 향해 하강할 경우

GS 468 TAS 462
270/015
CELLO
5.1 NM
18:35
ADDUM
DIIVA
NJC
CHALK
CELLO
하네다 공항
활주로 34L
3,000피트
(약 910미터)
하강을 개시하는 지점
인 TOD는 ND에 기호
로 표시된다.
BOD : 10,000피트(약 3,000미터)
ADDUM
NIIJIMA
TOD : 39,000피트(약 11,900미터)
'ADDUM'을 고도 1만 피트
(약 3,000미터)를 230노트의
속도로 통과하기 위해 니지
마 섬의 약 110킬로미터 앞
에서 하강을 개시한다.
A330의 ND(Navigation Display)

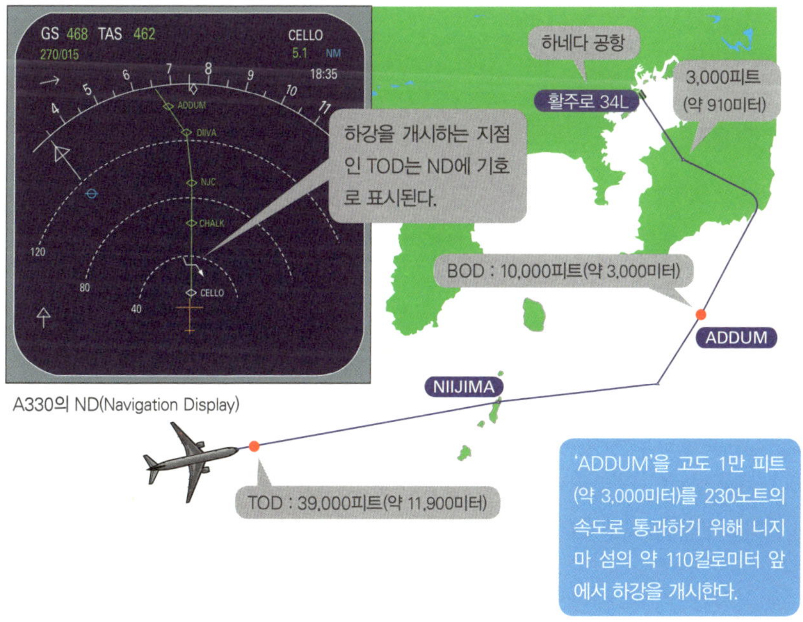

어떻게 하강할까?

양력을 작게 해서 하강하는 것이 아니다

비행기는 절대 양력을 작게 해서 하강하는 것이 아니다. 지면이 자동차를 떠받치고 있듯이, 양력의 역할은 공중에서 비행기를 떠받치는 것이다. 양력이 비행기 무게보다 작아져서 하강하는 것은 파일럿이라면 누구나 두려워하는 실속을 의미한다. 통상적인 하강은 어떤 것인지 확인하자.

순항 중에는 엔진의 힘과 공기의 저항인 항력이 균형을 이루므로 일정한 속도로 비행을 한다. 자동차의 액셀러레이터를 계속 밟으면 타이어와 지면의 마찰력이나 공기저항이 균형을 이루어 일정한 속도로 달릴 수 있는 것과 마찬가지다. 액셀러레이터에서 발을 떼면 그 균형이 무너져 마찰력이나 공기저항에 자동차가 감속하다 결국 정지한다. 그러나 비탈길 위에 있다면 엔진의 힘에 의지하지 않아도 비탈길을 내려갈 수가 있다. 자동차가 비탈길 위에 있는 것만으로 달릴 수 있는 에너지(위치 에너지)가 있기 때문이다. 그리고 급한 비탈길에서는 속도가 빨라지며 완만한 비탈길에서는 속도가 느려진다.

비행기도 이와 같아서 하강이란 공기의 비탈길을 내려가는 것이다. 물론 공기의 비탈길은 자유롭게 기울기를 바꿀 수가 있다. 그 비탈길을 내려가려면 먼저 스러스트 레버를 아이들에 놓는다. 아이들 상태로 고도를 유지하면 감속하기 시작하는데(그리고 결국은 실속해서 원치 않아도 '하강'을 하게 된다), 이때 고도가 아니라 속도를 유지하려면 기수를 내린다. 그러면 자동차와 마찬가지로 공기의 비탈길을 내려가게 된다. 속도가 빠르면 공기의 비탈길이 급해져서 빠르게 하강하며, 반대로 비탈길을 완만하게 만들고 싶다면 속도를 줄인다.

어떻게 하강하는가?

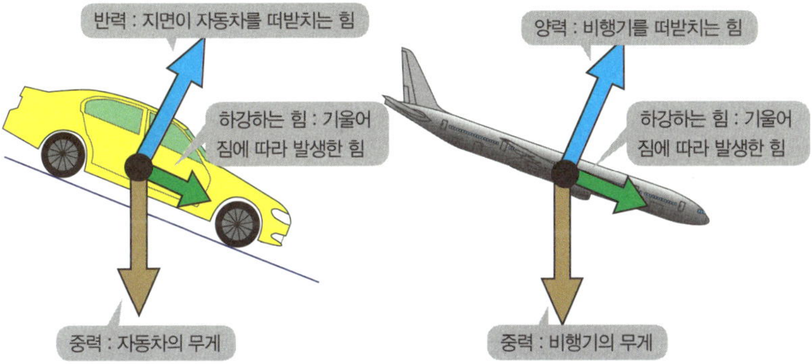

- 반력 : 지면이 자동차를 떠받치는 힘
- 하강하는 힘 : 기울어짐에 따라 발생한 힘
- 중력 : 자동차의 무게

- 양력 : 비행기를 떠받치는 힘
- 하강하는 힘 : 기울어짐에 따라 발생한 힘
- 중력 : 비행기의 무게

비행기는 양력을 작게 해서 하강하는 것이 아니다. 자동차가 비탈길을 내려가는 것과 마찬가지로 기수를 내려서 기울이면 공기의 저항보다 큰 힘이 발생하기 때문에 엔진의 힘에 의지하지 않고도 하강하면서 앞으로 나아갈 수 있다. 자동차가 비탈길에서 액셀러레이터를 밟으면 속도가 지나치게 빨라지듯이, 일정 속도를 유지하려면 엔진의 출력을 아이들에 놓는다.

하강 개시

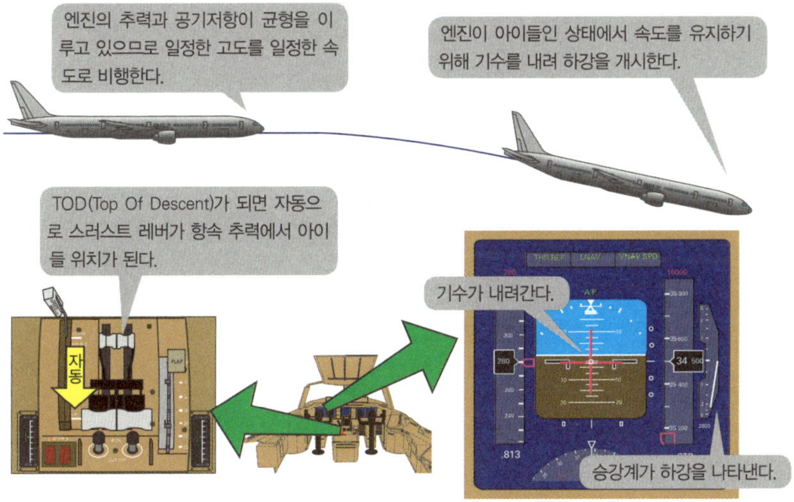

엔진의 추력과 공기저항이 균형을 이루고 있으므로 일정한 고도를 일정한 속도로 비행한다.

엔진이 아이들인 상태에서 속도를 유지하기 위해 기수를 내려 하강을 개시한다.

TOD(Top Of Descent)가 되면 자동으로 스러스트 레버가 항속 추력에서 아이들 위치가 된다.

기수가 내려간다.

승강계가 하강을 나타낸다.

하강 방식에는
두 종류가 있다

속도를 일정하게 유지할 것인가, 패스를 유지할 것인가

✈ 통상적인 비행에는 하강 방식이 크게 두 가지다. 속도를 일정하게 유지하며 하강하는 방식, 그리고 하강 개시 지점과 하강 목표 지점을 연결한 패스(path) 위를 하강하는 방식이 있다. 패스는 일반적으로 '길'을 의미하는데, 항공계에서는 플라이트 패스(Flight Path)라고 하면 비행기가 비행한 궤적 또는 비행하려고 하는 경로라는 뜻이다.

또한 속도를 일정하게 유지하며 하강하는 방식에는 세 가지가 있다. 먼저 고속으로 하강하는 방식은 하강하는 시간이 짧지만 하강 개시 지점이 늦기 때문에 그 사이에 순항으로 소비하는 연료가 많아 종합 연비는 좋지 않다. 반대로 느린 속도로 하강하면 하강 개시 지점이 앞당겨지므로 연비는 고속 하강 방식보다 조금 좋아지지만 비행시간이 길어진다. 경제 하강 방식은 이 두 방식의 이점을 살린 것이다. 고속 방식과 저속 방식 사이에서 연비와 시간이 최적이 되는 속도를 산출해 하강한다.

한편 패스를 유지하며 하강하는 방식은 기울기가 3도 전후가 되도록 TOD(하강 개시 지점)와 BOD(하강 종료 지점)를 연결한 패스를 따라 하강한다. 기울기가 3도인 공기의 비탈길을 자연스럽게 내려가므로 비행 속도는 그때그때의 상황에 따라 달라진다. 가령 바람의 영향을 받아서 패스 위쪽으로 벗어날 것 같으면 비행 속도를 높여서 벗어나지 않게 한다.

참고로 파일럿이 비행 중에 TOD를 간단히 산출하는 방법은 FMS가 개발되기 훨씬 전부터 있었다. 3배 법칙이라고 부르는 방법으로, 오른쪽 그림과 같이 간단한 계산으로 산출할 수 있으면서도 비교적 정확하다.

속도를 유지하며 하강하는 세 가지 방식

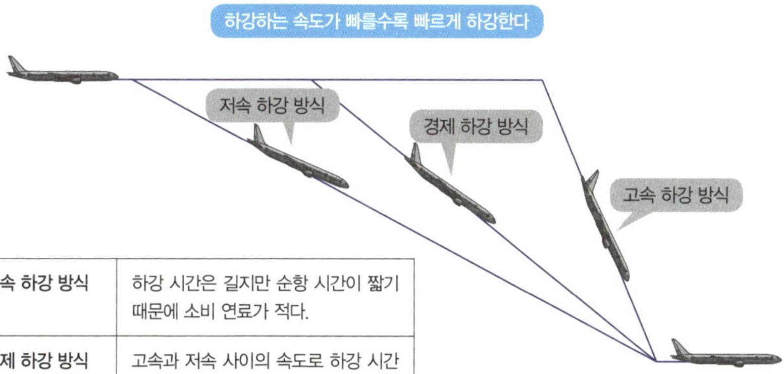

하강하는 속도가 빠를수록 빠르게 하강한다

저속 하강 방식
경제 하강 방식
고속 하강 방식

저속 하강 방식	하강 시간은 길지만 순항 시간이 짧기 때문에 소비 연료가 적다.
경제 하강 방식	고속과 저속 사이의 속도로 하강 시간과 연비가 최적이 된다.
고속 하강 방식	하강 시간은 짧지만 순항 시간이 길기 때문에 소비 연료가 많다.

패스를 유지하며 하강

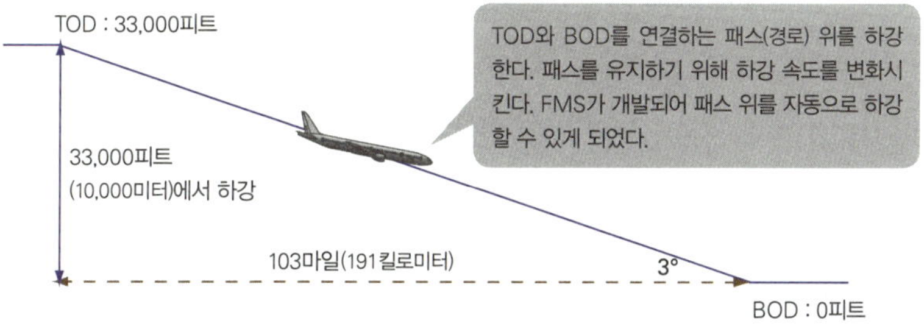

TOD : 33,000피트

33,000피트 (10,000미터)에서 하강

103마일(191킬로미터)

3°

BOD : 0피트

TOD와 BOD를 연결하는 패스(경로) 위를 하강한다. 패스를 유지하기 위해 하강 속도를 변화시킨다. FMS가 개발되어 패스 위를 자동으로 하강할 수 있게 되었다.

하강에 필요한 거리 산출 방법 '3배 법칙'

$$\text{하강하는 거리} = \frac{\text{비행고도}}{1,000} \times 3$$

예를 들어 하강 개시 고도가 3만 3,000피트라면 하강에 필요한 거리는 33×3=99마일이 되는데, FMS의 계산과 4마일 정도밖에 차이가 나지 않는다.

아이들은 항력이 된다

비행기에도 엔진 브레이크가 있다?

표준 조작에서는 하강 중에 엔진을 아이들 상태로 만든다. 아이들은 자동차로 치면 액셀러레이터에서 발을 뗀 상태인데, 지상에서 비행기가 가벼울 경우에는 유도로를 주행할 수 있다. 비행기가 유도로를 시속 20킬로미터 전후로 주행하고 있을 경우, 아이들 상태에서도 공기를 후방으로 가속시켜 분출하므로 작게나마 추력이 있기 때문이다.

그러나 높은 고도에서 하강한다면 아이들 추력은 그냥 작은 정도가 아니라 마이너스 추력, 즉 항력이 된다. 고속으로 하강하는 중에는 엔진의 분출 속도보다 비행 속도가 더 빨라서 결과적으로 엔진이 공기를 후방으로 가속시키지 못하므로 추력이 아니라 항력이 되는 것이다. 이 때문에 하강할 때 아이들 상태로 만드는 편이 효과적이며, 공중에서는 아이들 추력이 자동차가 비탈길을 내려갈 경우의 엔진 브레이크와 같은 역할을 한다는 사실을 알 수 있다.

항력을 더욱 늘리고 싶을 때 사용하는 장치로 스피드 브레이크가 있다. 날개 위에 있는 스포일러라고 부르는 여러 장의 판이 일제히 일어서서 공기저항을 늘린다. 그러나 파일럿은 스피드 브레이크를 그 이름처럼 비행기를 감속시키는 용도보다 하강률을 키우는, 즉 수직 방향의 속도를 늘리는 용도로 사용하는 경우가 많다.

예를 들어 전방에 있는 뇌운을 피하기 위해 예정된 하강 지점을 지나서 하강할 경우, 스피드 브레이크를 이용해 하강률을 키워서 하강 개시 지점을 지나친 것을 만회한다. 그러나 스피드 브레이크는 비행기에 진동을 발생시켜 쾌적성을 떨어트리기 때문에 실제로는 스피드 브레이크를 사용하지 않도록 하강 계획을 세운다.

엔진 브레이크

제트 엔진이 낼 수 있는 힘의 크기는 어느 정도의 공기를 얼마나 후방으로 가속시켜 분출하느냐에 따라 결정된다.

분출 속도 < 비행 속도

| 아이들 상태에서의 분출 속도는 빨아들이는 속도보다 느리다. | → | 공기를 운동시키지 못하므로 추력이 발생하지 않는다. | → | 마이너스 추력, 전진을 방해하는 항력이 된다. |

스피드 브레이크

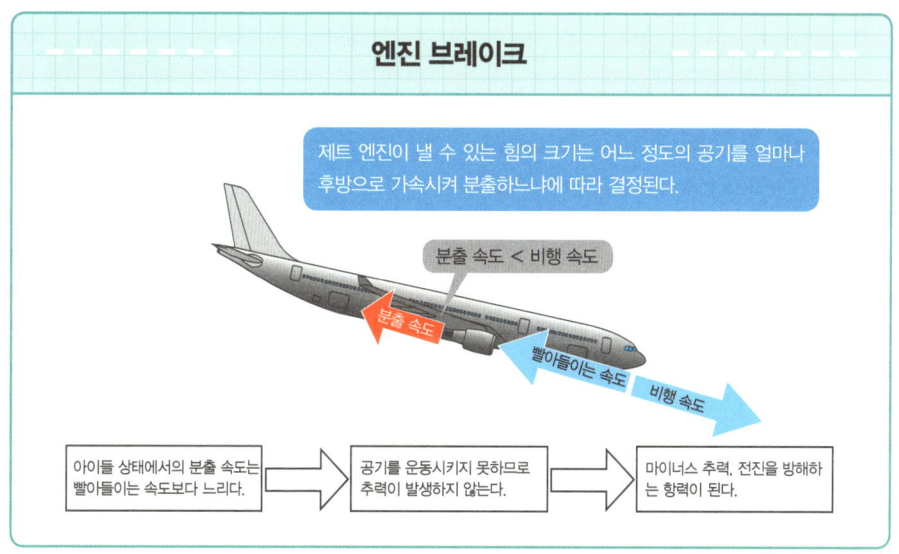

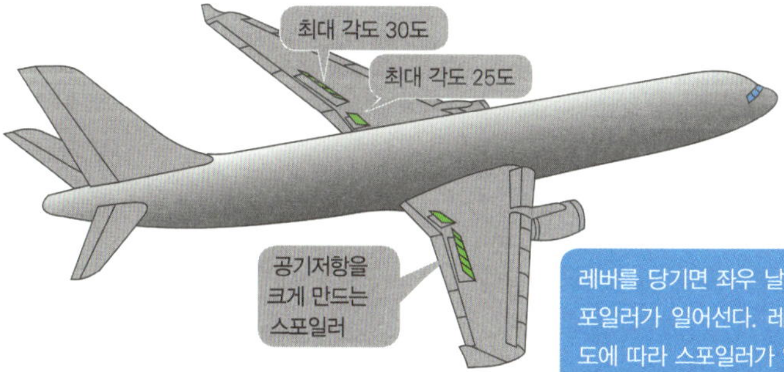

최대 각도 30도
최대 각도 25도
공기저항을 크게 만드는 스포일러

레버를 당기면 좌우 날개 위에 있는 스포일러가 일어선다. 레버를 당기는 정도에 따라 스포일러가 일어서는 각도를 조절할 수 있다.

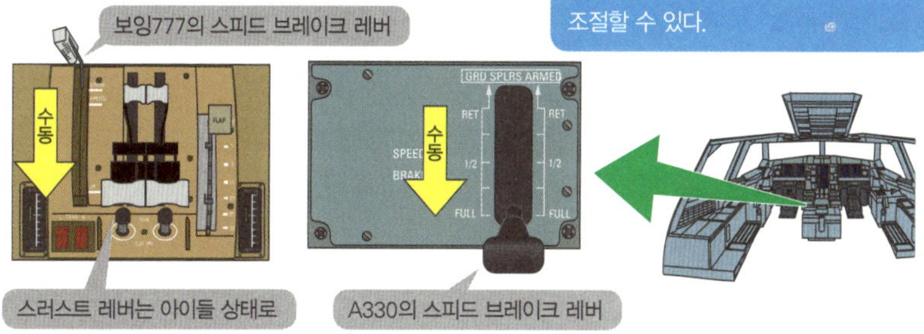

보잉777의 스피드 브레이크 레버
수동
스러스트 레버는 아이들 상태로

A330의 스피드 브레이크 레버
수동

객실고도도 하강한다

승객의 귀에 불쾌감을 주지 않는다

　보잉777의 여압은 비행고도 1만 미터에 객실고도 1,400미터를 유지한다. 업계에서는 객실고도를 의미하는 캐빈 앨티튜드(Cabin Altitude)를 '캐빈 앨티'라고 부르며 비행기가 비행하는 비행고도와 구별한다.

　객실고도를 1,400미터로 유지할 수 있는 비밀은 감압밸브(Outflow Valve)라고 부르는 기체의 앞뒤에 있는 두 개의 작은 밸브에 있다. 기내에는 에어컨의 공기가 대량으로 흐르고 있기 때문에 그대로 놔두면 풍선처럼 부풀어 오른다. 그래서 공기의 출구가 되는 밸브의 개폐를 조절해서 기내 기압을 조정한다. 겨우 작은 밸브 두 개로 그게 가능하겠느냐고 생각할지 모르지만, 외기압과의 기압 차이는 6.0톤/m^2 이상이기 때문에 작은 밸브를 아주 조금 열고 닫는 것만으로도 기내 기압이 크게 변화한다. 밸브를 닫으면 기내 기압이 높아지고, 열면 기압이 낮아진다.

　하강을 개시해 비행고도가 낮아짐에 따라 밸브로 유출시키는 공기를 조절해 기내 기압을 높여나간다. 요컨대 객실고도를 낮춘다는 말이다. 그 속도는 일본에서 가장 빠른 엘리베이터의 속도 750미터/분의 20퍼센트 이하인 100미터/분에서 150미터/분 정도로, 귀에 불쾌감을 주지 않도록 조정한다.

　그런데 비행기는 부풀어 오르는 힘의 경우 6.0톤/m^2 이상도 견딜 수 있지만 쪼그라드는 힘이라면 그 10퍼센트 이하를 견딜 수 있을 뿐이다. 그래서 만약 기내압보다 외기압이 더 높아졌을 경우는 쪼그라드는 힘이 작용하지 않도록 안전밸브가 열려 기내압과 외기압을 맞추도록 만들어져 있다.

객실고도의 조정(보잉777의 경우)

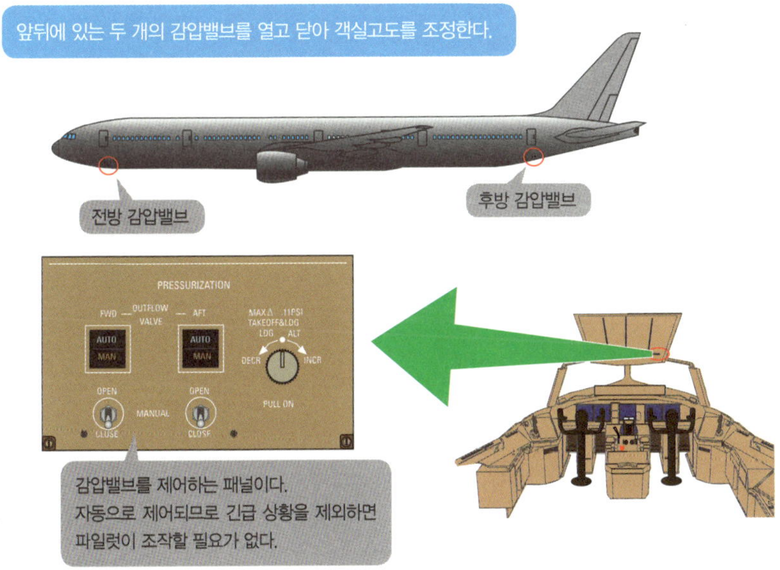

앞뒤에 있는 두 개의 감압밸브를 열고 닫아 객실고도를 조정한다.
전방 감압밸브
후방 감압밸브
PRESSURIZATION
FWD — OUTFLOW VALVE — AFT
AUTO
MAN
AUTO
MAN
MAX Δ 11PSI
TAKEOFF&LDG
LDG ALT
DECR
INCR
PULL ON
OPEN
MANUAL
CLOSE
OPEN
CLOSE
감압밸브를 제어하는 패널이다.
자동으로 제어되므로 긴급 상황을 제외하면
파일럿이 조작할 필요가 없다.

어느 정도의 비율로 하강하는가?

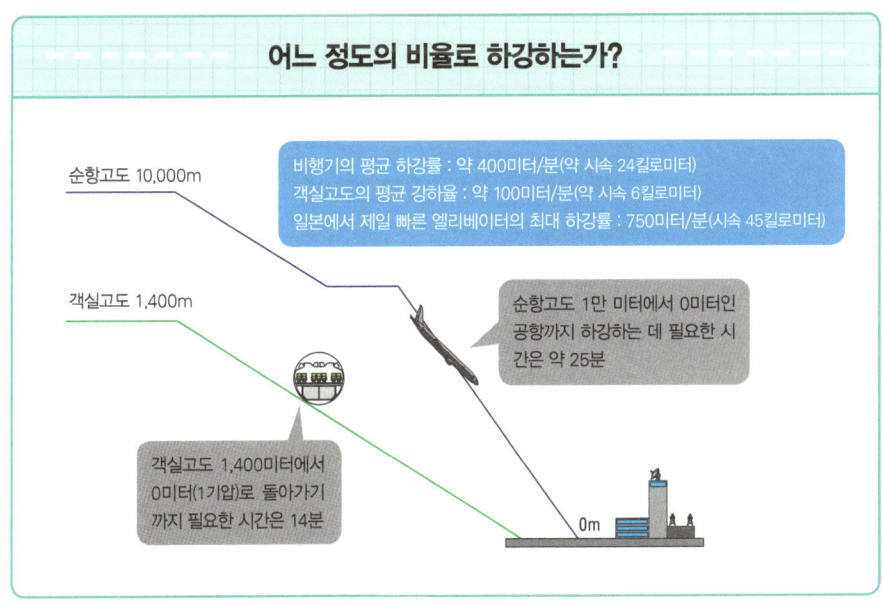

순항고도 10,000m
비행기의 평균 하강률 : 약 400미터/분(약 시속 24킬로미터)
객실고도의 평균 강하율 : 약 100미터/분(약 시속 6킬로미터)
일본에서 제일 빠른 엘리베이터의 최대 하강률 : 750미터/분(시속 45킬로미터)
객실고도 1,400m
순항고도 1만 미터에서 0미터인 공항까지 하강하는 데 필요한 시간은 약 25분
객실고도 1,400미터에서 0미터(1기압)로 돌아가기까지 필요한 시간은 14분
0m

방빙 장치를 가동시킨다
얼음과의 치열한 싸움

순항 중에는 온탑('구름 위'를 의미하는 업계 용어)이었는데 하강 중에는 구름 속을 비행하는 경우가 있다. 온도가 낮은 상태에서 구름 속을 비행하면 비행기에 얼음이 달라붙을 우려가 있기 때문에 대책이 필요하다. 어떤 대책이 있는지 알아보자.

먼저, 피토관이나 정압공에 착빙(물체의 겉면에 냉각된 물방울이 달라붙음)이 발생하면 속도계와 고도계, 승강계가 부정확해질 뿐만 아니라 피토관에서 수집된 정보가 FMS 등 수많은 장치에 보내지므로 비행 전체에 중대한 악영향을 끼친다. 그래서 구름이 있든 없든 전기 히터의 스위치를 항상 켜놓는다. 이와 마찬가지로 성에를 방지하고 새나 기타 물체가 충돌했을 경우, 강도를 유지하기 위해 앞 유리를 항상 전기 히터로 데운다.

날개에 착빙 현상이 일어나면 항력이 커져서 예정했던 속도가 나오지 않거나 예상 순항고도까지 상승하지 못할 우려가 있다. 또 엔진 입구에 얼음이 생기면 얼음 덩어리가 엔진 내부로 빨려 들어가 엔진에 큰 손상을 입힐 위험성이 있다. 착빙이 예상될 경우에는 엔진에서 추출한 고온의 공기로 날개 앞부분과 엔진 입구를 내부에서 덥혀 얼음이 생기지 않게 한다.

파일럿이 가장 두려워하는 뇌운에는 착빙뿐만 아니라 강한 흔들림, 대전(帶電. 어떤 물체가 전기를 띰), 낙뢰, 우박 등의 위험이 도사리고 있다. 벼락을 맞으면 큰 소리와 함께 밤에는 앞이 안 보일 정도의 섬광이 번쩍인다. 벼락을 맞은 부분은 작은 흔적이 생기는 정도이므로 문제가 없지만, 방전 장치 이외의 곳에서 번개가 공기 중으로 빠져나갔을 경우 날개 끝처럼 기체의 끝 부분이 파손될 수 있다.

어디에 방빙 조치를 하는가

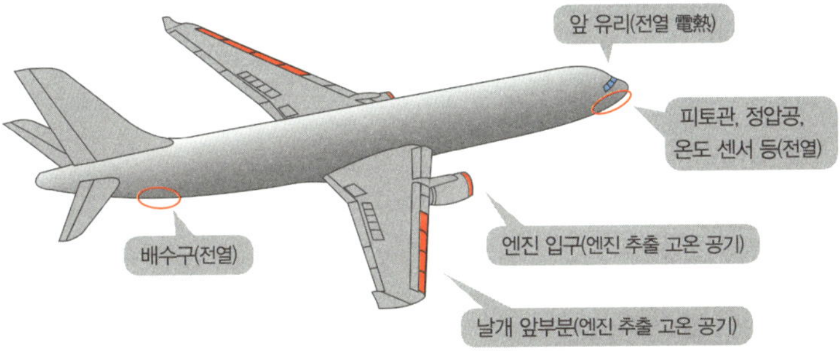
앞 유리(전열 電熱)
피토관, 정압공,
온도 센서 등(전열)
배수구(전열)
엔진 입구(엔진 추출 고온 공기)
날개 앞부분(엔진 추출 고온 공기)

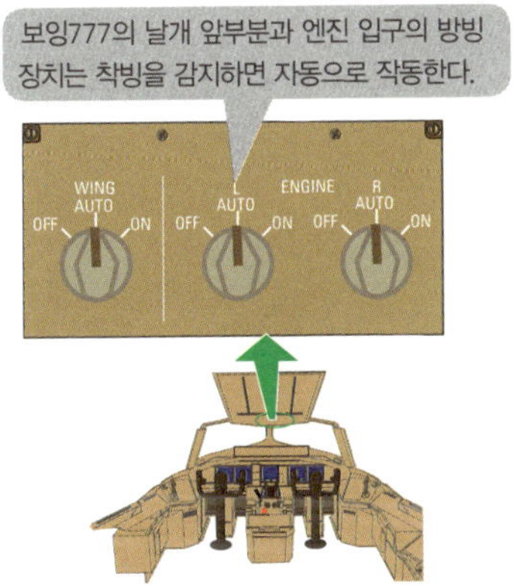
보잉777의 날개 앞부분과 엔진 입구의 방빙 장치는 착빙을 감지하면 자동으로 작동한다.
WING
AUTO
OFF
ON
ENGINE
L
AUTO
R
AUTO

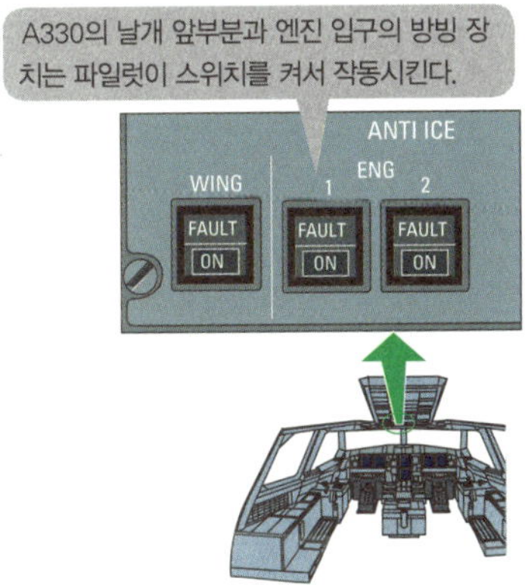
A330의 날개 앞부분과 엔진 입구의 방빙 장치는 파일럿이 스위치를 켜서 작동시킨다.
ANTI ICE
WING
ENG
1
2
FAULT
ON

뇌운 대처법

비행기에는 대전을 막는 방전 장치가 있다. 그러나 완전히 방전이 되지 않을 경우도 있으며, 대전이 되면 무전기에 '지지직' 하고 잡음이 껴서 통신 상태가 매우 나빠진다.

대전이 심해지면 앞 유리에 시퍼렇게 빛나는 '세인트 엘모의 불'이 발생할 때도 있다.

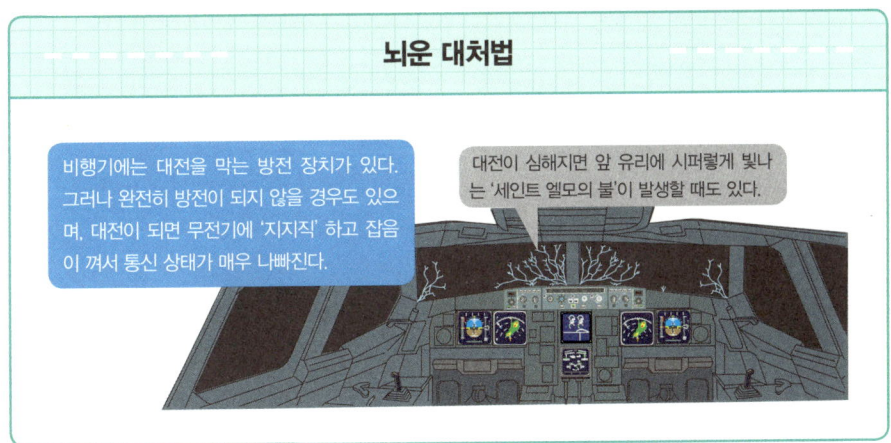

공중대기할 때 어떻게 할까?

멈춰서 기다릴 수는 없다

　심한 비와 번개 등으로 공항 상황이 이착륙을 할 수 없는 경우, 출발기는 게이트나 유도로에서 뇌운이 지나가기를 기다리면 되지만 도착기는 공중에 멈춰서 기다릴 수가 없다. 비행기는 단순히 목적지에 도착하기 위해서가 아니라 비행기를 떠받치는 양력을 얻기 위해서라도 항상 앞으로 나아가야 하기 때문이다. 이때 계속 날면서 공항이 착륙 가능한 상태가 되기를 기다리는 **공중대기**라는 방법을 선택한다.

　모든 공항에는 공중대기를 위한 장소(공역)가 설정되어 있는데, 착륙을 위해 진입을 개시하기 전에 공중대기하는 장소와 착륙을 단념하고 상승한 뒤에 공중대기하는 장소가 있다. 같은 장소라도 각각 다른 고도에서 수많은 비행기가 대기할 수 있다. 또 그림의 예와 같이 활주로가 네 개인 하네다 공항에는 공중대기할 장소가 다수 설정되어 있다.

　날씨가 좋아지기를 기다리는 경우 이외에도 공중대기를 할 때가 있다. 가령 비행기가 활주로에서 새와 충돌했다면 활주로 점검을 위해 활주로가 폐쇄되기 때문에 활주로 폐쇄가 해제되기를 기다리며 공중대기를 한다. 긴급 착륙하는 비행기를 우선적으로 착륙시키기 위해 다른 비행기들이 공중대기하는 경우도 있다.

　공중대기할 때 중요한 점은 **기다리는 동안 소비하는 연료를 얼마나 절약하느냐**다. 공중대기에서 문제가 되는 것은 날 수 있는 거리(항속거리)가 아니라 **날 수 있는 시간**(체공 시간 또는 항속시간)이다. 그렇기 때문에 연료를 적게 소비하면서 안정적으로 대기할 수 있는 속도가 설정된다.

공중대기 장소

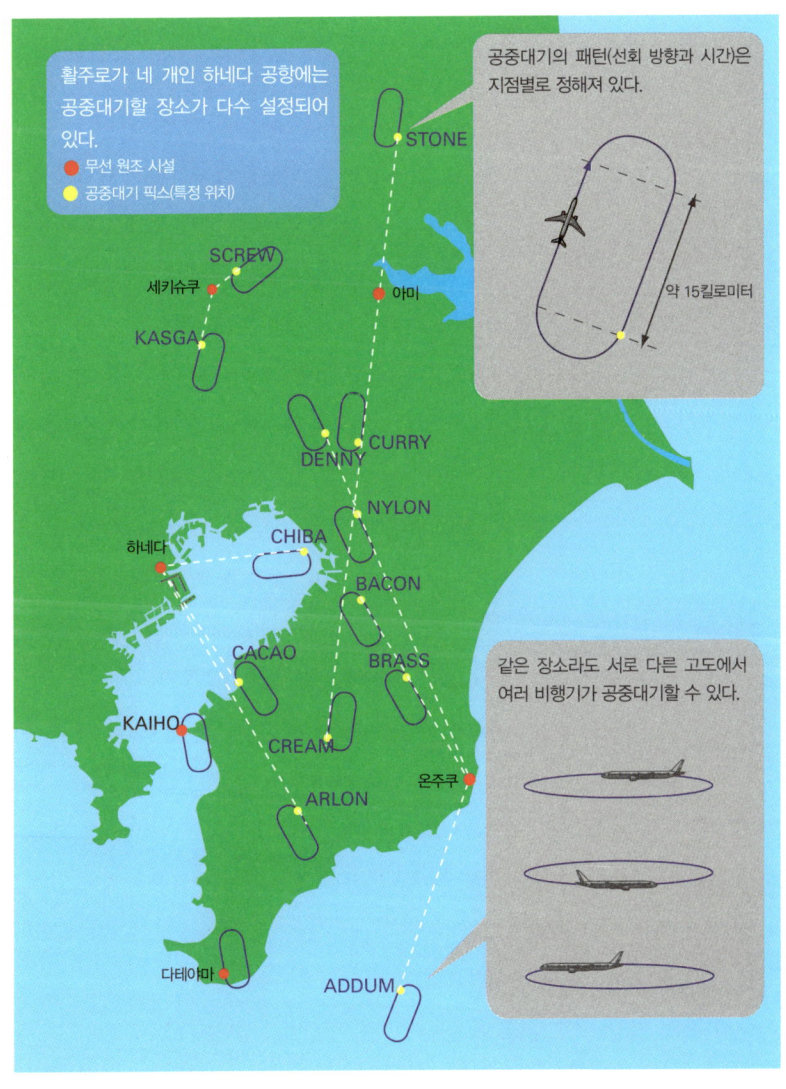

※ 흰 점선은 지상 무선 시설에서 쏘는 전파

고도계를 QNH로 세팅한다

표고를 가리키도록 설정한다

공항에 착륙하기 위해 진입할 때는 반드시 관제관이 QNH(낮은 고도를 비행할 경우의 수정값. 96쪽 참조)를 참조 통보하며, 이에 따라 일본에서는 1만 4,000피트(약 4,300미터) 미만이 되면 고도계를 QNH로 세팅한다. 가령 QNH가 1,008헥토파스칼일 경우는 "1008" 또는 "2977(수은주인치)"이라고 콜아웃을 하면서 좌우의 고도계 수정값이 올바르게 세팅되어 있는지 서로 확인한다. 올바른 QNH를 세팅하면 고도계는 실제 고도(해면에서의 고도, 표고)를 가리킨다.

참고로 일본에서는 상승 중이나 하강 중에 1만 4,000피트 이상에서는 QNE(높은 고도나 해상을 비행할 경우의 수정값. 98쪽 참조)로 세팅하고 1만 4,000피트 미만에서는 QNH로 세팅하게 되어 있다. 한국의 모든 공항은 1만 4,000피트 이상에서 QNE로 세팅한다. 하지만 상승 중 1만 1,000피트 이상에서 QNE로 세팅하고 하강 중 1만 3,000피트 이하에서 QNH로 세팅하는 싱가포르와 같이 고도에 폭이 있는 나라가 많다. 또 유럽에서는 하강 중에 관제관으로부터 "QNH 1008" 같은 지시가 내려졌을 때 QNH로 세팅하도록 되어 있다.

한편, 착륙하면 고도계가 공항의 표고를 가리키는 QNH와 달리 착륙하면 고도계가 제로를 가리키는 QFE라는 방식도 있다. 일본에서는 채용하지 않았지만, 공항 근처의 해면 기압값이 아니라 공항의 기압값을 세팅하는 방식이다. QFE로 세팅한 고도계는 공항에 착륙하면 고도계가 제로를 가리킨다.

이상과 같이 기압 고도계를 보정하는 방법(앨티미터 세팅이라고 부른다)은 국가나 공항에 따라 크게 다르므로 브리핑을 할 때 세팅 방법을 확인하는 것도 중요하다.

QNH는 공항의 표고를 가리킨다

QNH 1,008헥토파스칼을 세팅한 고도계는 해면을 기준으로 한 고도를 가리킨다.

QNH를 세팅하고 착륙하면 고도계는 착륙 공항의 표고를 가리킨다.

비행고도 : 2,000피트(610미터)

공항의 기압 990헥토파스칼

공항 표고 : 500피트(152미터)

해면의 기압 1,008헥토파스칼

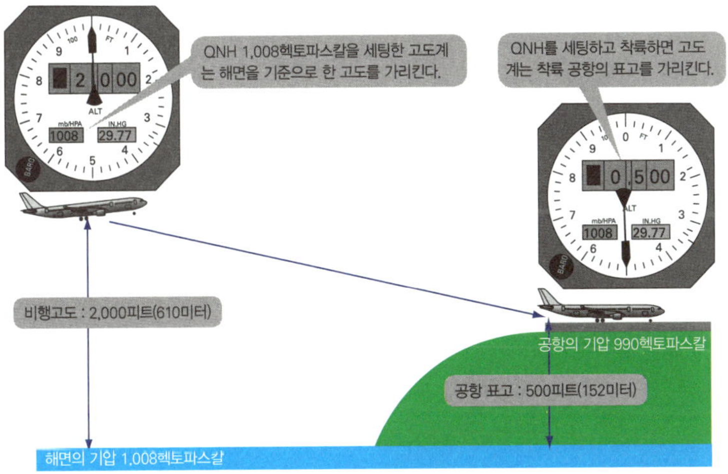

QFE는 공항에서 제로를 가리킨다

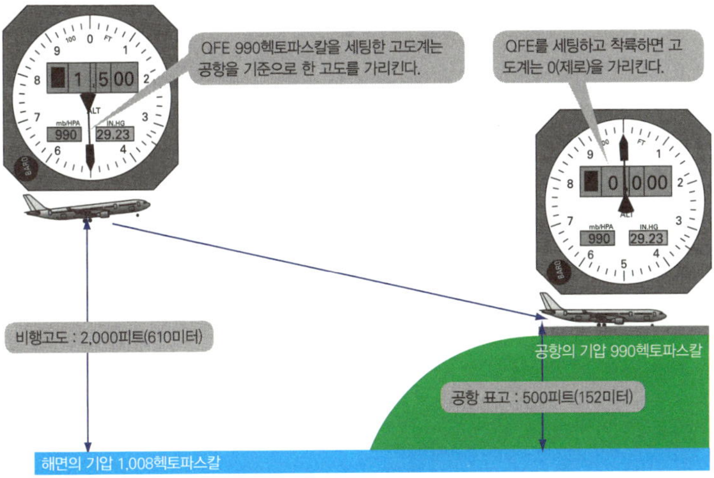

QFE 990헥토파스칼을 세팅한 고도계는 공항을 기준으로 한 고도를 가리킨다.

QFE를 세팅하고 착륙하면 고도계는 0(제로)을 가리킨다.

비행고도 : 2,000피트(610미터)

공항의 기압 990헥토파스칼

공항 표고 : 500피트(152미터)

해면의 기압 1,008헥토파스칼

'3배 법칙'이란?

원활한 비행을 위해서는 FMS의 치밀한 계산이 필요하다. 그러나 파일럿에게는 어림셈도 중요하다. 가령 '1,000피트를 하강하려면 3마일이 필요하다' 같은 암산 법칙이 있는데, 이 법칙의 근거가 되는 계산식은 다음과 같다.

FMS가 오류를 일으킬 가능성을 완전히 배제할 수는 없기 때문에 파일럿은 스스로 암산한 거리와 FMS의 계산 결과가 크게 차이가 나지는 않는지 비교해본다.

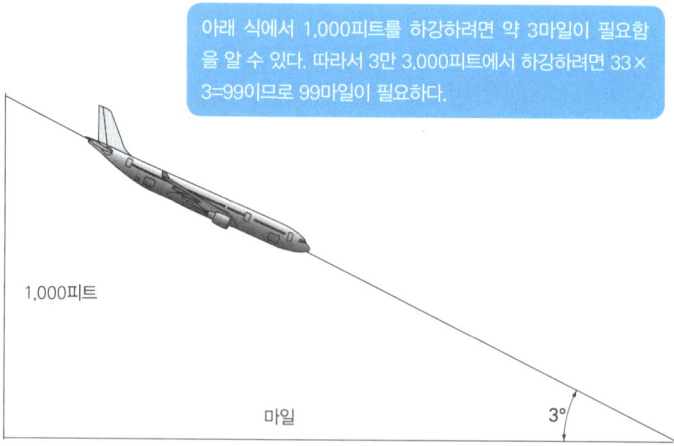

아래 식에서 1,000피트를 하강하려면 약 3마일이 필요함을 알 수 있다. 따라서 3만 3,000피트에서 하강하려면 33×3=99이므로 99마일이 필요하다.

$= \dfrac{1{,}000}{\tan 3°}$
=19,081(피트)
=19,081/6,076 (1마일=6,076피트)
≒3(마일)

Chapter 7

운항의 또 다른 시작, 착륙
Landing

드디어 착륙이다. 좌석 아래의 바닥에서 '윙' 하는 기계음이 들린다. 무슨 소리일까?
그런데 착륙하는구나 싶었는데 엔진 소리가 커지며 다시 상승한다.
왜 이러는 것일까? 이 장에서는 착륙할 때 파일럿이 어떤 조작을 하는지 살펴본다.

드디어 진입 개시

감속하려면 힘이 필요하다

순항고도에서는 아이들 상태로 하강을 개시하지만, 공항이 가까워질수록 엔진 출력을 높일 필요가 있다. 왜 하강을 계속할 때도 힘이 필요한지 알아본다.

착륙을 위해 공항으로 진입하는 것을 어프로치(approach)라고 한다. 안전하고 질서 정연하게 어프로치하기 위한 표준적인 도착 루트가 정해져 있으며, 고도와 속도에도 제한이 있다. 가령 1만 피트(약 3,000미터) 이하에서는 250노트(시속 약 460킬로미터) 이하로 비행해야 한다. 항공교통관제센터에서 유지해야 하는 고도와 속도를 지시하는 일도 많다. 또 서둘러 하강해도 잠시 동안은 수평비행을 해야 할 경우 천천히 하강하기도 한다.

자동차도 경사가 완만한 비탈길에서는 액셀러레이터를 밟지 않으면 점점 속도가 줄어드는데, 비행기도 마찬가지로 느리게 하강할 경우 엔진 출력을 높이지 않으면 속도가 지나치게 줄어들어 실속할 우려가 있다. 또 일시적으로 고도를 유지할 경우도 위치 에너지를 속도 에너지로 바꿀 수 없기 때문에 속도를 유지하려면 엔진 에너지가 필요하다.

이상의 이유로 어프로치 중에는 아이들 상태가 아니라 엔진 출력을 높여서 속도와 하강률을 조정할 필요가 있는데, 보통은 자동 추력 제어 장치가 이를 조정한다. 에어버스기는 엔진 출력과 상관없이 스러스트 레버가 같은 위치에서 움직이지 않지만, 보잉기는 출력에 맞춰 스러스트 레버가 자동으로 움직인다.

하강하면서 감속

하네다 공항에 착륙하려면 순항고도에서 하강을 개시해 지바 현 기미쓰 시 부근 상공에서는 고도 910 미터에 이르러야 한다. 속도는 시속 330킬로미터 전후까지 감속한다.

고도 : 3,000피트(910미터)
속도 : 180노트(시속 330킬로미터)

910m

4,300m

고도 : 1만 4,000피트(약 4,300미터)
속도 : 280노트(시속 520킬로미터)

속도 조정

에어버스기에서 오토 스러스트 시스템이 속도를 조정할 때는 스러스트 레버가 자동으로 움직이지 않고 상승 추력 위치를 유지한다.

보잉기의 오토 스러스트 시스템이 속도를 조정할 때는 마치 투명 인간이 조종하듯이 스러스트 레버가 움직인다.

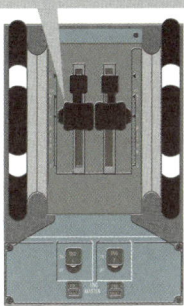

A330의 스러스트 레버

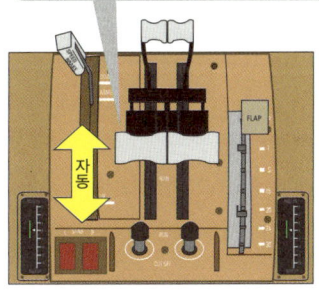

보잉777의 스러스트 레버

사용 활주로를 확인한다
맞바람을 맞으며 착륙한다

시간을 조금 앞으로 되돌리자. 순항고도에서 하강을 개시하게 전에 파일럿은 목적지 공항의 최신 날씨 정보를 입수한다. 물론 착륙을 할 수 있을지 없을지 난감한 날씨일 경우에도 필요하지만, 설령 날씨가 좋더라도 반드시 바람의 방향과 속도를 확인한다. 그 이유는 현재 사용되고 있는 활주로를 알기 위함이다.

이륙을 할 때와 마찬가지로 착륙을 할 때도 맞바람을 맞으며 착륙하기 때문에 바람의 방향에 따라 사용할 활주로가 달라진다. 사용할 활주로에 따라 표준적인 도착 루트도 변하므로 고도와 속도를 처리하는 방법이 크게 달라진다. 따라서 파일럿은 어떤 활주로가 사용되고 있는지를 알아야 한다.

예를 들어 하네다 공항에서 남풍이 불고 있을 경우, 남쪽을 향해 착륙해야 하므로 사용 활주로는 16, 22, 23이 된다. 반대로 북풍이 불고 있다면 북쪽을 향해 착륙하므로 활주로는 34L 또는 34R이 된다. 사용 활주로가 다르면 오른쪽 그림과 같이 착륙하기 위한 루트가 크게 달라진다.

참고로 맞바람을 맞으며 착륙하는 이유는 착륙에 필요한 거리를 줄일 수 있기 때문이다. 시속 300킬로미터로 착륙할 때 맞바람이 시속 25킬로미터(풍속 7미터/초)라면 실질적으로는 시속 275킬로미터의 속도로 착륙한다. 그만큼 착륙에 필요한 거리가 짧아진다. 그러나 바람을 등지면 시속 325킬로미터의 속도로 착륙하게 되므로 착륙에 필요한 거리가 당연히 길어진다. 그래서 풍속 7~8미터/초 정도의 순풍만 불어도 착륙이 금지된다. 물론 그럴 경우는 맞바람이 부는 반대쪽 활주로로 착륙하면 된다.

사용 활주로

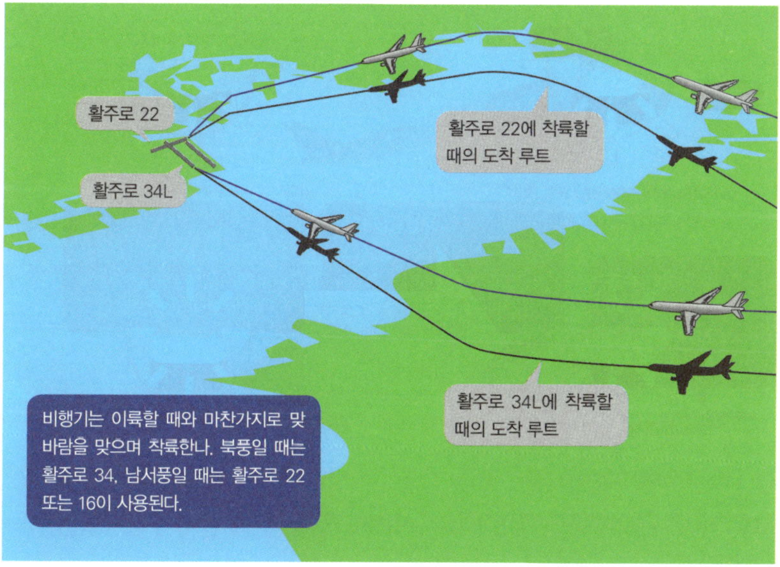

활주로 22

활주로 34L

활주로 22에 착륙할 때의 도착 루트

활주로 34L에 착륙할 때의 도착 루트

비행기는 이륙할 때와 마찬가지로 맞바람을 맞으며 착륙한다. 북풍일 때는 활주로 34, 남서풍일 때는 활주로 22 또는 16이 사용된다.

바람의 방향과 활주 거리

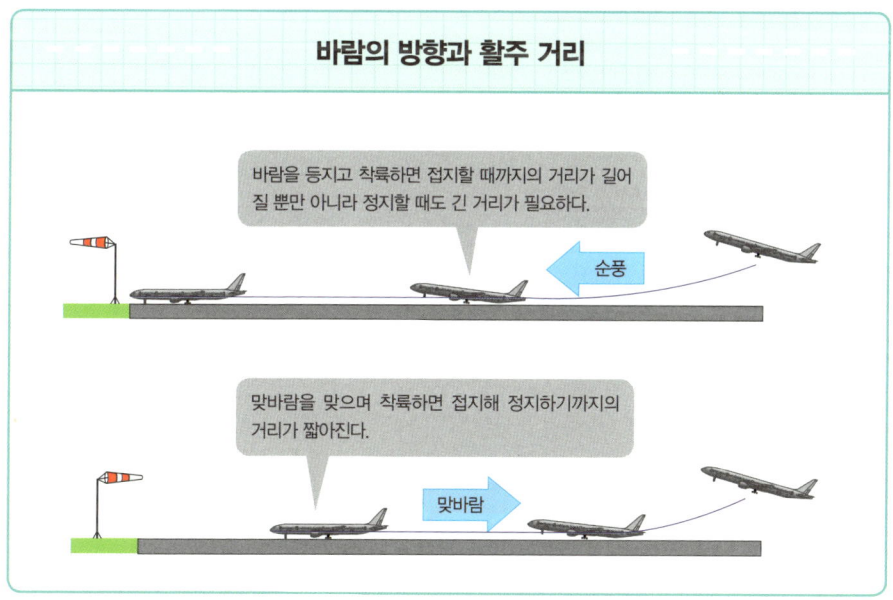

바람을 등지고 착륙하면 접지할 때까지의 거리가 길어질 뿐만 아니라 정지할 때도 긴 거리가 필요하다.

순풍

맞바람을 맞으며 착륙하면 접지해 정지하기까지의 거리가 짧아진다.

맞바람

"플랩 원"

반드시 속도를 확인한 뒤에 플랩을 조작한다

 활주로에 근접하면 속도를 더욱 줄여야 한다. 비행기는 새처럼 단번에 날개를 크게 펼쳐서 사뿐히 착륙하지는 못하지만, 최대한 감속하는 편이 착륙거리를 줄일 수 있기 때문이다.

새가 날개를 펼치는 이유는 공기저항을 늘려서 속도를 줄일 뿐만 아니라 착륙할 때까지 자신의 체중을 떠받치는 양력을 유지하기 위함이다. 비행기도 새와 마찬가지로 속도를 줄이면서도 비행기의 무게를 떠받치는 양력을 유지해야 하는데, 빠르게 날기 위해 만든 날개만으로는 무리가 있다. 이때 플랩이 활약한다. 다만 플랩은 크고 무거운 까닭에 새처럼 단번에 펼칠 수는 없다. 그래서 조금씩 펼치는데, 상승할 때와 마찬가지로 플랩이 부서지지 않는 최대 속도와 실속을 일으키지 않는 최소 속도가 정해져 있다.

이상의 이유 때문에 파일럿은 "체크, 에어 스피드, 플랩 원(1)."과 같은 콜아웃을 하면서 반드시 대기속도계를 확인하고 플랩을 내리는 조작을 실시한다. 이 조작의 기준이 되는 표시가 대기속도계에 있다. 클래식 점보기 세대의 비행기에서는 대기속도계에 버그(bug)라고 부르는 작은 바늘을 손가락으로 세팅했는데, FMS가 장비된 세대의 비행기에서는 대기속도계에 자동으로 표시된다.

참고로 플랩 레버를 세팅하는 값은 기종에 따라 다르다. 에어버스기는 플랩을 내리는 각도와 상관없이 '0, 1, 2, 3, FULL'로 되어 있지만, 보잉기는 대략적인 '플랩을 내리는 각도'를 세팅값으로 삼는다.

클래식 점보기의 플랩 조작

조종을 담당하는 파일럿인 PF의 "체크, 에어 스피드, 플랩 원."이라는 지시에 따라 조종을 담당하지 않는 PM이 플랩 레버를 조작한다.

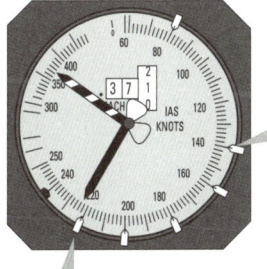

클래식 점보의 속도계

작고 벌레처럼 생겼다고 해서 '버그'라고 부른다. 목표 속도값까지 손가락으로 이동시켜 세팅하는 것을 '버그 세팅'이라고 부른다.

버그가 세팅된 220노트가 되었을 때 플랩 1도로 세팅한다.

플랩을 내리는 각도에 맞춰 0, 1, 5, 15, 20, 25, 30의 세팅 위치가 있다.

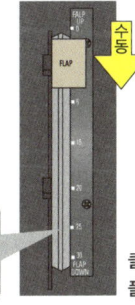

클래식 점보기의 플랩 레버

에어버스 A330의 플랩 조작

조종을 담당하는 파일럿인 PF의 "체크, 에어 스피드, 플랩 원."이라는 지시에 따라 조종을 담당하지 않는 PM이 플랩 레버를 조작한다.

플랩 1일 때 최대 속도

현재 속도를 가리키는 지침

다음 플립 2로 내릴 때의 속도

플랩을 내리는 각도와 상관없이 0, 1, 2, 3, FULL의 세팅 위치가 있다.

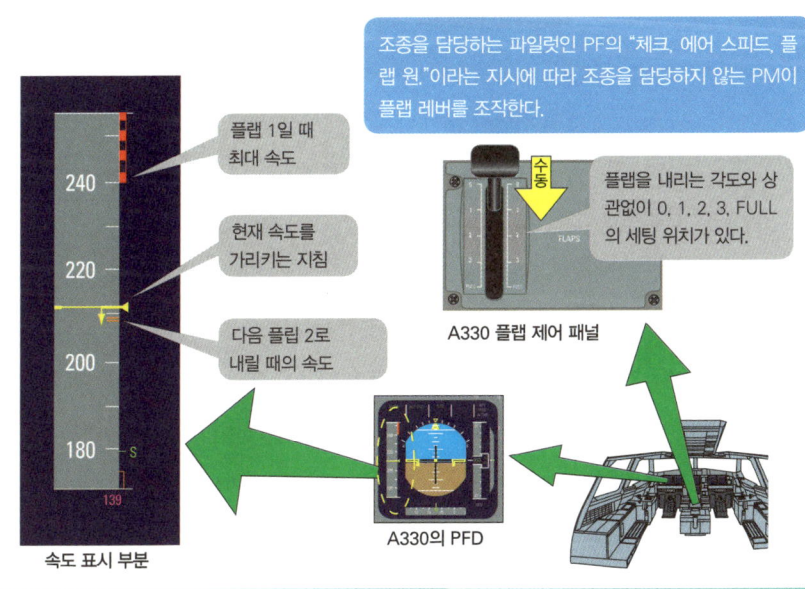

A330 플랩 제어 패널

A330의 PFD

속도 표시 부분

'ILS를 탄다'란 무슨 뜻인가?

전파의 미끄럼틀을 탄다

공교롭게도 하네다 공항의 날씨가 좋지 않다. 낮은 구름이 자욱이 껴서 시계가 나쁜 탓에 활주로에 접근했지만 구름 속이라 조종석에서 아무것도 보이지 않는다. 이런 상황에서도 안전하게 착륙할 수 있는 이유는 ILS(Instrument Landing System. 계기 착륙 장치)가 있기 때문이다. ILS는 비행기가 활주로에 정밀하게 진입하고 착륙하는 일을 돕기 위해 전파로 3차원 정보를 제공하는 시스템이다.

비행기의 날개폭은 에어버스 A380이 79.8미터, 에어버스 A330이 60.3미터, 보잉747이 64.4미터, 보잉777-300ER이 64.8미터다. 한편 활주로의 폭은 45~60미터다. 이것만 봐도 비행기가 얼마나 정확히 착륙해야 하는지를 알 수 있다. 그러나 마음 든든한 아군인 ILS는 매우 정확해서, ILS의 도움을 받은 비행기는 낮은 구름에서 빠져나와 갑자기 시계가 넓어진 순간 눈앞에 활주로를 마주한다.

정확히 착륙하기 위해서는 물론 3차원 정보를 처리해 표시하는 장치가 비행기에 있어야 한다. 활주로 중심선과의 오차를 알리는 로컬라이저(localizer), 경사각 3도의 하강 경로와의 오차를 알리는 글라이드 슬로프(Glide Slope)라는 두 종류의 전파를 수신해 PFD에 표시하는 방식이다. 붉은 마름모꼴 마크가 각 전파의 중심선을 의미하므로, 이것이 왼쪽에 보이면 활주로에서 오른쪽으로 벗어났다는 의미이며, 위에 보이면 하강 경로에서 아래로 벗어났다는 뜻이다.

ILS는 날씨가 나쁠 때 이외에도 의지가 되는 장치다. 비행 중에 고장이 발생해 출발 공항으로 되돌아갈 경우나 가장 가까운 공항에 임시 착륙할 경우에 날씨가 좋아도 ILS를 이용해 진입 착륙하면 파일럿은 여유 있게 고장에 대처할 수 있다.

ILS를 타다

로컬라이저
활주로 중심에서 얼마나 벗어났는지 좌우 오차를 알 수 있다.

글라이드 슬로프
하강 경로에서 얼마나 벗어났는지 상하 오차를 알 수 있다.

하네다 공항
활주로 34L
ILS 주파수 : 111.7메가헤르츠
코스 : 337°

ILS는 파일럿이 활주로에 정밀하게 진입, 착륙할 수 있도록 전파로 3차원 정보를 제공하는 시스템이다.

코스와 계기의 관계

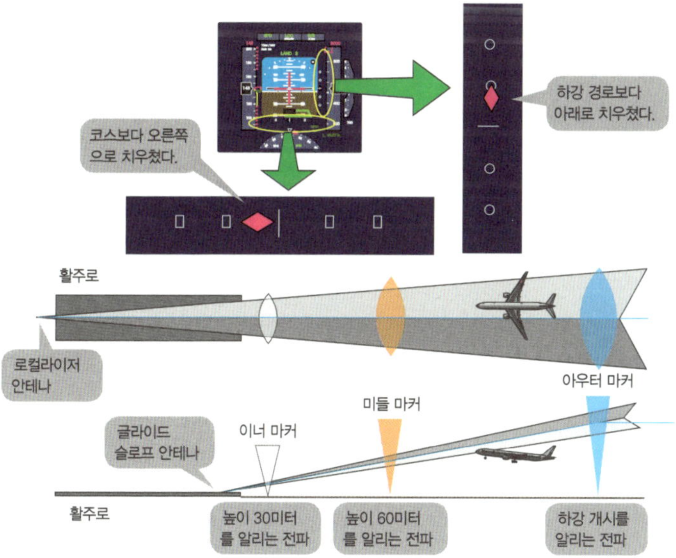

하강 경로보다 아래로 치우쳤다.

코스보다 오른쪽으로 치우쳤다.

활주로

로컬라이저 안테나

글라이드 슬로프 안테나

이너 마커

미들 마커

아우터 마커

활주로

높이 30미터를 알리는 전파

높이 60미터를 알리는 전파

하강 개시를 알리는 전파

169

기어 다운

비행기 '다리'를 내린다

ILS의 전파를 수신해 활주로로 향하는 최종 코스로 유도되는 것을 캡처(capture. 포착)라고 부른다. 예를 들어 로컬라이저를 캡처하면 활주로 중심선의 전파를 포착해 코스로 향하는 상태가 되며, 이어서 글라이드 슬로프를 캡처하면 하강 경로의 전파를 포착해 하강을 개시한 상태가 된다.

비행기 다리를 착륙 장치 또는 랜딩 기어라고 하는데, 업계에서는 단순히 기어라고 부를 때가 많다. 그리고 착륙 장치를 내리는 것을 기어 다운(Gear Down)이라고 하며, 표준 조작에서는 하강 경로에 진입하기 조금 전에 실시한다. 조종을 담당하는 파일럿인 PF가 "체크, 에어 스피드, 기어 다운."이라고 지시하면 조종을 담당하지 않는 파일럿인 PM이 "기어 다운."이라고 복창하면서 기어 레버를 조작한다.

레버를 조작하면 먼저 문이 열리고, 기어가 다 내려가면 다시 문이 닫히는데, 플랩의 경우와 마찬가지로 조작할 때의 최대 속도가 정해져 있다. 가령 에어버스 A380이나 A330은 250노트(시속 460킬로미터), 보잉747은 270노트(시속 500킬로미터)다. 그래서 파일럿이 "체크, 에어 스피드, 기어 다운."이라고 지시하는 것이다.

참고로 에어버스 A330은 기어와 관련된 계기가 패널 하나에 전부 모여 있지만 보잉777은 각각의 위치에 나뉘어서 배치되어 있다. 또 예비 브레이크의 압력계는 양쪽 기종 모두 예전부터 화면에서 바로 확인할 수 있도록 단독 계기로 분리되어 있다.

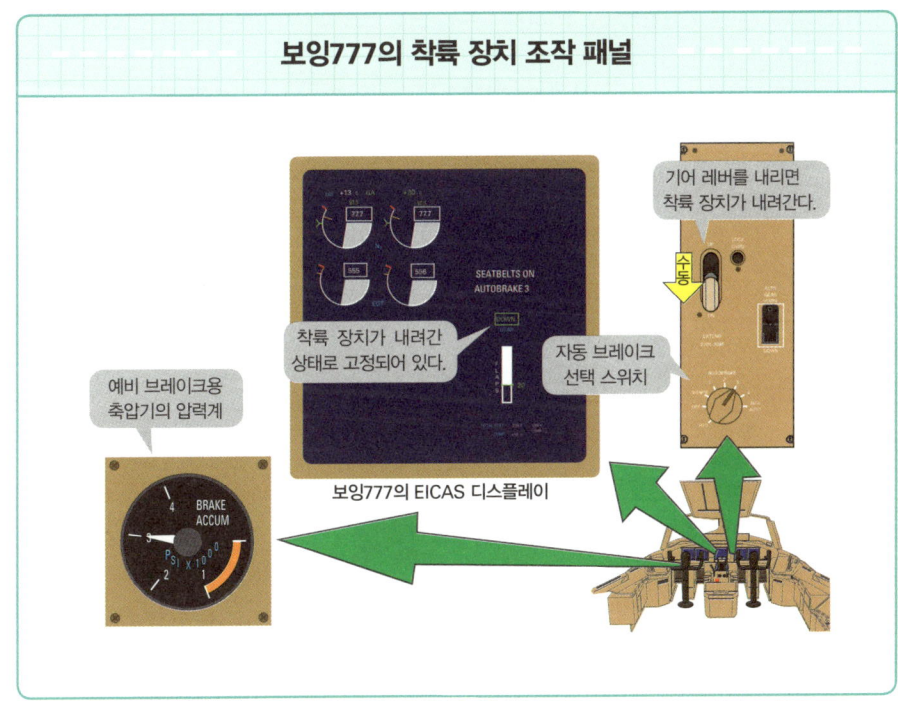

착륙할 때의 자세는 어떡해야 하는가?

7-06

기종에 따라 큰 차이가 있다

어떤 비행기든 ILS를 이용해 착륙하는 경우라면 활주로를 향해 전파의 미끄럼틀을 타고 내려간다고 생각할 수 있다. 그러나 미끄럼틀의 각도가 3도로 같아도 내려갈 때의 자세는 비행기에 따라 크게 다르다.

먼저 2003년에 운항을 종료한 초음속 여객기 콩코드의 자세부터 생각해보자. 이 삼각 날개 비행기에는 플랩이 없다. 또 실속의 우려도 없기 때문에 낮은 속도에서 비행기를 떠받치기 위해 영각을 크게 할 필요가 있다. 그래서 약 11도로 기수를 올린 자세로 하강 경로를 내려간다. 다만 이 자세에서는 조종석에서 전방이 보이지 않기 때문에 착륙 자세가 되면 기수를 꺾어 조종석의 시야를 확보한다.

다음에는 프로펠러기의 자세다. 낮은 속도에서 성능이 좋기 때문에 플랩이 작으며 전연 플랩도 필요가 없다. 그래도 비행기를 떠받칠 충분한 양력을 얻을 수 있으므로 기수의 각도는 수평선보다 약간 낮은 마이너스 1도 정도가 된다. 따라서 엔진 출력도 높을 필요가 없다.

마지막은 이 책의 주역인 제트 여객기다. 후퇴각으로 대표되듯이 마하 0.8 전후에서 성능을 발휘할 수 있도록 날개가 설계되어 있기 때문에 서행에는 그다지 적합하지 않다. 그런 까닭에 날개 앞뒤에 깊은 각도의 플랩을 설치하고, 날개의 영각도 비교적 크게 만들지 않으면 낮은 속도에서 비행기를 떠받칠 양력을 얻지 못한다. 에어버스 A330이나 보잉777 등은 기수를 3도 전후로 올린 자세를 유지할 필요가 있으며, 항력도 커지기 때문에 비교적 큰 추력(이륙 추력의 60~70퍼센트 정도)이 필요하다.

콩코드의 자세

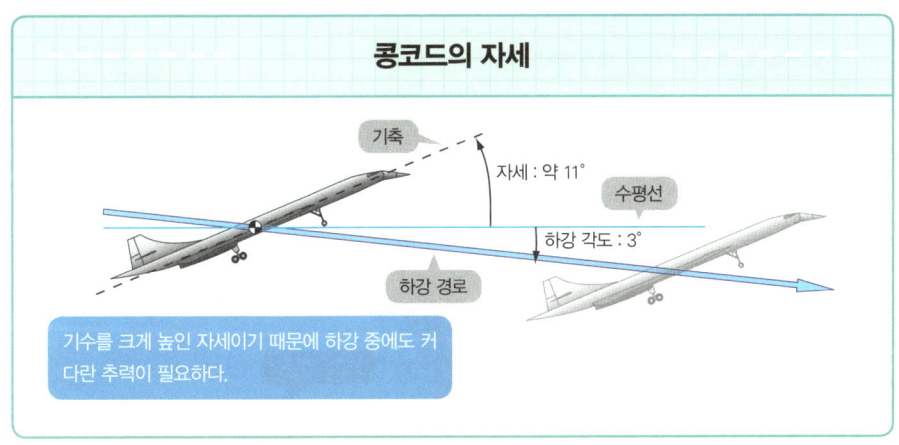

기수를 크게 높인 자세이기 때문에 하강 중에도 커다란 추력이 필요하다.

프로펠러기 YS-11의 자세

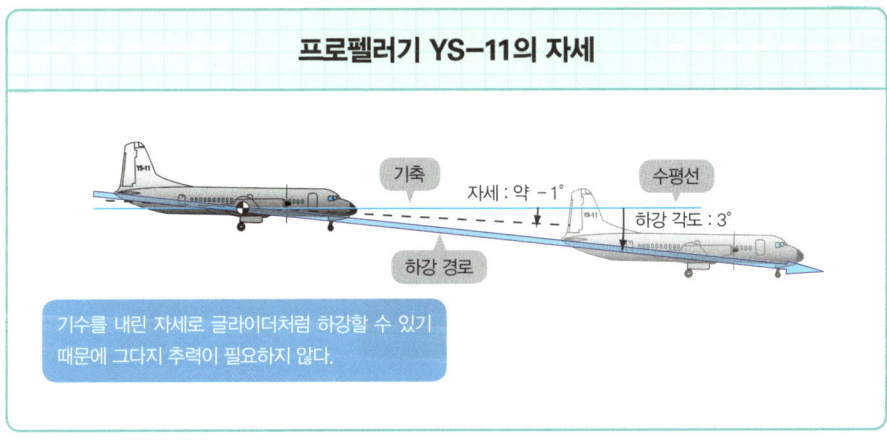

기수를 내린 자세로 글라이더처럼 하강할 수 있기 때문에 그다지 추력이 필요하지 않다.

에어버스 A330의 자세

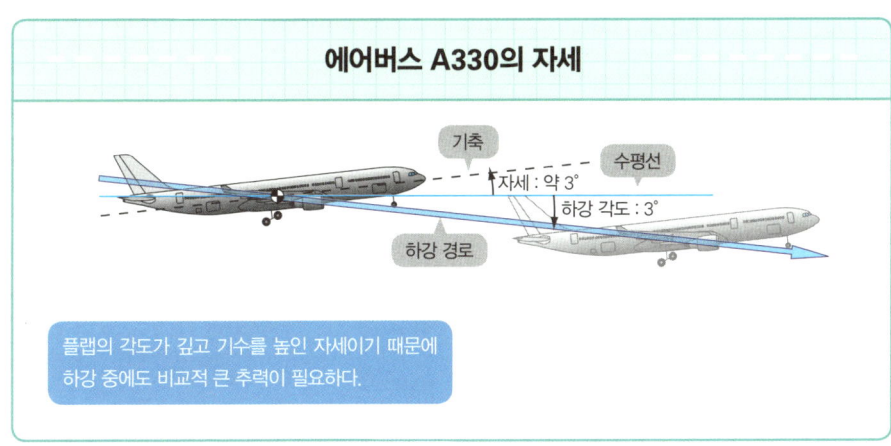

플랩의 각도가 깊고 기수를 높인 자세이기 때문에 하강 중에도 비교적 큰 추력이 필요하다.

활주로가 보이지 않으면 어떻게 해야 할까?

하강할 수 있는 시계의 높이란?

랜딩 기어가 내려가고 플랩은 착륙 위치에 있으며, 자세도 안정된 상태다. ILS가 만들어준 전파의 미끄럼틀을 타고 고도를 낮추고 있지만 여전히 하네다 공항의 활주로가 보이지 않는다. 이런 상황이라면 어디까지 내려가야 할까.

파일럿이 비행기에서 활주로나 진입등 등을 볼 수 있는 거리를 RVR(Runway Visual Range. 활주로 가시거리)이라고 하고, 착륙을 위해 하강해도 좋은 시계의 높이를 결심 고도라고 부른다. 결심 고도는 기압 고도계가 가리키는 '고도'(표고)가 아니라 전파 고도계가 가리키는 높이(수직 거리)다. ILS의 정밀도와 설비가 좋을수록 활주로가 잘 보이지 않아도 문제가 없으며, 하강할 수 있는 시계의 높이도 낮아진다.

가령 하네다 공항의 활주로 34L은 카테고리(CAT) I이므로 안개의 영향으로 550미터 앞이 보이지 않는 상태라면 진입과 착륙이 불가능하다. 그러나 오른쪽에 나란히 나 있는 활주로 34R은 카테고리 II여서 550미터 미만이어도 300미터 이상이라면 진입이 가능하며, 전파 고도계가 100피트(30미터) 이상에서 활주로가 보이면 착륙할 수 있다. 현재 일본에서 카테고리 III b가 적용된 구시로 공항과 나리타 공항, 주부 공항, 구마모토 공항 등에서는 활주로 가시거리가 50미터 이상이면 결심 고도를 설정하지 않고 자동 착륙으로 착륙할 수 있다(인천국제공항도 CAT III b다). 그 결과 시계 불량이 원인이 되어 취소되는 편이 감소했다. 참고로 활주로가 전혀 보이지 않는 상태에서도 착륙할 수 있는 카테고리 III c가 적용된 공항은 현재 없다.

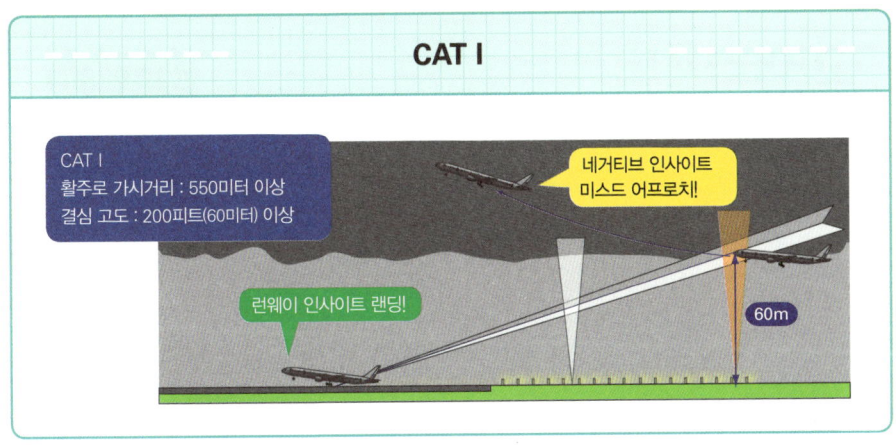

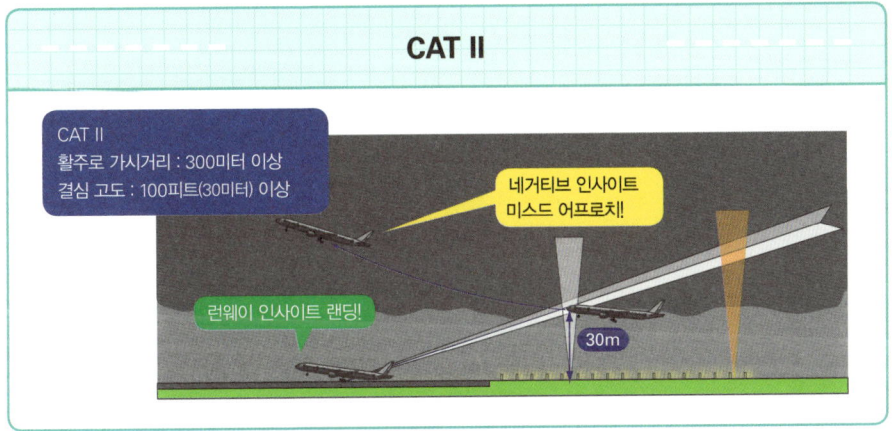

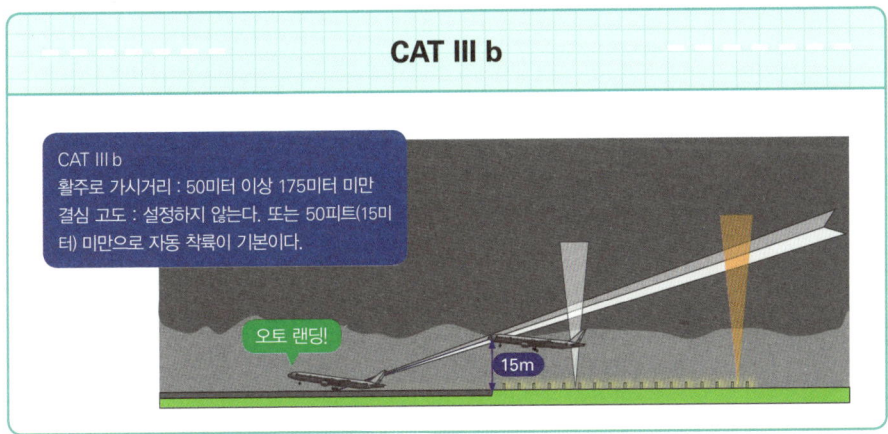

고 어라운드

착륙을 중단하고 상승한다

목적지 공항의 날씨가 너무 나쁜 경우가 있다. 이때 순항고도에서 하강하기 전 실시하는 랜딩 브리핑에서 착륙을 중단할 경우와 그 조작 절차, 방침 등을 면밀하게 확인한다. 착륙하기 위한 최저 기상 조건, 비행기의 고장 부위 유무, 조종을 담당하는 파일럿인 PF의 자격 확인 등도 포함된다. 아무리 카테고리 III b가 적용된 활주로라 해도 비행기 장비가 여기에 적합하지 않은 상태라면, 가령 와이퍼 하나라도 고장 났다면 카테고리 III b 착륙은 불가능하다. 또 파일럿도 카테고리 III b에 대응한 자격을 갖추고 있어야 한다. 이런 조건들을 모두 만족했을 때 비로소 카테고리 III b 착륙을 할 수 있다.

하네다 공항의 카테고리 II 활주로인 34R에 착륙을 시도했지만 30미터의 결심 고도에서 진입등과 활주로가 보이지 않는 상황을 생각해보자. 이런 상황이라면 착륙을 단념하고 엔진을 고 어라운드 추력으로 설정해 상승한 뒤, 정해진 진입 복행(Missed Approach) 비행 방식에 따라 공중대기에 들어간다.

공중대기를 하기 위한 예비 연료는 충분하지만, 파일럿이 도중의 항공로에서 항공교통관제센터에 쇼트커트(shortcut. 경유하지 않고 곧바로 비행해 거리를 줄이는 것)를 요청해 소비 연료를 줄인 것이 도움이 될 때도 있다.

날씨가 좋아져 착륙할 수 있다면 최선이지만, 좋아질 기미가 보이지 않을 때는 대체 공항으로 향하기도 한다. 그럴 경우 항공교통관제센터로부터 승인을 얻기까지 시간이 필요하기 때문에 그 시간 동안 대기할 연료도 생각해둬야 한다.

고 어라운드

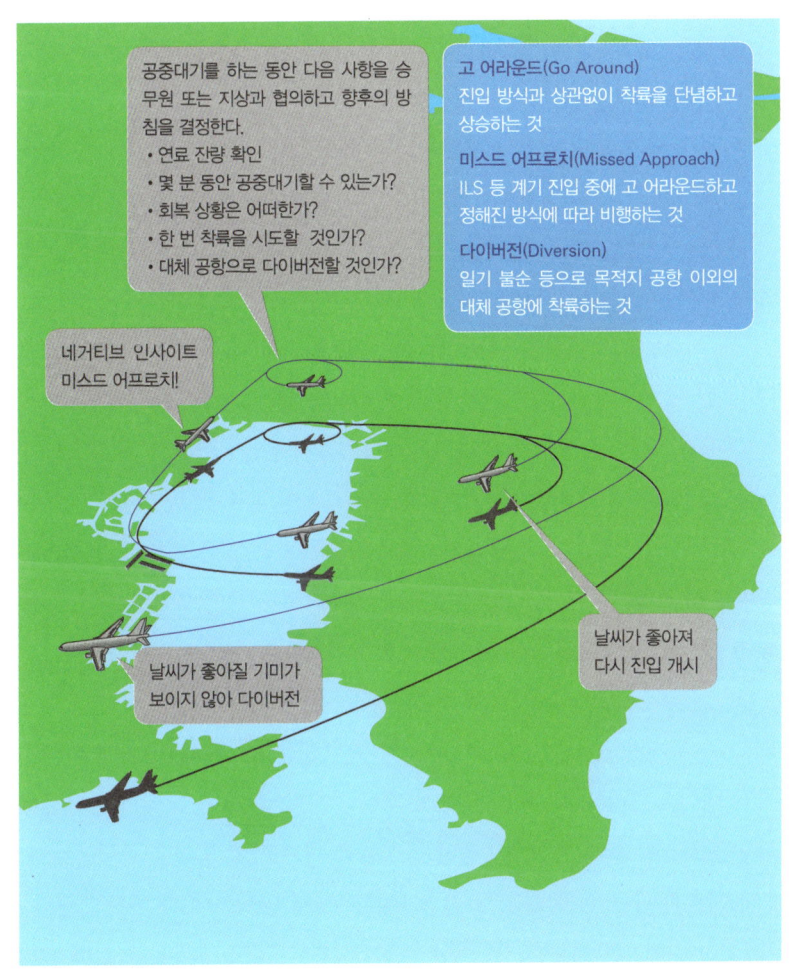

착륙 시의 '당김 조작'

접지 충격을 완화한다

 하네다 공항의 날씨가 좋아져 착륙할 수 있게 되었다. 착륙에 앞서 애초에 어디부터 어디까지를 착륙이라고 하는지 확인하자.

창공으로 향하는 최초의 단계인 이륙은 활주로에서 리프트오프해 플랩이 완전히 올라간 시점에 종료되었다. 그러나 비행의 최종 단계인 착륙은 플랩을 내리기 시작하는 시점부터 시작되는 것이 아니다. 플랩을 내리기 시작해서(정확히는 진입 시작점)부터 활주로의 말단까지를 진입(approach)이라고 하며, 활주로의 말단을 고도 50피트(15미터)로 통과해 완전히 정지하기까지를 착륙이라고 부른다.

기울기 3도의 경로를 하강하는 하강률, 즉 수직 방향의 속도는 시속 10킬로미터 전후(600~700피트/분)인데, 그 자세 그대로 접지하는 것은 아니다. 참고로 착륙 장치는 하강률 시속 11킬로미터(3미터/초, 600피트/분)로 착륙해도 충분히 견딜 수 있는 강도로 만들어졌다(이 경우 타고 있는 사람들이 견딜 수 있을지 어떨지는 알 수 없지만).

비행기는 무게가 200톤이 넘기 때문에 약간의 하강률이라 해도 그 에너지가 엄청나다. 따라서 가급적 하강률을 작게 해서 접지해야 한다. 그래서 당김 조작, 즉 기수를 2~3도 올리는 조작을 통해 하강률을 작게 하고 충격을 줄이면서 매끄럽게 접지한다. 이 조작은 비행경로를 3도에서 0도로 만드는데, 오른쪽 그림과 같이 비행기가 실에 매달려 진자처럼 원운동을 하는 것이라고 생각할 수 있다.

착륙이란?

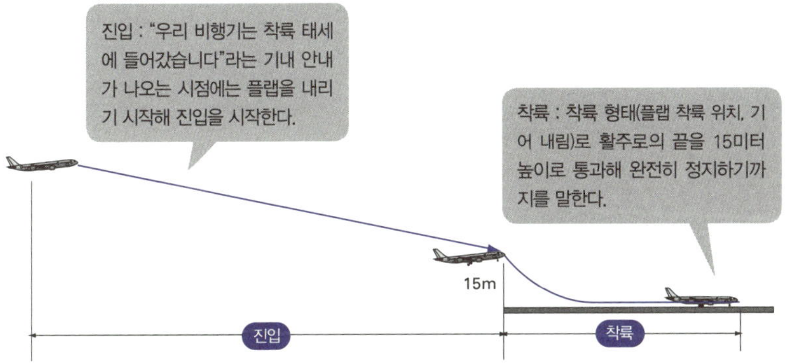

진입 : "우리 비행기는 착륙 태세에 들어갔습니다"라는 기내 안내가 나오는 시점에는 플랩을 내리기 시작해 진입을 시작한다.

착륙 : 착륙 형태(플랩 착륙 위치, 기어 내림)로 활주로의 끝을 15미터 높이로 통과해 완전히 정지하기까지를 말한다.

15m

진입 | 착륙

접지의 충격을 완화하는 '당김 조작'

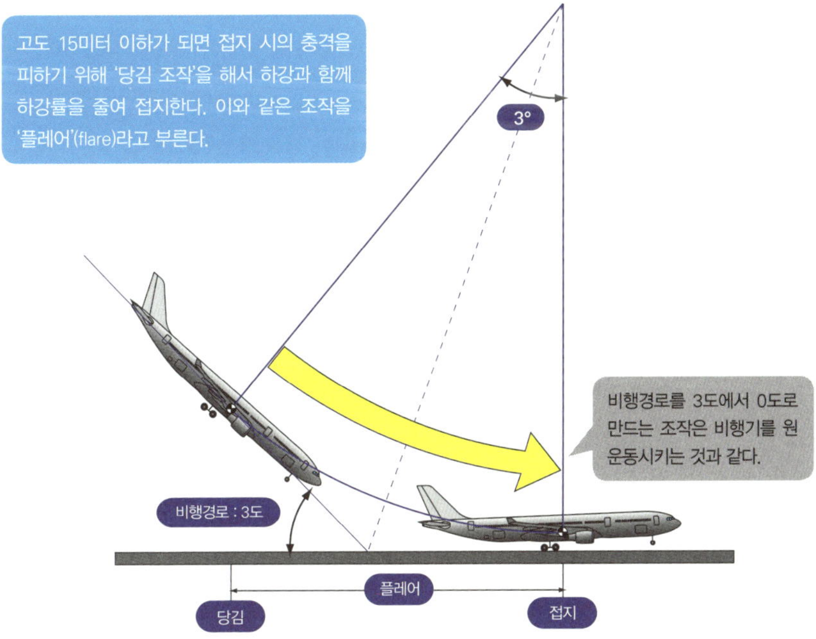

고도 15미터 이하가 되면 접지 시의 충격을 피하기 위해 '당김 조작'을 해서 하강과 함께 하강률을 줄여 접지한다. 이와 같은 조작을 '플레어'(flare)라고 부른다.

3°

비행경로를 3도에서 0도로 만드는 조작은 비행기를 원운동시키는 것과 같다.

비행경로 : 3도

플레어

당김 | 접지

V_{REF}(브이레프)란 무엇인가?

착륙할 때의 기준 속도

　　15미터(약 50피트)의 높이로 활주로의 말단을 통과할 때, 조종을 담당하지 않는 파일럿인 PM은 "스레숄드"라고 콜아웃을 한다. 스레숄드(threshold. 활주로 입구)를 통과할 때의 속도가 느릴수록 착륙에 필요한 거리는 짧아진다. 그러나 속도가 너무 느리면 실속할 위험성이 있으므로 실속할 우려가 없을 만큼 여유 있는 속도로 통과해야 한다.

　스레숄드를 통과하는 속도를 V_{REF}(브이레프. 착륙 기준 속도)라고 부르는데, 클래식 점보기 세대의 경우 실속 속도의 1.3배였다. 그러나 A330 같은 플라이 바이 와이어기 세대는 조작성이 좋은 것도 있어서 이보다 조금 더 느린 실속 속도의 1.23배 이상을 V_{REF}로 삼는다. 스레숄드를 통과해 플레어(당김 조작)를 하는 사이에 V_{REF}의 90퍼센트 정도까지 감속해 접지하는데, 그래도 실속 속도까지는 여유가 남는다. 참고로 어떤 비행기든 착륙할 때의 무게가 가벼우면 실속 속도도 느려지므로 V_{REF}도 함께 느려진다. 또 플랩을 내리기 시작하는 속도도 V_{REF}를 기준으로 삼는다.

　속도계에는 착륙 시 비행기의 무게를 기준으로 FMS가 산출한 V_{REF}와 실속 속도가 표시된다. 그러나 실제 비행에서는 V_{REF}에 딱 맞춰서 착륙하지는 않는다. 파일럿은 관제관으로부터 통보받은 활주로 위의 풍속 등을 고려해 반드시 V_{REF}에 플러스알파를 한 속도를 착륙 목표 속도로 삼는다. 그리고 랜딩 브리핑을 할 때 V_{REF}에 어느 정도를 더한 속도를 착륙 목표 속도로 삼을지 반드시 협의한다.

착륙할 때의 속도

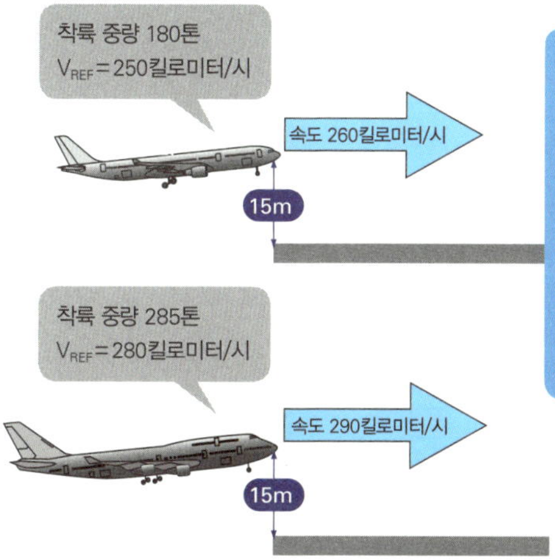
착륙 중량 180톤
V_{REF} = 250킬로미터/시
속도 260킬로미터/시
15m
착륙 중량 285톤
V_{REF} = 280킬로미터/시
속도 290킬로미터/시
15m

활주로를 통과하는 속도가 느릴수록 착륙 거리는 짧아진다. 그러나 너무 느리면 실속할 위험성이 있다. 그래서 실속할 우려가 없을 만큼 여유 있는 속도(1.23배 혹은 1.3배 이상)로 15미터 높이를 통과해 착륙하도록 정해져 있다. 실속할 우려가 없는 착륙 기준 속도를 V_{REF} 라고 부른다. 실제 비행에서는 V_{REF} + 10~30킬로미터/시의 속도로 활주로의 말단을 통과한다.

에어버스 A330의 속도계 표시

속도계에는 착륙 시 비행기의 무게를 바탕으로 산출된 착륙 기준 속도 V_{REF} 가 표시된다. 파일럿은 통보받은 풍속 등을 고려해 V_{REF} 에 플러스알파를 해서 목표 착륙 속도를 결정한다.

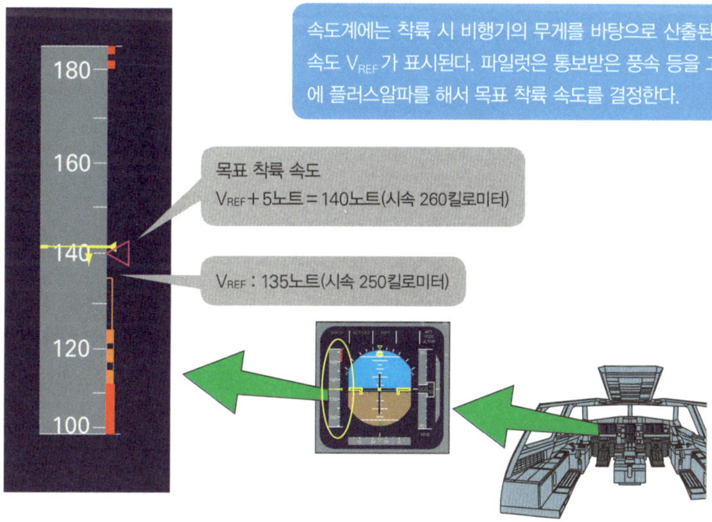
180
160
140
120
100
목표 착륙 속도
V_{REF} + 5노트 = 140노트(시속 260킬로미터)
V_{REF} : 135노트(시속 250킬로미터)

착륙에 필요한 거리는 얼마인가?

이륙과 마찬가지로 여유 있게 설정한다

착륙거리는 착륙면 위 15미터(50피트)의 높이부터 접지해서 완전히 정지할 때까지의 수평거리를 의미한다. 착륙면 위는 활주로를 효과적으로 사용하기 위한 활주로 말단인 스레숄드다. 참고로 여객기 등의 운송기가 이륙할 때 활주로 말단을 통과해야 하는 높이는 10.7미터(35피트)다.

한편 운송기 이외의 소형기는 이륙이나 착륙을 할 때 활주로 말단을 통과해야 하는 높이가 15미터(50피트)로 동일하다. 대형 운송기, 특히 제트 여객기는 이륙 성능이 그다지 좋지 않기 때문에 이륙할 때만 15미터의 70퍼센트인 10.7미터가 된 것이 아닌가 생각한다.

착륙거리를 잴 때 사용되는 제동 장치는 스포일러와 차륜 브레이크의 조합이며, 엔진 역분사는 사용하지 않는다. 엔진 고장이 발생했을 경우에 활주로 위를 직진하는 제어가 어려워지므로 사용할 수 없기 때문이다. 또 이륙할 때 실제 거리보다 넉넉한 거리를 필요 이륙거리로 삼는 것과 마찬가지로 착륙할 때도 실제 거리의 1.67배를 착륙에 필요한 거리로 한다.

그런데 착륙거리는 V_{REF}의 속도뿐만 아니라 활주로의 노면 상태에 따라 크게 달라진다. 가령 비 때문에 활주로가 젖은 상태라면 정지하는 데 필요한 거리가 평소보다 길어진다. 그리고 눈이 쌓였다면 더 긴 거리가 필요하다. 착륙에 필요한 거리가 활주로보다 길어지는 경우라면 착륙 중량이 제한될 때도 있다.

착륙에 필요한 거리

$$\text{착륙에 필요한 거리} = \frac{\text{실제 착륙거리}}{0.6}$$

착륙에 필요한 거리는 실제 착륙거리를 0.6으로 나눈 값, 다시 말해 1.67배한 거리다. 이 예에서는 카탈로그상의 착륙거리를 924미터가 아니라 1,540미터로 삼아야 한다.

착륙거리와 활주로의 상태

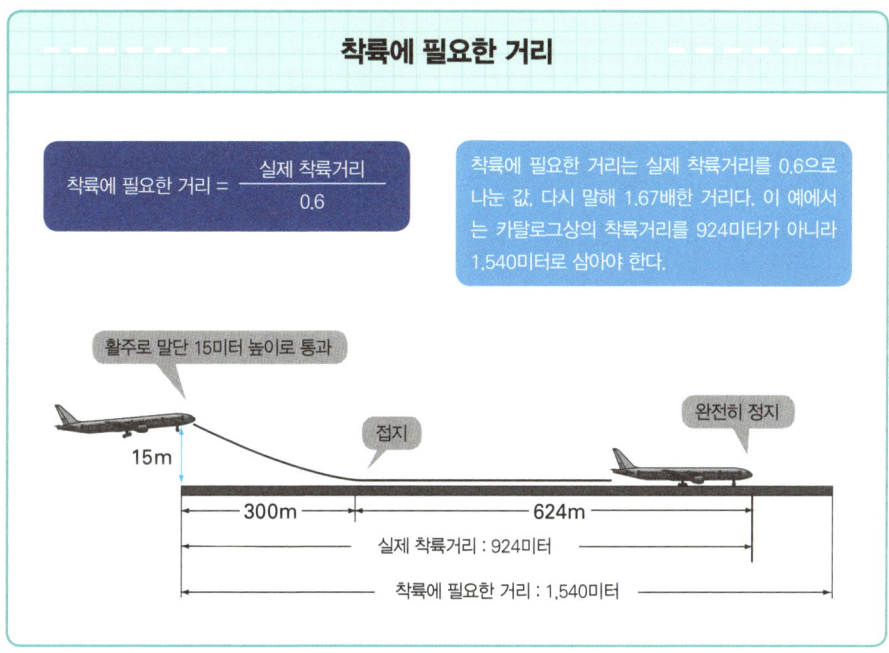

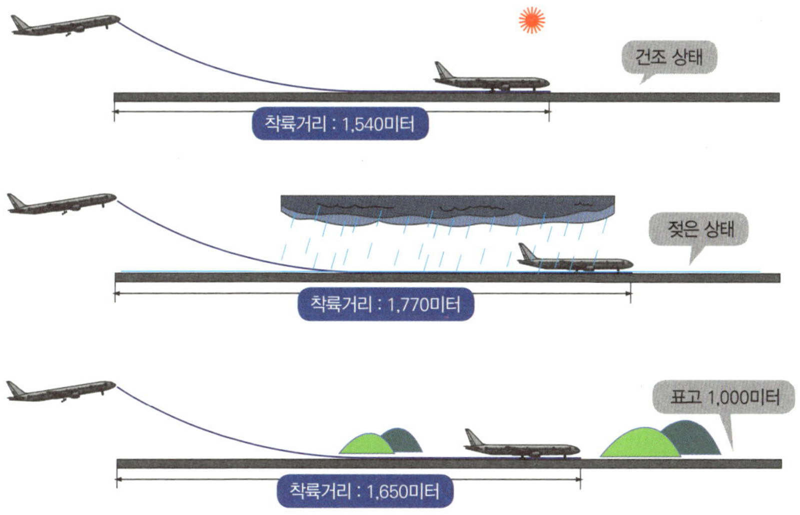

오토 랜딩

자동 착륙은 어떤 원리일까?

 하네다 공항의 날씨가 좋아졌다고는 하지만 아직 시계가 나빠 카테고리 II에 겨우 걸치는 정도이기 때문에 오토 랜딩(Auto Landing)을 했다. 오토 랜딩은 ILS 수신 장치와 오토파일럿(자동 조종 장치), 오토 스러스트 시스템(자동 추력 제어 장치), 전파 고도계 등의 장치를 통해 다음 기능을 수행한다.

- 신입 중에는 활주로를 향해 자동 유도
- 접지 직전에는 하강률을 줄이기 위해 자동 당김 조작
- 엔진 추력을 아이들까지 자동으로 낮춤
- 접지 후에는 활주로 중심선 위를 자동 주행

먼저, 활주로 진입 중에 로컬라이저의 전파를 포착해 자동으로 활주로 중심선을 향해 기체가 유도된다. 그 후 글라이드 슬로프의 전파를 포착하면 경로를 따라 자동으로 하강을 개시하며, 그대로 진입을 계속해 높이 460미터가 되면 플레어(당김 조작)와 롤 아웃(지상 주행) 기능의 준비가 완료된다. 이때 파일럿은 "플레어 암"이라고 콜아웃한다. 높이 15미터 전후가 되면 자동으로 당김 조작을 시작하며, 엔진 추력도 아이들까지 자동으로 내려간다. 그리고 활주로에 접지하면 자동으로 활주로 중심선을 유지하면서 주행한다. 참고로 오토 랜딩은 반드시 날씨가 나쁠 때만 활약하는 기능이 아니다. 화산재로 앞 유리에 실금이 생겨 조종석에서 외부가 잘 보이지 않는 상태에서 자동 착륙 기능을 이용해 안전하게 착륙한 사례가 있다.

오토 랜딩을 하기까지

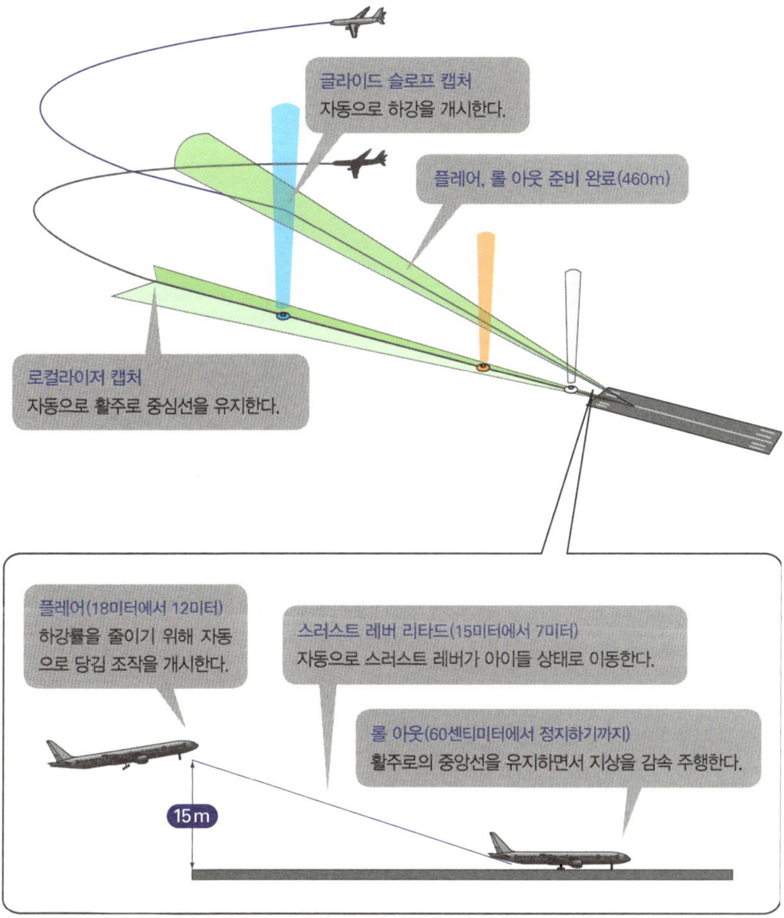

글라이드 슬로프 캡처
자동으로 하강을 개시한다.

플레어, 롤 아웃 준비 완료(460m)

로컬라이저 캡처
자동으로 활주로 중심선을 유지한다.

플레어(18미터에서 12미터)
하강률을 줄이기 위해 자동으로 당김 조작을 개시한다.

스러스트 레버 리타드(15미터에서 7미터)
자동으로 스러스트 레버가 아이들 상태로 이동한다.

롤 아웃(60센티미터에서 정지하기까지)
활주로의 중앙선을 유지하면서 지상을 감속 주행한다.

15m

각종 감속 장치의 역할은?

스포일러, 차륜 브레이크, 역분사

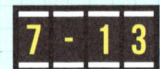

접지를 하면 먼저 스피드 브레이크 레버가 자동으로 작동해 일제히 모든 스포일러가 일어선다. 접지 직후 아직 기체가 고속인 단계에서 스포일러를 작동시키는 목적은 공기저항을 늘리는 데 있지만, 주목적은 양력을 감소시켜 비행기 무게를 타이어에 싣는 것이다. 이렇게 하면 활주로와의 마찰이 커져 차륜 브레이크의 효과가 높아진다. 예컨대 보잉747은 차륜 브레이크만을 사용했을 때 착륙거리가 1,540미터인데, 스포일러와 브레이크를 조합하면 착륙거리가 1,180미터로 360미터나 줄어든다.

차륜 브레이크는 접지 후 타이어의 회전을 감지하면 미리 설정된 감속률에 따라 자동으로 작동하게 되어 있다. 타이어가 회전하기 전에 브레이크가 작동하면 펑크가 날 우려가 있기 때문에 공중에서는 브레이크가 작동하지 않는 보호 기능이 있다. 또한 러더 페달의 상부를 발로 밟으면 자동 브레이크가 해제되어 페달로 브레이크를 작동시킬 수 있다.

파일럿이 유일하게 수동으로 작동시키는 감속 장치는 스러스트 리버서(Thrust Reverser)라고 부르는 엔진 역분사 장치다. 역분사 장치는 활주로 노면과 닿지 않는 제동 장치여서 특히 활주로 노면이 미끄러운 상태일 때 제동 효과를 크게 발휘한다. 그러나 엔진이 고장 났을 때는 좌우 제동력이 비대칭을 이루어 활주로 위에서 직진 제어를 할 때 문제를 일으키기 때문에 사용하지 않는다. 같은 이유에서 4발 엔진기인 A380에는 안쪽의 두 엔진에만 역분사 장치가 장비되어 있다.

참고로 에어버스기와 보잉기 모두 레버의 위치와 명칭에 다소 차이는 있지만 제어 장치의 종류와 작동은 완전히 똑같다.

A330의 지상 브레이크

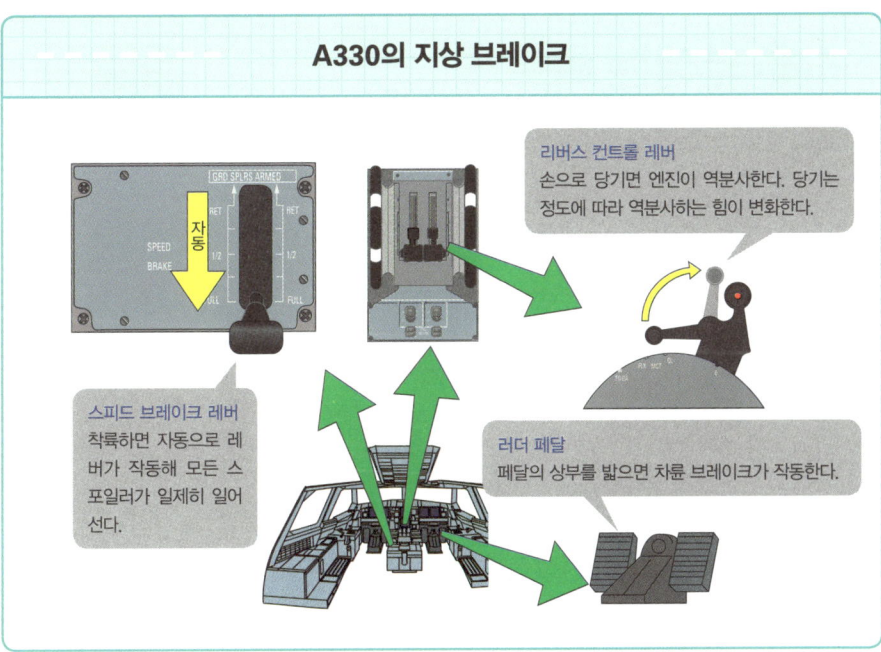

GRD SPLRS ARMED
RET
SPEED
BRAKE
1/2
FULL
자동
리버스 컨트롤 레버
손으로 당기면 엔진이 역분사한다. 당기는 정도에 따라 역분사하는 힘이 변화한다.
스피드 브레이크 레버
착륙하면 자동으로 레버가 작동해 모든 스포일러가 일제히 일어선다.
러더 페달
페달의 상부를 밟으면 차륜 브레이크가 작동한다.

보잉777의 지상 브레이크

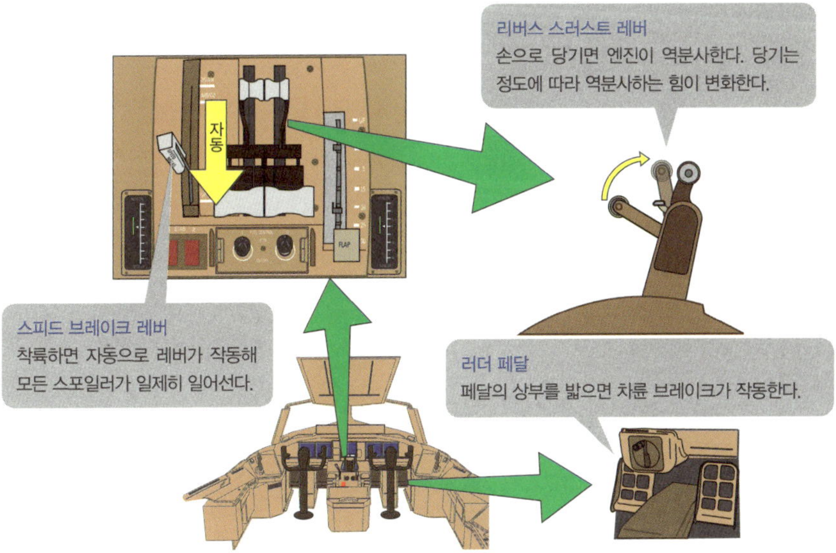

리버스 스러스트 레버
손으로 당기면 엔진이 역분사한다. 당기는 정도에 따라 역분사하는 힘이 변화한다.
자동
FLAP
스피드 브레이크 레버
착륙하면 자동으로 레버가 작동해 모든 스포일러가 일제히 일어선다.
러더 페달
페달의 상부를 밟으면 차륜 브레이크가 작동한다.

착륙 후에는 빠르게 활주로를 벗어난다

신속하게 터미널로 이동한다

활주로에 접지해 저속이 되면 먼저 엔진 역분사 레버를 푼다. 저속에서 엔진 역분사를 계속하면 역분사한 가스를 다시 엔진이 빨아들여 엔진 서지(Engine Surge. 엔진 속에서 공기가 원활히 흐르지 않아 파동을 일으키는 현상)를 일으킬 위험성이 있기 때문이다. 또한 소음을 경감하기 위해서 역분사를 전혀 사용하지 않거나, 리버스 아이들(Reverse Idle. 거의 소음 없이 엔진의 추력을 제로로 만드는 위치)만 사용하는 경우도 있다.

착륙 후에는 후속기를 위해 신속하게 활주로에서 벗어날 필요가 있다. 그래서 유도로(활주로 이탈 유도로)는 고속으로도 주행할 수 있도록 완만한 곡선을 그린다. 활주로에서 벗어나 유도로에 들어서면 스피드 브레이크 레버를 원래 위치로 되돌리고 플랩을 올린다. 그리고 시속 30킬로미터 전후로 지상을 활주해 터미널의 목표 게이트로 향한다.

게이트로 주행하는 도중에 APU를 가동시켜 전원과 에어컨에 쓸 압축 공기를 확보한다. 착륙 공항의 지상 설비에 전원 장치나 에어컨 장치가 있다면 소음과 배기가스 등 환경을 고려해 APU를 가동하지 않는다. 그래서 게이트에 들어가도 외부 전원이 연결될 때까지 오른쪽 엔진을 돌려 전원을 확보한다. 비행기가 완전히 정지했는데도 잠시 동안 엔진 소리가 들리는 것은 이 때문이다. 그동안 파일럿은 자동차의 사이드 브레이크와 같은 기능을 하는 파킹 브레이크를 세팅한다. 그리고 외부 전원이 들어오면 엔진을 멈춰 비행을 종료한다.

터미널 진입

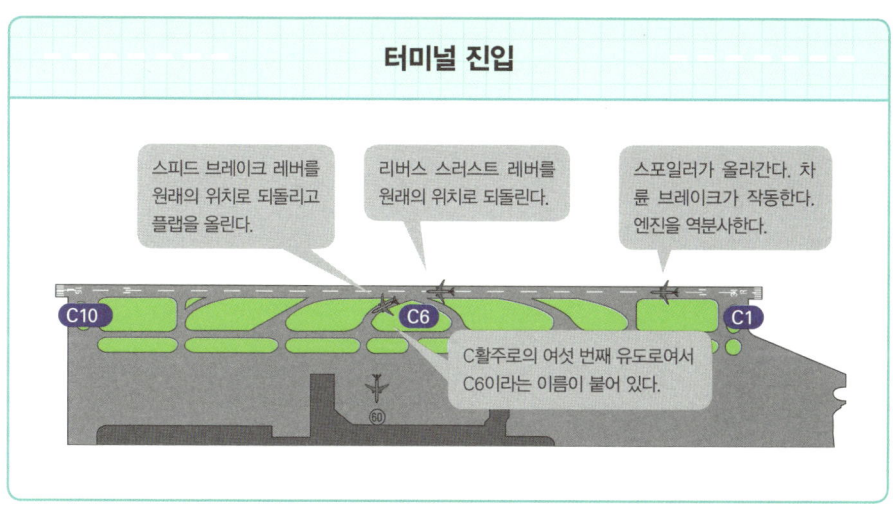

스피드 브레이크 레버를 원래의 위치로 되돌리고 플랩을 올린다.

리버스 스러스트 레버를 원래의 위치로 되돌린다.

스포일러가 올라간다. 차륜 브레이크가 작동한다. 엔진을 역분사한다.

C활주로의 여섯 번째 유도로여서 C6이라는 이름이 붙어 있다.

파킹 브레이크를 세팅

A330의 파킹 브레이크 레버를 당기면서 돌려 세팅한다.

러더 페달을 밟으면서 파킹 브레이크 레버를 당기면 브레이크가 작동한다.

스피드 브레이크 레버를 원래 위치로 되돌린다.

리버스 스러스트 레버를 원래 위치로 되돌린다.

플랩을 완전히 올린다.

외부 전원이 연결될 때까지 오른쪽 엔진의 발전기로 비행기에 전원을 공급한다.

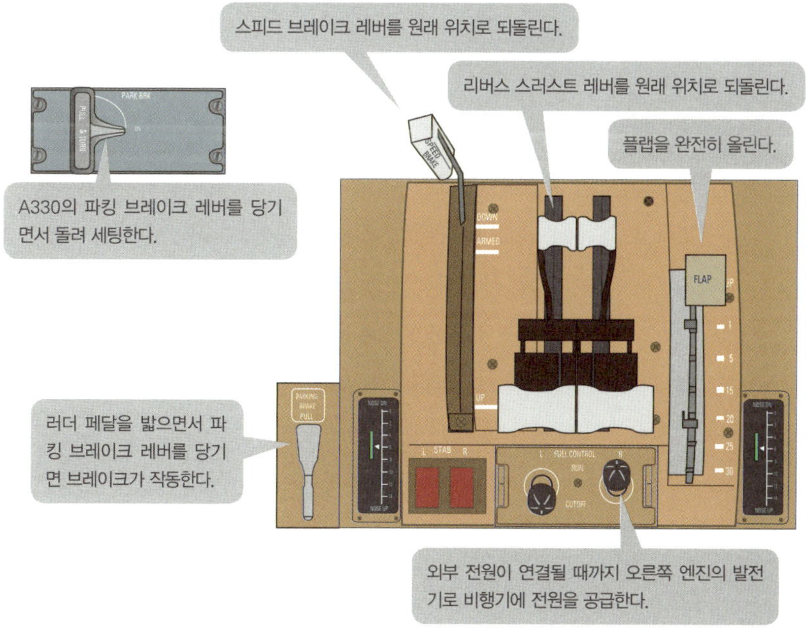

비행 선배들과의 조우

해변이나 산간에 있는 공항 주변에는 새나 곤충 등 먼 옛날부터 하늘을 날았던 선배들이 살고 있다. 이들과 잘 공존할 수 있다면 좋겠지만, 때로는 이착륙을 할 때 충돌하기도 한다.

제트 엔진의 숙명이지만, 공기 흡입구가 큰 탓에 공기 이외의 이물질을 빨아들여 손상(FOD : Foreign Object Damage)을 입을 때가 있다. 이물질 중에서 가장 큰 것이 새다. 엔진은 대량의 공기를 빨아들이므로 근처를 날던 새가 눗하지 않게 빨려 들어가는 것이다. 엔진에 새가 빨려 들어가면 팬 날개가 휘어지거나 파손된다. 그러면 엔진에 큰 진동이 발생하며, 최악의 경우 엔진이 정지할 때도 있다. 또한 엔진 중심에 들어가면 배기가스 온도가 상승하거나 기내에 이상한 냄새가 나는 경우도 있다.

새와 충돌하는 부위는 40퍼센트가 엔진, 40퍼센트가 기수 부근, 20퍼센트가 날개와 랜딩 기어 등인데, 엔진 이외에는 충돌한 흔적이 생기는 정도일 뿐 피해는 없다. 그러나 앞 유리에 충돌했을 경우는 시야를 방해할 때도 있다. 이와 마찬가지로 곤충 무리와 충돌해도 앞 유리에 많은 흔적을 남긴다. 이 경우 공중에서는 제거하기가 어려우며 지상에서 닦아내야 한다. 또 생물은 아니지만 화산재의 영향으로 앞 유리에 실금이 생겨 반투명 유리처럼 되어버린 사례도 있다.

Chapter 8

긴급사태에 대처하는 파일럿의 자세
Emergency

이 장에서는 태평양 한가운데에서 엔진 고장 같은 긴급사태가 발생했을 경우, 파일럿은 어떻게 그 사태를 알리는지, 또 어떤 조작을 해야 하는지 등을 알아본다.

운용 한계란 무엇인가?

허용되는 한계 내에서 비행한다

파일럿은 자신이 타는 비행기의 운용 한계를 숙지하고 있어야 한다. 운용 한계란 파일럿이 특정한 기준을 넘어선 조작이나 운용을 해서는 안 된다고 정한 한도다. 최대 이륙 중량이나 무게중심 위치의 한계, 운용 속도 한계, 플랩이나 기어 조작의 한계 속도 등이 있으며 엔진과 각 장치에도 각각의 운용 한계가 있다. 업계에서는 리미테이션(limitation)이라고 부르며, 파일럿이 반드시 암기해야 하는 수많은 항목 중 하나다. 그 암기 필수 항목 중 대표적인 것을 확인해 보자.

예를 들어 하네다 공항에서는 초봄처럼 강풍이 부는 계절이 되면 이착륙을 할 때 옆바람 문제가 발생한다. 맞바람에는 제한이 없지만 옆바람이나 순풍에는 제한이 있기 때문이다. 제한을 넘어서는 순풍이 불 경우, 활주로의 반대쪽에서 이륙하면 문제가 없다. 그러나 옆바람의 경우는 그럴 수가 없다. 오른쪽 그림과 같이 옆바람의 세기는 활주로의 방향과 불어오는 바람의 방위를 바탕으로 산출되는데, 그 제한값은 풍속 16~19미터/초로 비행기에 따라 다르다. 또 활주로에 눈이 쌓여 미끄럽다면 옆바람이 풍속 5미터/초 정도여도 이륙이 금지될 수 있다.

다음은 엔진이다. 제트 엔진의 터빈은 항상 고온 가스를 맞으며 고속으로 회전한다. 터빈에 부는 가스 온도에 따라 엔진 수명이 결정되므로 그 온도를 관리해야 하는데, 이곳은 섭씨 1,300도가 넘기 때문에 온도계를 설치할 수가 없다. 그래서 터빈 출구의 배기가스 온도(EGT)로 관리하며, 엔진 스타트를 할 때부터 착륙할 때까지 한도가 엄격하게 설정되어 있다.

옆바람 제한

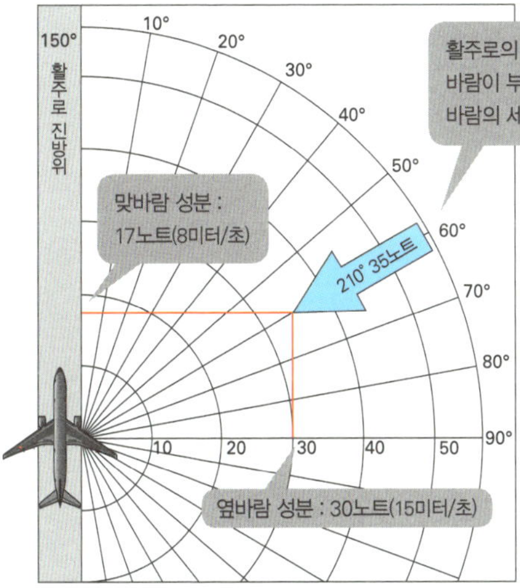
150°
활주로 진방위
10°
20°
30°
40°
50°
60°
70°
80°
90°
10
20
30
40
50
활주로의 방위 : 150˚
바람이 부는 방위 : 210˚
바람의 세기 : 35노트(18미터/초)
맞바람 성분 :
17노트(8미터/초)
210˚ 35노트
옆바람 성분 : 30노트(15미터/초)

최대 옆바람 운용 한계의 예

활주로 상태	최대 옆바람 제한
건조함	35노트(18미터/초)
젖었음	25노트(12미터/초)
미끄러움	10노트(5미터/초)

미끄러운 상태일 경우, 실제로는 브레이크의 제동 상태(braking action)에 따라 옆바람 제한이 4단계로 설정되어 있다.

배기가스 온도 제한

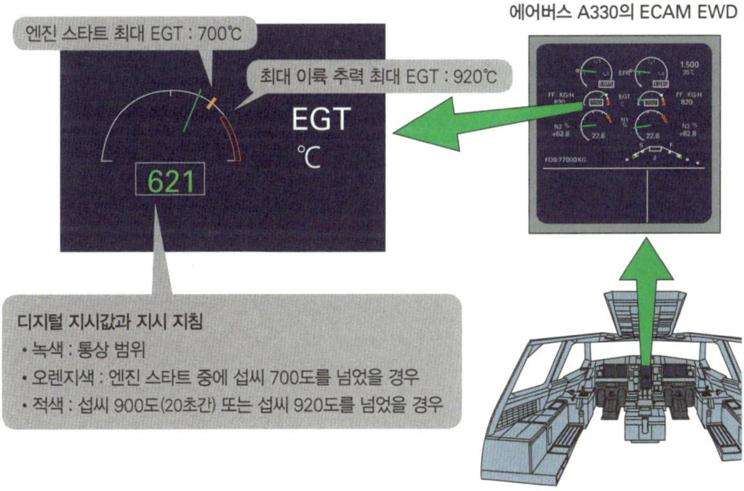
엔진 스타트 최대 EGT : 700℃
최대 이륙 추력 최대 EGT : 920℃
EGT
℃
621
에어버스 A330의 ECAM EWD
디지털 지시값과 지시 지침
• 녹색 : 통상 범위
• 오렌지색 : 엔진 스타트 중에 섭씨 700도를 넘었을 경우
• 적색 : 섭씨 900도(20초간) 또는 섭씨 920도를 넘었을 경우

무엇이 엔진 스타트를 중지시키는가?

과열이나 회전 부족

✈ 여기에서는 엔진 스타트를 중지해야 하는 대표적인 예를 살펴보자. **핫 스타트**(Hot Start)는 배기가스 온도(EGT)가 급상승해 제한을 넘어서는 현상이다. 스타트 중에는 엔진 내부를 냉각하기 위한 공기량도 적기 때문에 과열이 터빈에 커다란 손상을 입힐 우려가 있다. 그래서 EGT 제한 온도도 낮게 설정되어 있다.

웨트 스타트(Wet Start)는 연료를 흘려보내도 규정 시간 안에 점화되지 않는 상태를 말한다. 가스풍로를 점화할 때는 '따다닥' 하고 불꽃이 튄 다음에 가스가 흐르도록 되어 있다. 순서가 반대이면 위험하기 때문이다. 이와 마찬가지로 연료가 흐른 뒤에 점화 플러그(이그나이터)가 작동하면 위험하므로 이런 상황이라면 즉시 스타트를 중지해야 한다. 점화 플러그의 불량이 원인이다.

헝 스타트(Hung Start)는 엔진 회전이 평소보다 느리게 상승하는 현상이다. 엔진 속을 흐르는 공기량이 줄어들어 배기가스 온도의 급상승을 동반하는 경우도 있다. 원인으로는 스타터가 도중에 엔진으로부터 떨어져버렸을 경우나 스타터의 힘이 부족한 경우, 혹은 연료 유량이 너무 적은 경우를 생각해볼 수 있다. 또 강한 순풍을 받으며 스타트할 때도 문제가 발생할 수 있으므로 바람을 정면으로 맞으면서 스타트를 개시하는 편이 무난하다.

스타트 중에 이상이 발생하면 전자 엔진 제어 장치가 자동으로 연료 공급을 멈추고 스타트를 중지한다. 그러나 스타터는 즉시 정지시키지 않고 엔진을 30초 정도 공회전시켜 남은 연료를 배기구에서 배출한 다음 정지시킨다.

엔진 스타트를 중지할 때

엔진 스타트를 중지해야 하는 현상

명칭	현상	원인
핫 스타트	배기가스가 급상승해 제한치를 초과한다.	· 스타터의 힘 부족 · 너무 많은 연료의 유량 · 강한 순풍
웨트 스타트	연료를 유입한 뒤 정해진 시간 안에 점화되지 않는다.	· 점화 플러그(이그나이터)의 불량
헝 스타트	평소보다 회전이 느리게 증가한다. 배기가스 온도의 급상승을 동반할 때도 있다.	· 스타터의 힘 부족 · 너무 적은 연료의 유량 · 강한 순풍

기타 현상 : 회전하지 않는 팬, 엔진 스톨(Engine Stall. 커다란 소리와 진동이 발생하는 것으로 불규칙한 공기 유입 등이 원인), 엔진에서 이탈하지 않는 스타터, 토칭(torching. 엔진 배기구에서 화염이 나오는 현상으로 배기구에 연료가 남아 있었던 것이 원인) 등이 있다.

엔진 스타트 중지

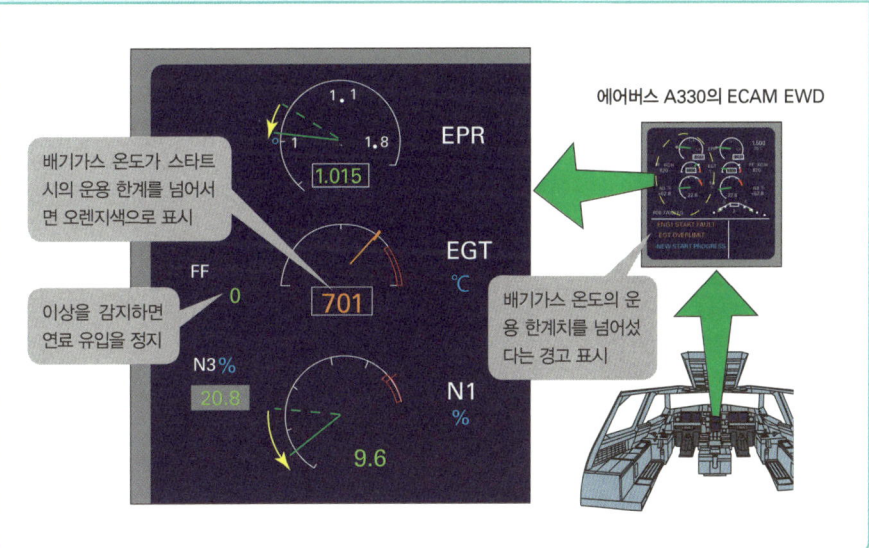

이륙 중지(RTO)를 할 때도 있다

어떤 경우에 이륙을 중지할까?

✈ 이륙을 중지할지 계속할지를 판단하는 속도가 이륙 결정 속도 V_1이었다. 이륙을 중지하는 것을 RTO(Rejected Takeoff)라고 부르는데, 오른쪽 그림처럼 V_1에 가까워질수록 RTO가 일어날 위험도 높아진다. 그래서 테이크오프 브리핑을 할 때 RTO와 관련된 사항을 반드시 확인한다. 여객기가 V_1에 도달하기 전에 다음 세 가지 상황이 발생하면 RTO하고, 그 외에는 이륙한다는 내용을 브리핑에서 다룬다. 첫째 추력의 급감소를 동반하는 엔진 고장, 둘째 엔진의 화재나 극심한 손상(Severe Damage), 셋째 이륙 경보 장치의 작동을 유심히 살핀다.

엔진 추력의 급감소가 발생했을 경우, V_1 이전이라면 남은 엔진으로 가속을 하더라도 활주로 내에서 리프트오프가 불가능하다고 생각할 수 있다. 그러므로 즉시 스러스트 레버를 아이들로 내려 이륙을 중지한다.

V_1 이전에 엔진 화재가 발생했을 경우, 활주로 위에서 정지하면 불을 끄지 못하더라도 긴급 탈출이 가능하다. 그러니 당연히 이륙을 중지해야 한다. 이륙 경보 장치가 작동했다는 것은 플랩이나 수평꼬리날개 등에 문제가 발생했음을 의미한다. 이럴 때 이륙을 속행하면 위험한 상태가 되니 반드시 이륙을 중지한다.

이상과 같이 V_1 이전이라고 해서 무조건 이륙을 중지하는 것은 아니다. 가령 유압 브레이크 관련 고장이 일어났을 때 이륙을 중지하면 기체가 정지하지 못할 위험이 있다. 그럴 때는 일단 이륙해서 천천히 조치를 취한 다음 착륙하는 편이 안전하다. 이와 같이 V_1에 가까운 속도일 때는 일반적으로 이륙을 속행하는 편이 안전하다.

이륙 중지의 위험성

이륙을 중지하는 속도가 빠를수록 위험도 높아진다. 그래서 V_1에 가까운 속도에서는 일반적으로 이륙을 중지하기보다 이륙을 속행하는 편이 안전하다.

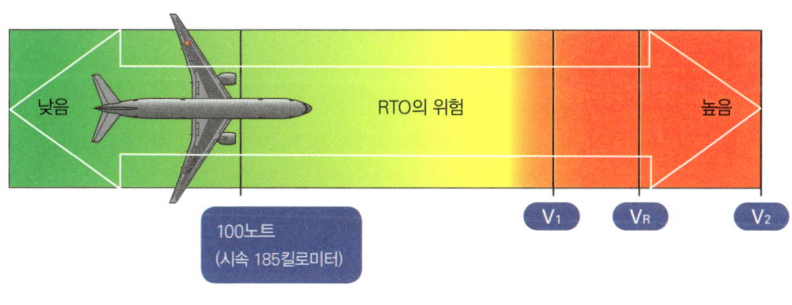

이륙 중지 준비

이륙하기 전에 자동 브레이크를 세팅하는데, 어떤 기종이든 브레이크가 최대로 작동하게 되어 있다. 또 스피드 브레이크도 자동으로 작동한다.

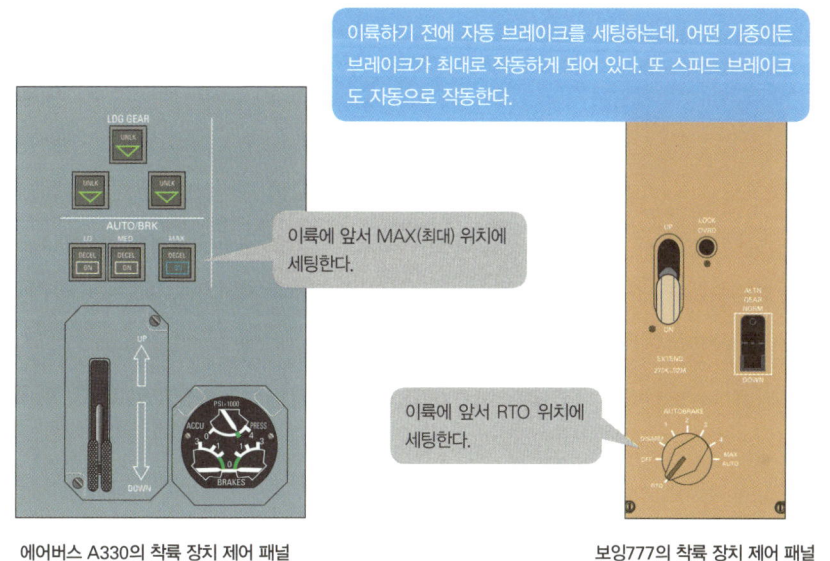

이륙에 앞서 MAX(최대) 위치에 세팅한다.

이륙에 앞서 RTO 위치에 세팅한다.

에어버스 A330의 착륙 장치 제어 패널   보잉777의 착륙 장치 제어 패널

V₁에서 이륙을 속행할 경우

플랩을 올려 이륙을 종료한다

이륙 중에 엔진 계기를 감시하는 것은 주로 조종을 담당하지 않는 파일럿인 PM의 임무다. PM은 엔진 고장을 발견하면 "엔진 페일(엔진 고장)"이라고 콜아웃을 한다. 어떤 엔진이 고장 났는지는 콜아웃하지 않는다. 조종을 담당하는 파일럿인 PF에게 불필요한 선입견을 주지 않기 위해서다. 또 이륙 중에는 파일럿에게 불필요한 부담을 주지 않도록 엔진 고장 등 중대한 사태가 일어났을 때만 경고 장치가 작동한다.

참고로 이륙을 중지할지 속행할지 결정하는 사람은 그 비행의 지휘권을 가진 기장(PIC)이다. 그래서 부조종사가 PF일 경우, 기장은 PM이라 해도 이륙 중지 결정에 대비해 V₁까지는 스러스트 레버에 손을 올려놓는다.

V₁에서 이륙 속행을 결정했을 경우 나머지 엔진(쌍발 엔진기라면 남은 엔진 하나)으로 안전하게 리프트오프, 가속, 상승할 수 있어야 한다. 그리고 플랩이 완전히 올라가면 드디어 이륙 추력의 역할이 끝나고 최대 연속 추력(MCT)으로 이행되며, 비행고도 1,500피트(약 460미터)에 이르면 이륙 종료가 된다. 그사이에 최소한 지켜야 하는 상승 각도는 오른쪽 그림과 같이 비행기별로 정해져 있다.

이륙 종료 후에는 테이크오프 브리핑에서 결정한 방침에 따라 비행하는데, 엔진 고장의 원인이 연료 공급의 일시적 정지 등에 따른 플레임아웃(flameout. 연소실 내의 화염이 갑자기 꺼지는 현상)으로 추정될 경우, 정지한 엔진을 재시동하기도 한다.

엔진이 고장 났을 때의 이륙

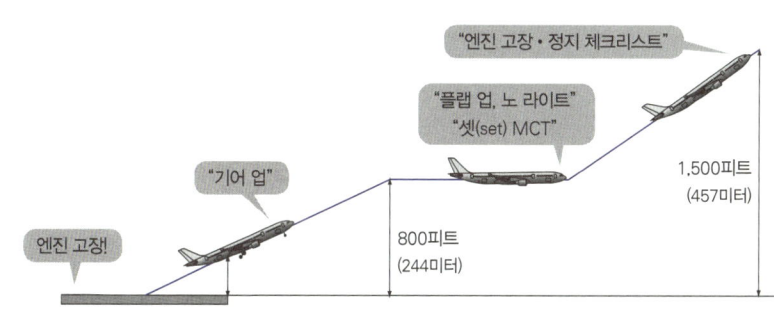

		제1단계	제2단계	제3단계	최종 단계
착륙 장치		내림	올림	올림	올림
플랩		이륙 위치	이륙 위치	이륙 위치→올림	올림
추력		이륙 추력	이륙 추력	이륙 추력	최대 연속 추력(MCT)
요구 기울기	쌍발 엔진기	정(正)	2.4%	정(正)	1.2%
	3발기	0.3%	2.7%	정(正)	1.5%
	4발기	0.5%	3.0%	정(正)	1.7%

엔진의 재시동

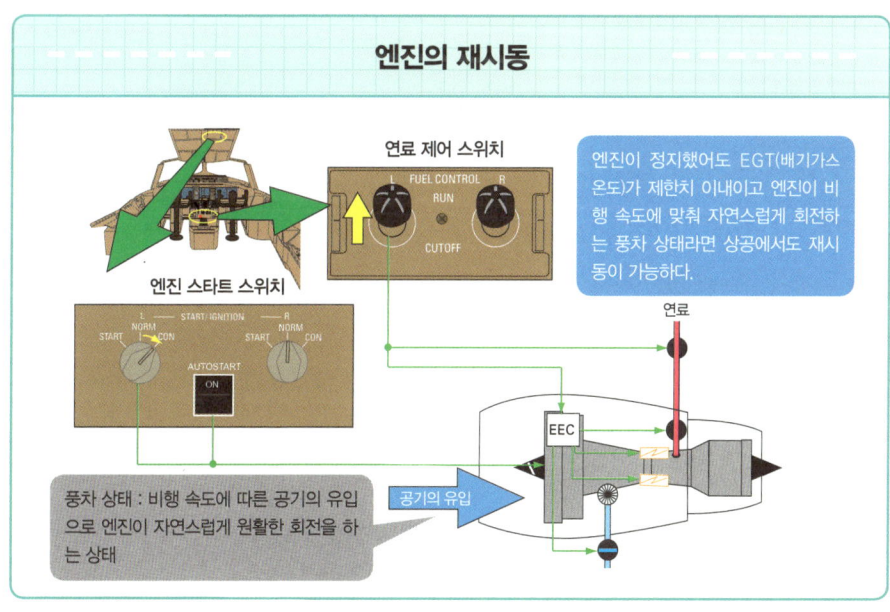

연료 방출 방법

기체를 가볍게 한 다음 착륙한다

어떤 이유(비행기 고장이나 위급한 환자의 발생 등)로 출발 공항으로 되돌아갈 경우, 국내선이라면 이륙했을 때의 무게로 착륙이 가능하다. 그러나 국제선이라면 이륙했을 때의 무게로 착륙이 불가능할 때가 있다. 특히 원거리 국제선처럼 탑재 연료가 많을 경우, 이륙했을 때의 무게가 매우 무거워서 착륙할 수 있는 최대 무게와 큰 차이가 난다.

보잉777-300ER을 예로 들어보자. 최대 이륙 중량은 352톤인 데 비해 최대 착륙 중량은 252톤이므로 그 차이가 무려 100톤이나 된다. 따라서 이륙 중량 352톤으로 이륙했는데 어떤 사정이 생겨 바로 기수를 돌려야 한다면 100톤을 감량해 중량을 착륙할 수 있는 최대 무게인 252톤으로 맞춰야 한다.

비행기가 공중에서 감량할 유일한 방법은 연료를 방출하는 것이다. 연료 탱크 속에 있는 펌프로 날개 끝에서 연료를 방출하는데, 매분 약 0.5톤의 연료를 배출할 수 있는 펌프를 네 개 작동시키면 연료 100톤을 방출하는 데 50분이 필요하다. 그러는 사이에 엔진이 소비하는 연료도 있으므로 실제 소요 시간은 이보다 더 줄어든다. 또한 연료 방출은 확실히 그 공항에 착륙할 수 있다고 판단될 때 들판이나 바다 위에서 실시한다.

사실 최대 착륙 중량보다 무거운 상태로 착륙해도 비행기체의 강도상 큰 문제는 없다. 다만 착륙하는 무게를 최대한 줄이는 편이 위험을 낮출 수 있다. 이륙 후에 복수의 타이어가 펑크가 났을 경우 비행기는 최대한 가벼운 상태, 극단적으로 말하면 연료를 거의 남기지 않은 상태로 착륙하는 편이 화재 발생 같은 사고 위험을 줄일 수 있다.

연료를 방출하는 장소

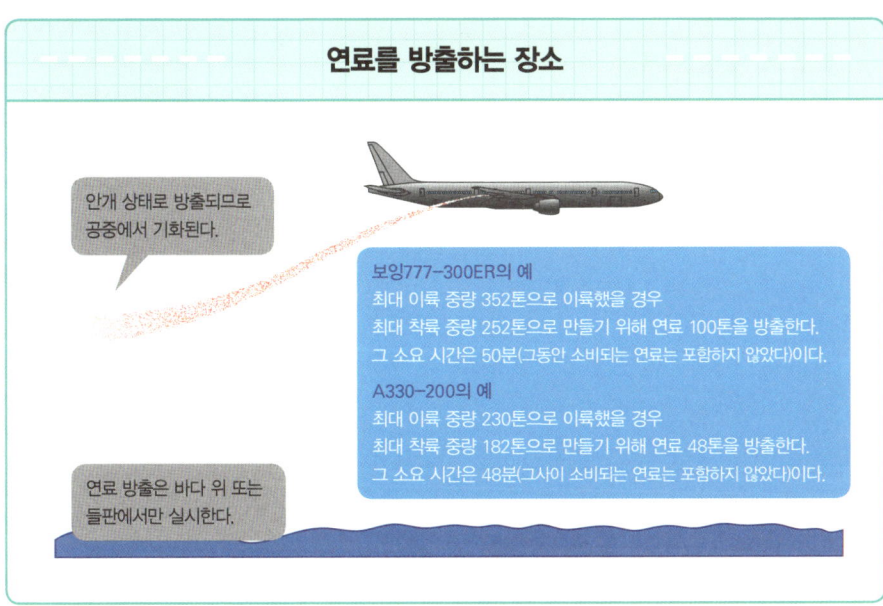

안개 상태로 방출되므로 공중에서 기화된다.
연료 방출은 바다 위 또는 들판에서만 실시한다.

보잉777-300ER의 예
최대 이륙 중량 352톤으로 이륙했을 경우
최대 착륙 중량 252톤으로 만들기 위해 연료 100톤을 방출한다.
그 소요 시간은 50분(그동안 소비되는 연료는 포함하지 않았다)이다.

A330-200의 예
최대 이륙 중량 230톤으로 이륙했을 경우
최대 착륙 중량 182톤으로 만들기 위해 연료 48톤을 방출한다.
그 소요 시간은 48분(그사이 소비되는 연료는 포함하지 않았다)이다.

연료 방출 장치

보잉777의 MFD(Multi-Function Display)

연료 방출 제어 패널

엔진
연료 탱크
TOTAL FUEL 145.5
KG x 1000
L MAIN
R MAIN
FWD
AFT
31.3
CROSSFEED
82.9
CENTER
연료 공급 펌프
연료 방출 펌프
연료 방출 노즐
TO REMAIN 23.4 MAN
JETT TIME 27 MIN
남은 연료의 양
중앙 탱크의 펌프는 엔진 공급용과 방출용의 두 가지 역할이 있다.
연료 방출 필요 시간
펌프 하나당 0.5톤/분의 방출 능력이 있다.
FUEL JETTISON
L NOZZLE R
ON
FUEL TO REMAIN
DECR
INCR
PULL ON
ARM
ARMED
방출 펌프와 노즐의 제어 스위치

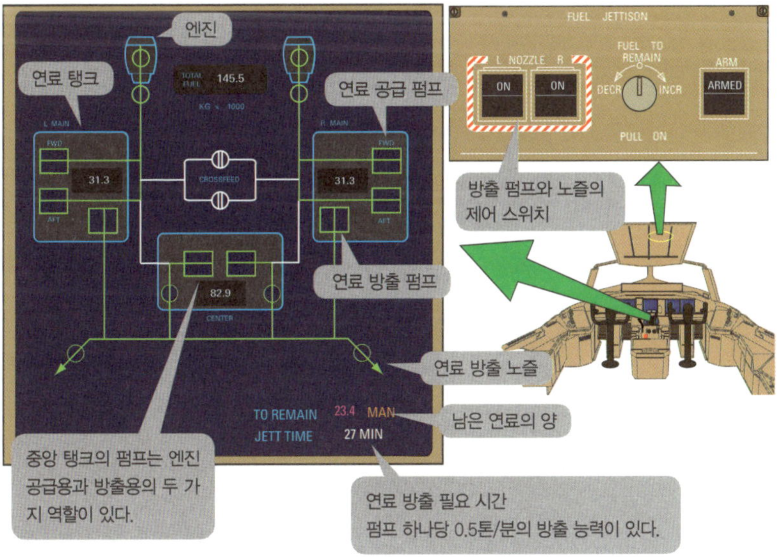

긴급 하강은 어떻게 할까?

먼저 산소마스크를 착용한다

기내의 기압을 일정하게 유지하는 역할을 하는 것은 챕터 6에서 이야기했듯이 기체의 앞뒤에 있는 두 개의 작은 감압밸브다. 상공에서는 감압밸브를 아주 조금 열어 기내의 기압을 일정하게 유지한다. 만약 감압밸브 중 하나라도 완전히 열려버리면 기내와 바깥의 압력 차이는 약 6.0톤/m^2나 되기 때문에 기내의 압력이 순식간에 빠져나가 비행하고 있는 고도와 같아지고 만다. 풍선이 아주 작은 구멍에도 남방 쪼그라드는 것과 마찬가지다.

감압밸브가 갑자기 완전히 열려 제어할 수 없는 사태가 발생하면 기내는 '웅' 하는 소리와 함께 기압이 급격히 저하되어 돌풍이나 안개가 발생하며 귀에 심한 불쾌감을 느끼게 된다. 그럴 경우 파일럿이 제일 먼저 하는 일은 산소마스크를 착용하는 것이다. 기내의 기압이 고도 1만 2,000미터와 같아졌을 경우 30초 정도면 정신을 잃는다고 한다. 파일럿이 정신을 잃어서는 비행기를 제어할 수 없으므로 무조건 산소마스크를 착용해야 한다.

그리고 산소마스크 안에 설치된 마이크로 다른 승무원과 대화하면서 산소가 충분히 있는 안전한 고도까지 긴급 하강을 개시한다. 평상시보다 5~6배가 넘는 하강률과 운용 한계 속도에 거의 근접하는 속도로 하강하기 때문에 5분 전후면 1만 2,000미터에서 산소마스크가 필요 없는 3,000미터 이하에 다다를 수 있다.

참고로 3,000미터의 낮은 고도에서 비행하면 연비가 나빠지지만, 이런 급감압에 대비해 대체 공항을 선정해놓을 뿐만 아니라 필요 소비 연료를 탑재하고 있으므로 안전하게 비행을 계속할 수 있다.

급감압 시의 긴급 하강

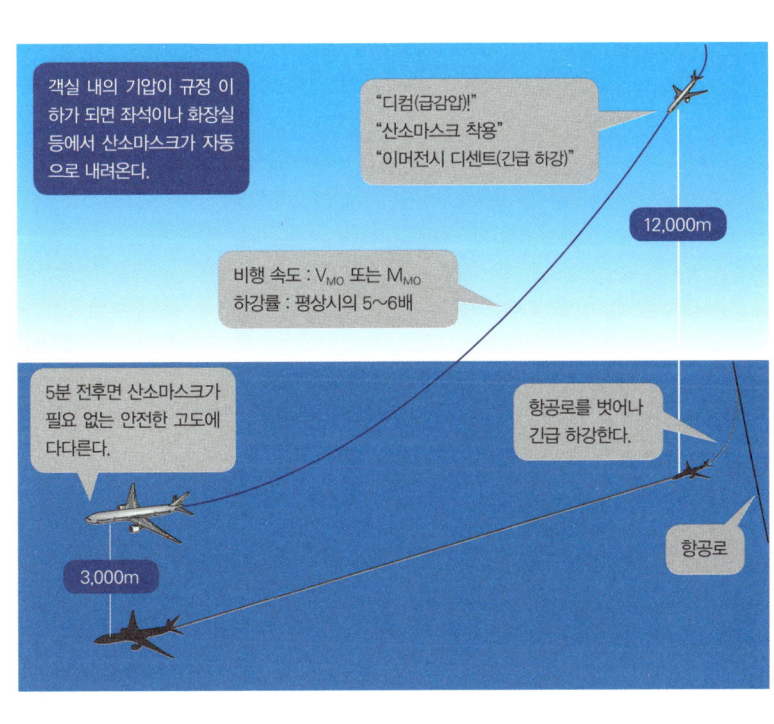

파일럿용 산소마스크

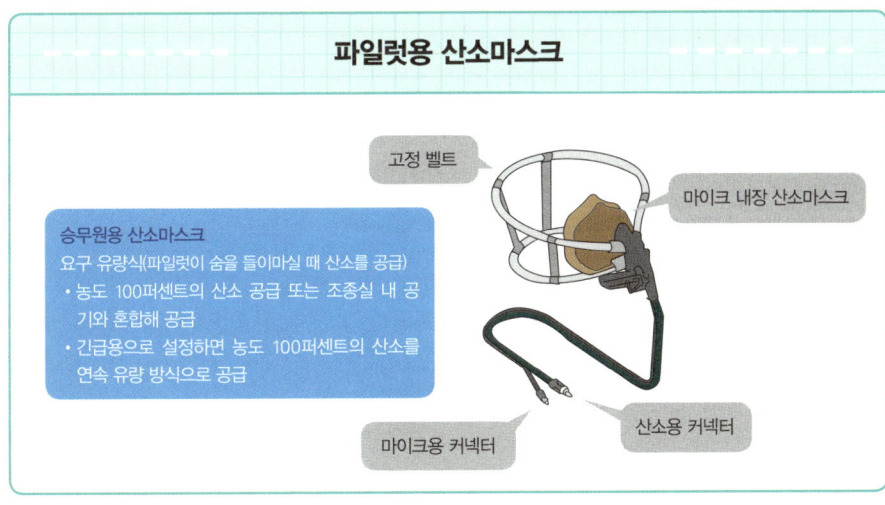

태평양 한가운데에서 엔진 고장

드리프트 다운이란?

여객이나 화물을 수송하는 비행기는 언제 엔진이 고장 나더라도 안전하게 비행할 수 있도록 설계되어 있다. 이륙 중에는 물론이고 태평양 한가운데서 엔진이 고장 나더라도 안전하게 비행할 수 있도록 상황에 맞춘 경고 표시와 조작 방법이 설정되어 있다. 여기에서는 엔진 고장의 대표적인 예인 플레임아웃과 드리프트 다운(Drift Down)이라고 부르는 조작을 알아본다.

플레임아웃이란 계속 연소해야 하는 제트 엔진의 연소실에서 불꽃이 꺼져서 엔진이 정지하는 현상이다. 배기가스 온도계나 회전계 등 엔진 계기의 수치가 갑자기 떨어지고 엔진 구동 발전기와 유압 펌프도 정지한다. 엔진 제어 장치나 연료 펌프 등의 고장이 원인인데, 화산재를 빨아들이는 바람에 플레임아웃이 발생한 사례도 있다.

엔진이 고장 났을 때의 긴급 조작으로는 재시동을 시도하는 것도 중요하다. 그러나 높은 고도를 비행하고 있다면 남은 엔진의 힘만으로는 순항속도를 유지하지 못해 실속할 우려가 있다. 그래서 남은 엔진을 최대 추력으로 세팅하고 안정된 비행을 할 수 있는 고도까지 신속하게 하강할 필요가 있다. 이 하강을 드리프트 다운이라고 부르는데, 상황에 따라 하강 속도가 다르게 설정된다.

최대한 거리를 벌기 위해 하강 각도를 최소화하는 속도가 일반적이지만, 엔진의 재시동이 용이해지는 일정 속도로 하강하는 경우도 있다. 또 EDTO(212쪽 참조)를 적용한 비행의 경우, 소요 시간 내(180분 이내)에 긴급 착륙할 수 있도록 최대 운용 속도에 가까운 속도로 하강한다.

엔진 고장의 대표적인 예

엔진 고장의 대표적 예	표시, 경고	처치
엔진 화재	· 화재 경보 벨 작동 · 화재 경보등 점등 · 엔진 화재 메시지	· 엔진 정지 · 소화제 살포
엔진 스톨	· '쿵' 하는 커다란 소리 · 엔진 회전계나 EGT의 흔들림	· 엔진 출력 줄이기 · 상황에 따라 정지
플레임아웃	· 모든 엔진 계기의 수치 하락	· 엔진 정지
윤활유 온도 상승	· 메시지	· 엔진 출력 줄이기 · 상황에 따라 운용을 정지

드리프트 다운

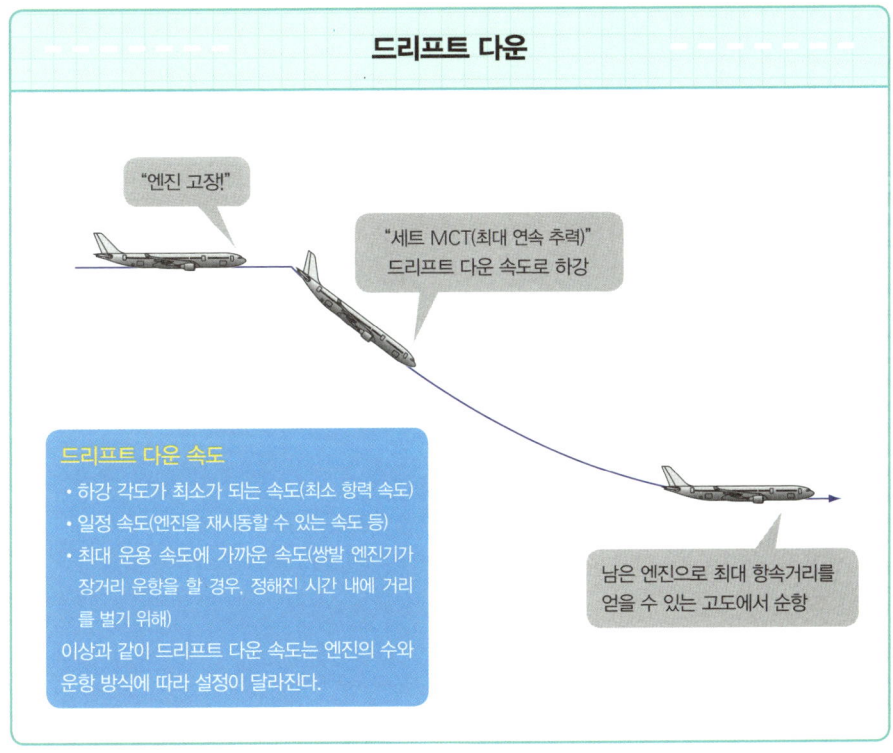

"엔진 고장"

"세트 MCT(최대 연속 추력)"
드리프트 다운 속도로 하강

남은 엔진으로 최대 항속거리를 얻을 수 있는 고도에서 순항

드리프트 다운 속도
- 하강 각도가 최소가 되는 속도(최소 항력 속도)
- 일정 속도(엔진을 재시동할 수 있는 속도 등)
- 최대 운용 속도에 가까운 속도(쌍발 엔진기가 장거리 운항을 할 경우, 정해진 시간 내에 거리를 벌기 위해)

이상과 같이 드리프트 다운 속도는 엔진의 수와 운항 방식에 따라 설정이 달라진다.

화재가 발생하면 어떻게 해야 할까?

엔진 화재의 경우

✈ 비행 중에 화재가 발생했을 경우 승무원이 직접 불을 꺼야 한다. 이를 위해 객실은 물론이고 화물실, 엔진, 랜딩 기어 격납실, 전기·전자 기기류 격납실 등에 방화 장치와 경보 장치가 설치되어 있다. 여기에서는 엔진에 화재가 발생했을 때, 어떤 경보가 작동하며 또 어떤 긴급 조작을 하는지를 확인한다.

엔진 화재가 발생하면 조종석에는 벨이 울리는 동시에 파일럿의 눈앞에 설치된 마스터 경보등이 켜진다. 에어버스 A330이라면 오버헤드 패널에 있는 엔진 화재 푸시 버튼 안의 적색등과 연료 밸브를 제어하는 엔진 마스터 스위치 근처에 있는 엔진 화재 적색등이 켜진다. 보잉777은 엔진 파이어 핸들과 연료 밸브를 제어하는 엔진 제어 스위치에 빨간 불이 들어온다. 참고로 이 등들은 불이 완전히 진화될 때까지 꺼지지 않는다.

벨 소리는 대화에 지장을 줄 만큼 크기 때문에 화재가 발생한 엔진을 적색등으로 확인한 뒤에는 마스터 경보등을 눌러서 벨을 정지시킨다. 엔진 출력을 낮추거나 엔진을 정지시켜도 불이 꺼지지 않을 경우, 2차 화재를 방지하기 위해 화재 푸시 버튼을 눌러서(파이어 핸들을 당겨서) 연료 밸브 폐쇄, 유압 장치에 들어가는 작동액의 공급 정지, 발전기 작동 정지, 압축 공기 추출 정지, 소화제 살포 등을 준비한다. 그래도 화재가 계속되면 소화제 살포 버튼을 눌러서(파이어 핸들을 돌려서) 소화제를 살포한다.

A330의 엔진 방화 장치

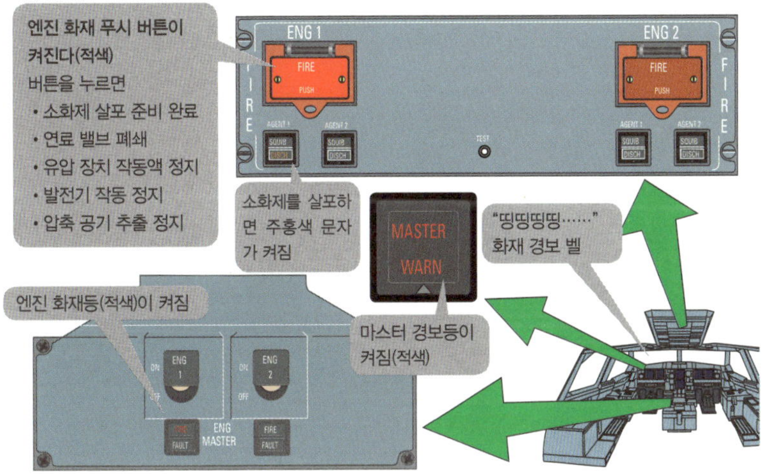
엔진 화재 푸시 버튼이 켜진다(적색)
버튼을 누르면
• 소화제 살포 준비 완료
• 연료 밸브 폐쇄
• 유압 장치 작동액 정지
• 발전기 작동 정지
• 압축 공기 추출 정지
ENG 1
ENG 2
FIRE
PUSH
AGENT 1
AGENT 2
SQUIB
DISCH
TEST
소화제를 살포하면 주홍색 문자가 켜짐
MASTER
WARN
"띵띵띵띵……"
화재 경보 벨
엔진 화재등(적색)이 켜짐
마스터 경보등이 켜짐(적색)
ON
OFF
ENG MASTER
FAULT

보잉777의 엔진 방화 장치

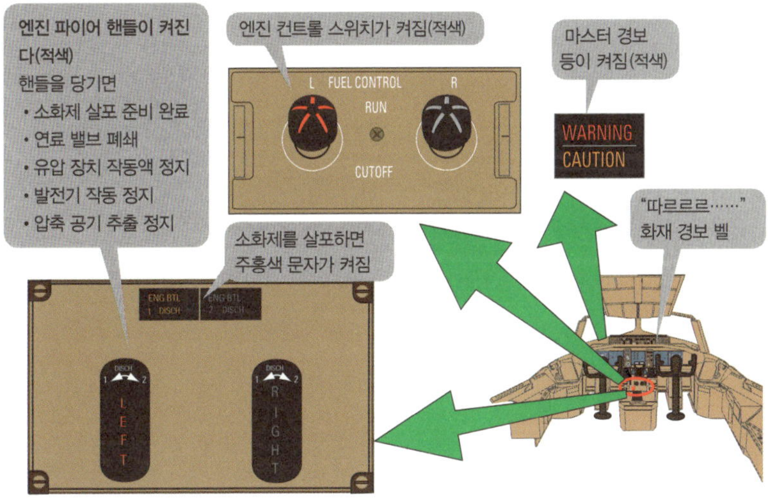
엔진 파이어 핸들이 켜진다(적색)
핸들을 당기면
• 소화제 살포 준비 완료
• 연료 밸브 폐쇄
• 유압 장치 작동액 정지
• 발전기 작동 정지
• 압축 공기 추출 정지
엔진 컨트롤 스위치가 켜짐(적색)
L FUEL CONTROL R
RUN
CUTOFF
마스터 경보 등이 켜짐(적색)
WARNING
CAUTION
"따르르르……"
화재 경보 벨
소화제를 살포하면 주홍색 문자가 켜짐
ENG BTL 1 DISCH
ENG BTL 2 DISCH
DISCH
LEFT
RIGHT

유압 장치가 고장 났다면?

백업이 있으므로 안심

✈ 엔진이 고장 나면 유압 장치를 가압하는 펌프도 작동하지 않는다. 그래서 대양 위를 장거리 비행하는 쌍발 엔진기는 엔진 고장이 발생했을 경우를 생각해 3계통 유압 장치를 장비한다. 에어버스 A330에는 그린, 블루, 옐로의 3계통, 보잉777에는 우측, 중앙, 좌측의 3계통 유압 장치가 있다. 유압 장치가 고장 났을 경우의 조작을 알아보자.

도움날개, 승강키, 방향키 등은 2계통 유압 장치가 동시에 고장이 나도 자유롭게 비행할 수 있도록 만들어져 있다. 게다가 매우 큰 유량을 사용하는 착륙 장치나 플랩에는 유압 장치가 고장이 났을 경우를 대비해 다른 독립된 방법으로 작동시키는 백업 장치가 장비되어 있다.

착륙 장치는 에어버스 A330이나 보잉777의 경우 1계통 유압 장치만으로 작동시킨다. 따라서 이 계통의 유압 장치가 고장 나면 착륙 장치를 내릴 수가 없다. 그렇기 때문에 대처 수단으로 비상용 랜딩 기어 내림 장치가 있다. 이 장치는 착륙 장치와 문의 격납 고정 상태를 전동 모터로 해제하면 매우 무거운 착륙 장치의 자중(물건 자체의 무게)으로 문을 밀어서 열고 자연스럽게 내려가는 방식이다.

플랩은 A330의 경우 2계통 유압 장치로 작동시켜 여유를 확보한다. 한편 보잉777은 1계통만으로 작동시키기 때문에 유압 장치가 고장 날 경우를 대비해 비상용 플랩 작동 장치가 있다. 또한 플랩이나 착륙 장치를 작동시키는 중요한 유압 계통 자체를 백업하기 위해 공기의 힘으로 회전하는 RAT(Ram Air Turbine)가 장비되어 있다.

A330의 유압 장치

착륙에 중요한 플랩은 그린과 옐로의 2계통 유압 장치로 작동된다.

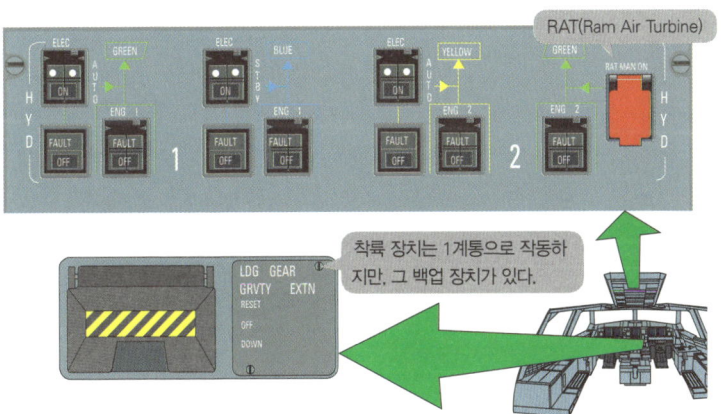

착륙 장치는 1계통으로 작동하지만, 그 백업 장치가 있다.

보잉777의 유압 장치

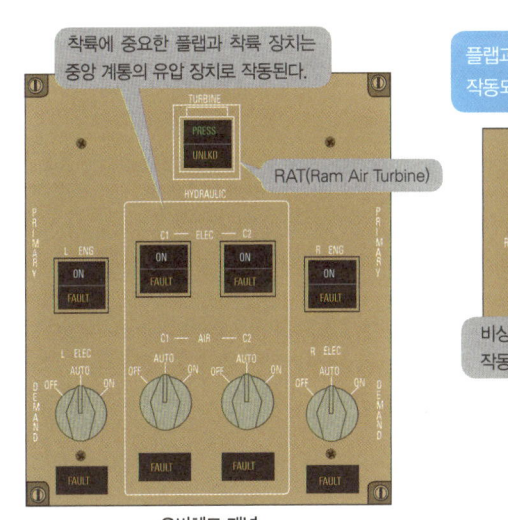

착륙에 중요한 플랩과 착륙 장치는 중앙 계통의 유압 장치로 작동된다.

오버헤드 패널

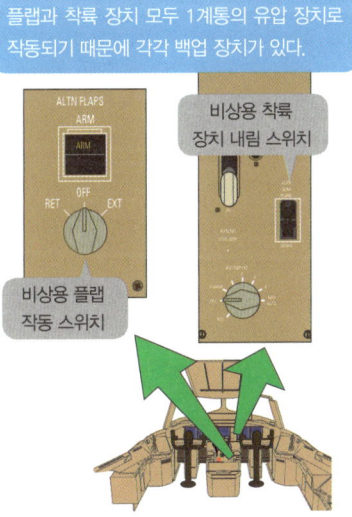

플랩과 착륙 장치 모두 1계통의 유압 장치로 작동되기 때문에 각각 백업 장치가 있다.

비상용 착륙 장치 내림 스위치

비상용 플랩 작동 스위치

발전기에 문제가 발생했다면?

쌍발 엔진기라도 최소 3계통이 있다

플라이 바이 와이어 비행기는 사이드스틱이나 조종간의 움직임을 전기 신호로 바꿔서 각 조종면을 제어한다. 또 운항 관리 시스템 같은 컴퓨터를 작동시키는 것은 말할 필요도 없이 전기다. 컴퓨터는 전기가 한순간이라도 끊어지면 정상적으로 작동하지 않을 우려가 있다. 이와 같이 첨단 기술이 들어간 비행기일수록 전기 공급 장치가 중요하다.

비행기에 있는 발전기는 엔진 회전을 이용하므로 엔진이 고장 나면 발전기도 사용할 수 없다. 그래서 쌍발 엔진기가 대양 위를 장거리 비행할 경우, 3계통 이상의 전기 계통을 장비하도록 의무화되어 있다. 요컨대 엔진이 고장 나더라도 나머지 엔진 구동 발전기 1계통뿐만 아니라 또 다른 1계통이 있으므로 안심할 수 있다는 말이다.

이때 활약하는 것이 APU(보조 동력 장치)다. APU는 본래 지상에서 엔진이 작동하지 않을 경우에 전력이나 압축 공기를 공급하는 보조적인 동력 장치이지만, 쌍발 엔진기의 APU는 엔진이 고장 났을 때 조역이 아닌 주역 동력 장치가 된다.

에어버스기와 보잉기 모두 각 엔진 구동 발전기 외에 공중에서도 사용이 가능한 APU를 이용하는 발전기까지 3계통이 있다. 또한 긴급용으로 에어버스 A330에는 유압 장치 구동 발전기가 있으며, 보잉777에는 RAT(Ram Air Turbine) 구동 발전기가 장비되어 있다.

참고로 발전기가 고장 날 경우 전기·전자 기기류로부터 발전기를 단절시키는 차단기가 있다. 또 엔진에 악영향을 끼치지 않도록 발전기를 엔진으로부터 분리시키는 장치도 있다.

A330의 전기 제어 패널

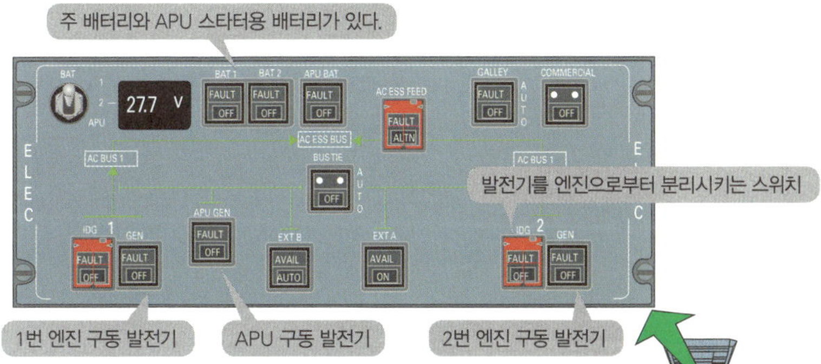

주 배터리와 APU 스타터용 배터리가 있다.

발전기를 엔진으로부터 분리시키는 스위치

1번 엔진 구동 발전기

APU 구동 발전기

2번 엔진 구동 발전기

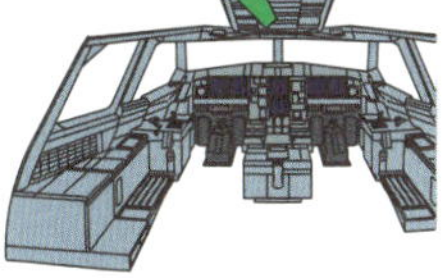

엔진 구동 발전기×2, APU 구동 발전기×1의 3계통에 긴급용 발전기로 유압 장치 구동 발전기가 있다.

보잉777의 전기 제어 패널

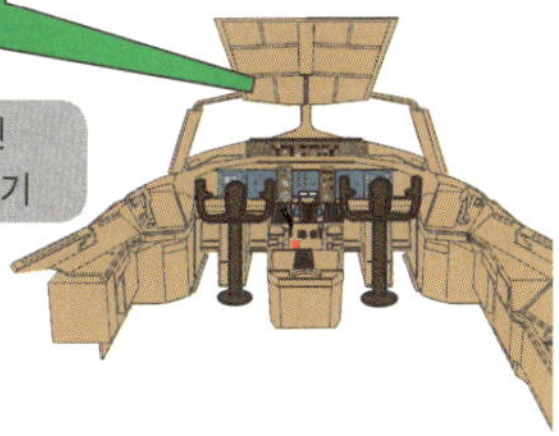

주 배터리와 APU 스타터용 배터리가 있다.

엔진 구동 발전기×4(주×2, 보조×2), APU 구동 발전기×1의 3계통에 긴급용 발전기로 RAT 구동 발전기가 있다.

APU 구동 발전기

좌측 엔진 구동 발전기

우측 엔진 구동 발전기

발전기를 엔진으로부터 분리시키는 스위치

ETOPS/EDTO-180 규정이란?

쌍발 엔진기도 장거리 비행이 가능해진 비밀

국내선은 물론이고 국제선 전용 터미널을 봐도 대부분의 비행기가 쌍발 엔진기다. 점보기(보잉747) 같은 4발 엔진기가 주역이었던 시절이 먼 옛날처럼 느껴진다. 왜 쌍발 엔진기가 국제선에서도 주역이 되었을까? 그 이유는 ETOPS-180 규정에 있다. 여객기 엔진이 자동차와 마찬가지로 피스톤 엔진이었던 과거, 쌍발 엔진기는 60분 이내에 가장 가까운 공항에 착륙할 수 있어야 한다는 조건으로 비행을 했다. 그래서 오른쪽 그림과 같이 직선 루트에서는 비행하지 못하고 60분 이내에 착륙할 수 있는 권내에서 루트를 선택해야 했다.

그 후 제트 엔진이 개발되고 신뢰성도 크게 향상되자 피스톤 엔진 시절의 60분 규정은 120분, 180분으로 확장되었다. 이와 같이 180분으로 확장된 규정을 ETOPS-180 규정이라고 부른다. 시간이 180분으로 확대되었기 때문에 쌍발기로도 태평양 횡단이 가능해졌고, 순식간에 쌍발 엔진기가 주역이 된 것이다.

그런데 엔진이 고장 나면 엔진에 의존하는 발전기와 유압 펌프, 에어컨 등도 작동하지 않는다. 이 때문에 엔진 고장뿐만이 아니라 전기 계통과 유압 계통 등의 여유도(redundancy), APU의 역할, 파일럿의 작업량 등을 종합적으로 고려할 필요가 있다. 그리고 항공사와 파일럿의 태세, 긴급 착륙할 수 있는 공항의 수용 능력 등이 전부 갖춰졌기에 ETOPS-180 규정을 적용한 비행이 가능해진 것이다.

2016년 현재 ETOPS 규정은 EDTO(Extended Diversion Time Operation)로 확대 적용 중이다. 이는 항로상 한 지점에서 ERA(Enroute Alterate Airport)까지의 디버전 시간이 국토교통부에서 정한 기준 시간을 초과했을 때 적용하는 항공기 운항 절차다.

ETOPS 규정 이전

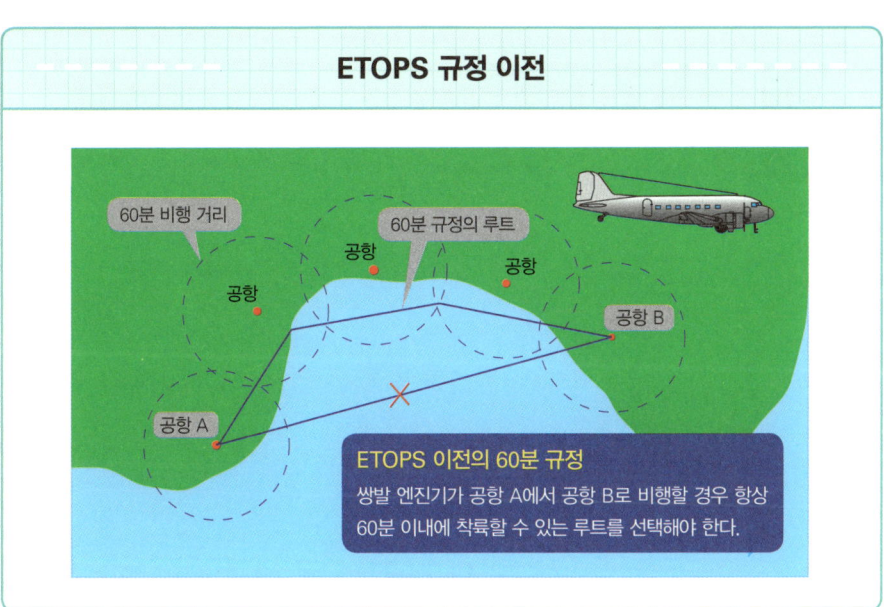

60분 비행 거리
60분 규정의 루트
공항
공항
공항
공항 B
공항 A
ETOPS 이전의 60분 규정
쌍발 엔진기가 공항 A에서 공항 B로 비행할 경우 항상 60분 이내에 착륙할 수 있는 루트를 선택해야 한다.

ETOPS-180 규정

앵커리지
구시로
시애틀
도쿄
샌프란시스코
미드웨이
180분 비행 거리
호놀룰루
ETOPS-180 규정을 적용하면 쌍발기로도 태평양 횡단이 가능하다.

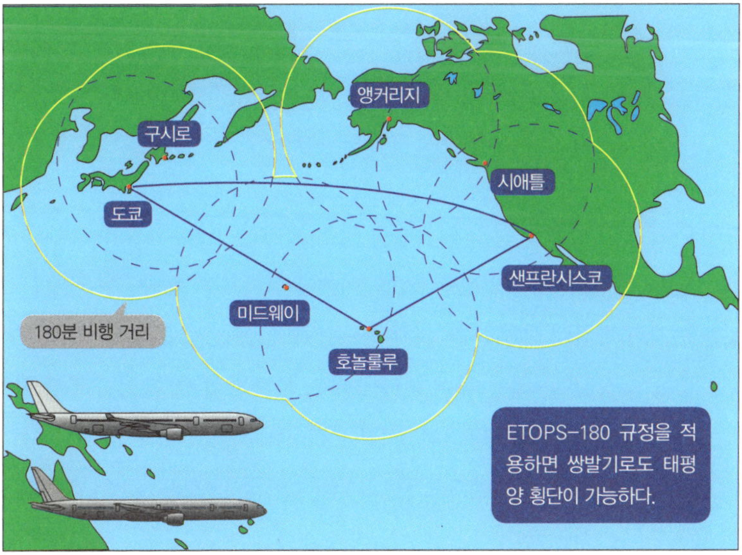

긴급 착륙할 공항은 어떻게 선택할까?

결정 기준은 ETP

8 - 12

　　EDTO-180 규정을 적용한 비행 중에 엔진이 고장 나면 180분 이내에 가장 가까운 공항에 착륙한다. 엔진 고장이 루트상의 어느 지점에서 발생했느냐에 따라 긴급 착륙할 공항이 달라진다. 긴급 착륙 공항을 어떻게 결정하는지 알아보자.

　높은 고도에서 순항 중에 갑자기 엔진 고장이 발생했을 경우, 남은 엔진의 힘으로는 속도를 유지할 수 없어 실속할 우려가 있다. 이때 즉시 드리프트 다운을 할 필요가 있다. 특히 대양 위를 비행할 때는 드리프트 다운으로 시간과 거리를 버는 것이 중요하므로 어느 공항을 향해 하강할지를 즉시 결정해야 한다.

　이때 결정 기준이 되는 것이 ETP(Equal Time Point)라고 부르는, 어느 쪽으로 향해도 소요 시간이 같아지는 루트상의 지점이다. 가령 도쿄에서 호놀룰루를 향할 때, 도쿄로 돌아가든 호놀룰루로 향하든 소요 시간이 같은 지점을 ETP라고 말한다. 또 북태평양 루트상에서는 도쿄로 돌아가든 앵커리지로 가든 똑같은 시간이 걸리는 지점이다.

　그러나 EDTO-180 규정을 적용했을 경우 ETP를 이렇게 설정하면 긴급 착륙할 수 있는 공항이 너무 멀어서 180분 이내에 착륙하지 못할 수도 있다. 그래서 오른쪽 그림과 같이 특정 시간 내에 착륙할 수 있는 공항을 몇 곳 선정하고 복수의 ETP를 설정한다. 예를 들어 ETP 1에 도착하기 전에 엔진 고장이 발생했다면 삿포로로 돌아가고, ETP 1과 ETP 2 사이에서는 셰먀(Shemya)로 향하며, ETP 2를 통과했을 경우는 앵커리지를 긴급 착륙 공항으로 설정하고 북태평양(NOPAC) 루트를 횡단한다.

ETP(Equal Time Point)

ETP(Equal Time Point)
출발지(또는 긴급 착륙지)까지 소요되는 시간과 목적지(또는 긴급 착륙지)까지 소요되는 시간이 같아지는 항로상의 지점을 말한다.

비행 중에 엔진 고장 발생
↓
180분 이내에 공항에 착륙
↓
긴급 착륙할 공항을 결정할 지점이 필요
↓
어느 쪽으로 향하든 같은 시간이 소요되는 지점(ETP)을 기준으로 삼는다. 가령 아래의 그림에서는 ETP 1을 통과하기 전이라면 삿포로, ETP 1과 2 사이를 비행하고 있을 경우는 셰마, ETP 2를 지났을 경우는 앵커리지가 긴급 착륙 공항이 된다.

북태평양 루트를 횡단

북태평양 루트를 횡단할 경우. 이 예에서는 ETP가 두 곳 있다.

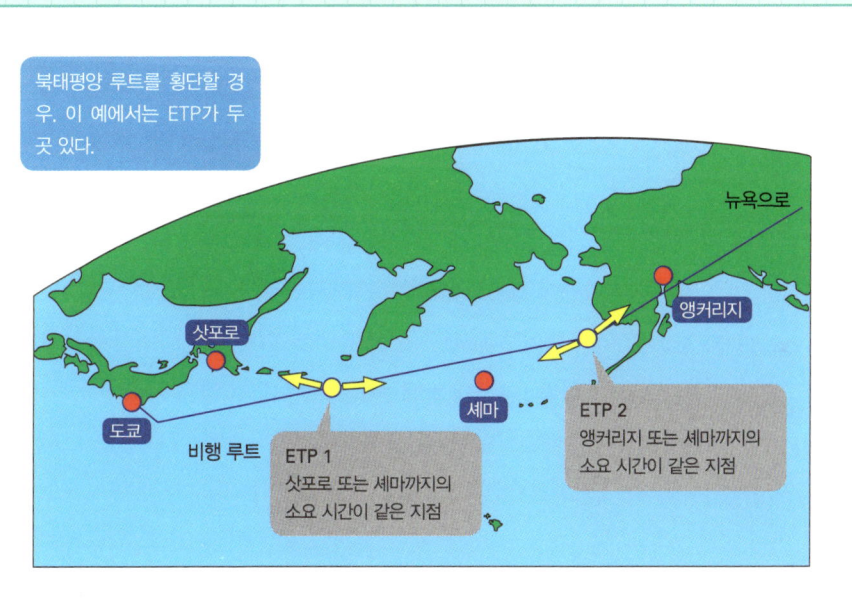

뉴욕으로
앵커리지
삿포로
도쿄
셰마
비행 루트
ETP 1
삿포로 또는 셰마까지의 소요 시간이 같은 지점
ETP 2
앵커리지 또는 셰마까지의 소요 시간이 같은 지점

충돌 방지 장치는 언제 작동할까?

대기용(對機用)과 대지용(對地用)의 두 가지가 있다

예전에는 비행기끼리 공중에서 스쳐 지나갈 때 좌우로 엇갈리는 일이 많았지만, 현재는 서로의 바로 위나 바로 밑을 통과한다. 따라서 만약 고도가 같으면 큰일이 난다. 레이더를 이용한 관제가 의무적으로 실시되는 공역을 비행하는 중이라면 교통 정보를 얻을 수 있지만, 대양 위를 비행하거나 구름 속을 비행하는 경우에는 상대 비행기를 발견할 수가 없다.

그런 위험으로부터 비행기를 지켜주는 것이 항공기 충돌 방지 장치(TCAS. Traffic Collision Avoidance System)다. TCAS는 주변을 비행하는 항공기(비행기나 헬리콥터 등)를 위험도에 따라 색으로 분류해 화면에 표시하며, 항공기가 경계 영역으로 들어오면 "트래픽, 트래픽."이라는 음성이 조종석에 울려 퍼진다. 또한 TCAS가 충돌 가능성을 예측했을 경우 "상승하십시오." "하강하십시오." 등의 음성과 화면 표시로 충돌 회피 조작 정보를 알린다.

대지 접근 경보 장치(GPWS. Ground Proximity Warning System)는 파일럿이 예상치 못한 장해물이나 지면 등에 접근하거나 충돌하는 사태를 미연에 방지하는 장치다. 하강해서는 안 되는 상태(이륙 직후 등)일 때 하강하는 경우, 착륙 장치를 내리지 않은 상태에서 지면에 접근하는 경우, 장해물에 가까이 접근하는 경우, 착륙을 위한 하강 경로에서 벗어났을 경우 등에 음성과 화면으로 파일럿에게 경보와 회피 조작을 알린다. 예를 들어 안개 때문에 시계가 좋지 않은 상태에서 산 같은 장해물에 접근하면 ND에는 장애물이, PFD에는 '급상승'이 표시된다. 그리고 "급상승하십시오, 급상승하십시오."라고 음성으로 경보가 나온다.

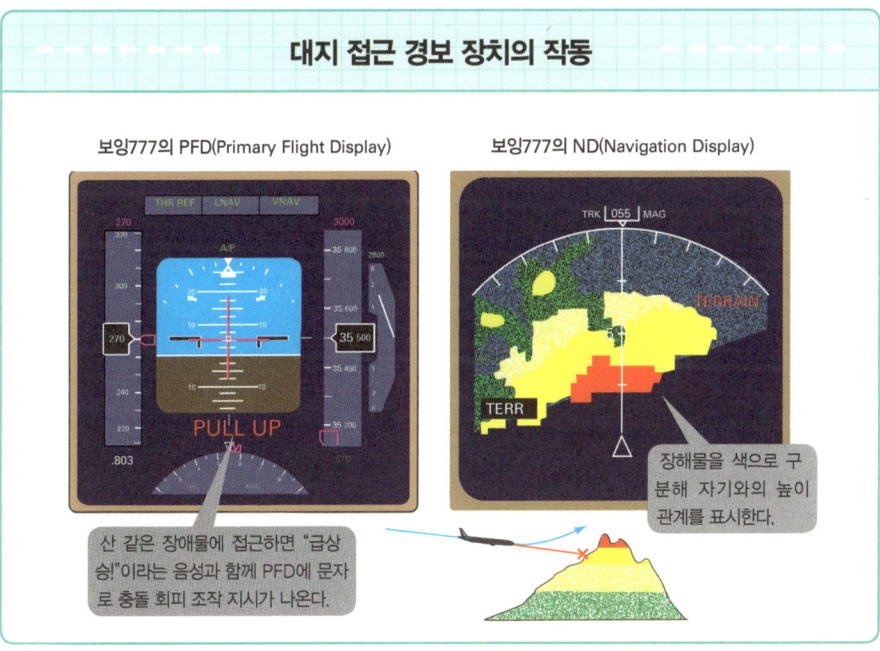

블랙박스는 무슨 일을 하는가?

본체는 오렌지색의 상자

8 - 14

 블랙박스는 그 기능이 비교적 잘 알려져 있지만 내용물은 전혀 알려지지 않은 장치다. 비행기의 블랙박스라고 하면 콕핏 보이스 레코더(CVR, Cockpit Voice Recorder)와 플라이트 데이터 레코더(FDR, Flight Data Recorder)를 가리킬 때가 많다. 블랙박스는 항공 사고나 운항 장애 등의 원인을 규명하기 위한 기록 장치로, 본체는 발견하기 쉽도록 밝은 오렌지색으로 칠해져 있으며 강한 충격, 높은 온도, 수압 등에 견딜 수 있는 구조로 만들어져 있다.

보이스 레코더는 조종석 내의 대화를 녹음하는 장치다. 녹음 시간은 30분으로, 그 이전의 기록은 덧씌워지기 때문에 항상 최근 30분의 대화가 녹음된다. 과거의 보이스 레코더는 자기 테이프 방식이었지만 현재는 대부분 반도체 메모리가 사용되고 있으며, 덕분에 내구성과 신뢰성이 향상되었다. 엔진 스타트를 하면 자동으로 녹음이 시작되며, 엔진을 정지하면 녹음도 멈춘다.

플라이트 데이터 레코더는 속도, 고도, 자세, 방위, 엔진 운용 상태 등의 비행 상황을 기록하는 장치로, 기록 시간은 25시간이다. 현재는 보이스 레코더와 마찬가지로 자기 테이프가 아니라 반도체 메모리가 사용되고 있으며, 보이스 레코더와 마찬가지로 신뢰성과 내구성이 향상되었다.

여담이지만, 얼마 전까지 엔진 데이터는 순항 중일 때 기내 탑재용 항공일지에 수기로 기록했다. 현재는 엔진을 포함해 상세한 비행 데이터가 데이터 통신을 통해 자동으로 지상에 전송되어 정비와 성능 관리에 이용되고 있다.

보이스 레코더

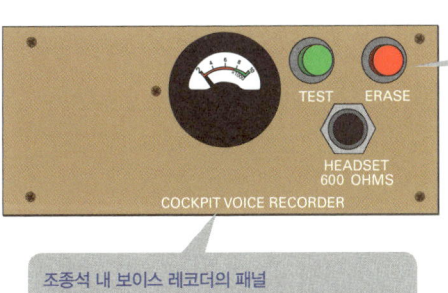

지상에서만 녹음을 지울 수 있다.

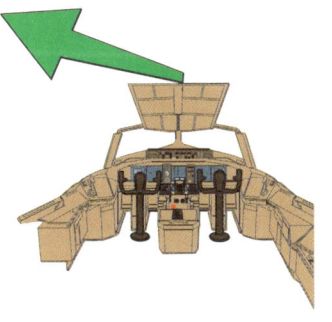

조종석 내 보이스 레코더의 패널
항공교통관제센터와의 대화는 물론이고 조종석 내의 대화, 객실 안내 방송, 객실 승무원과의 연락, 지상에서 나눈 정비사와의 대화도 녹음된다.

FDR과 CVR

플라이트 데이터 레코더의 본체

FDR : 플라이트 데이터 레코더(비행 기록 장치)
엔진의 상황이나 비행 속도, 고도, 자세, 위치 등 3차원 정보를 기록하는 장치다.
- 비행기의 엔진 구동 발전기가 작동하면 자동으로 기록을 시작
- 착륙해서 엔진을 정지하면 5분 후에 자동으로 기록 중지
- 강한 충격을 받으면 10분 후에 자동으로 기록 중지

보이스 레코더의 본체

CVR : 콕핏 보이스 레코더(조종석 음성 기록 장치)
사고나 사건을 해명하기 위해 조종석 내의 음성을 30분 단위로 끊임없이 기록하는 장치다.
- 비행기의 엔진 구동 발전기가 작동하면 자동으로 녹음 개시
- 착륙해서 엔진을 정지하면 5분 후에 자동으로 녹음 중지
- 지상에서만 소거 가능
- 강한 충격을 받으면 10분 후에 자동으로 녹음 중지 및 소거 불가

경보 시스템의 구조

어떻게 고장을 알릴까?

클래식 점보기(B747-200) 세대까지는 전기나 유압 장치 등의 제어 장치나 계기류를 시스템 개략도처럼 패널에 배치해서 항상 모든 시스템을 감시할 수 있었다. 예를 들어 유압 장치의 작동액 온도를 감시하는 주황색 경고등이 들어오면 그 대처 방법이 적혀 있는 매뉴얼을 참조해 대처했다.

현재는 장치 전체의 상황을 패널처럼 상시 표시하는 것이 아니라 이상이 발생했을 때만 주로 엔진의 상황을 표시하는 중앙 디스플레이에 컬러로 표시하는 방법을 쓰고 있다. 엔진 화재처럼 긴급을 요하는 고장은 적색 문자, 과열 등을 경고할 때는 주황색 문자, 단순한 메시지는 흰색 문자, 또 조작 절차는 청색 문자로 표시해서 긴급한 정도를 순식간에 판단할 수 있다. 다만 에어버스기와 보잉기는 표시나 운용 방법에 차이가 있다.

에어버스 A330은 고장이 발생한 경우에 비행기를 전자 장치로 집중 감시하는 ECAM이라는 시스템이 엔진 계기를 표시하는 EWD(엔진 경보 디스플레이)에 고장 상황과 조작 절차를 자동으로 표시하며, 해당 시스템의 개략도와 고장 상황도 SD(System Display)에 자동 표시한다.

보잉777은 EICAS(엔진 계기 및 승무원 경보 시스템)이라고 부르는 시스템이 비행기를 감시하며, 고장이 발생하면 엔진 계기를 표시하는 EICAS 디스플레이에 문자로 경고를 표시한다. 고장 상황에 대응하는 조작 절차나 개략도는 파일럿이 선택하면 표시된다.

클래식 점보기의 예

1번 유압 장치 과열 경보 등(주황색)이 켜짐

1번 유압 장치 과열 상황을 설명한 매뉴얼을 읽으면서 해당 조작을 실시한다.

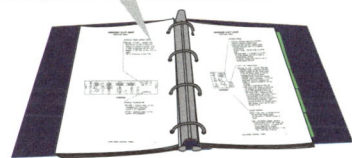
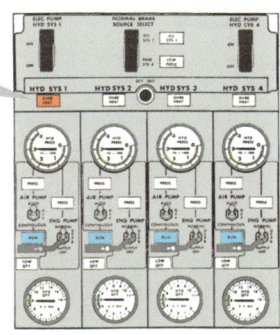

보잉747-200의 항공 기관사 패널의 유압 장치 제어 장치

에어버스기와 보잉기

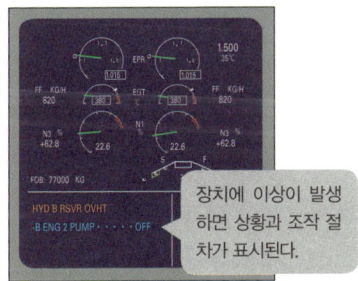

장치에 이상이 발생하면 상황과 조작 절차가 표시된다.

A330의 ECAM EWD(엔진 경보 디스플레이)

이상이 발생하면 메시지가 표시된다.

보잉777의 EICAS 디스플레이

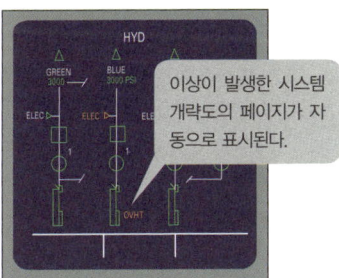

이상이 발생한 시스템 개략도의 페이지가 자동으로 표시된다.

A330의 SD(System Display)

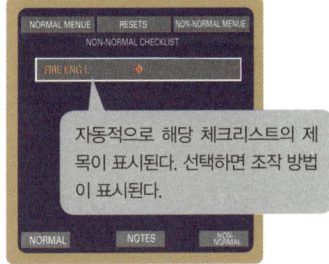

자동적으로 해당 체크리스트의 제목이 표시된다. 선택하면 조작 방법이 표시된다.

보잉777의 MFD(Multi-Function Display)

시뮬레이터 훈련이란?

실제 비행기에서는 불가능한 훈련이 가능하다

같은 쌍발 엔진기라고 해도 에어버스 A330과 보잉777은 사이드스틱과 조종간으로 대표되듯이 장치와 조작 방법이 크게 다르다. 파일럿은 어떤 기종을 타더라도 그 비행기의 긴급 조작 절차를 습득할 수 있도록 훈련을 받아야 한다. 그러나 엔진 화재 훈련은 실제 비행기에서는 할 수가 없다. 그래서 등장한 것이 비행을 그대로 재현할 수 있는 장치인 시뮬레이터(모의 비행 장치)다.

시뮬레이터는 가속, 감속, 상승, 하강, 선회, 착륙 시의 충격, 앞 유리에 보이는 바깥 풍경 등 비행 상황에 맞춘 움직임은 물론이고 엔진 소리와 바람을 가르는 소리 등도 충실히 재현한다. 또 활주로의 상태(비·적설 등), 바람이나 시계 등의 일기 상태도 자유롭게 설정할 수 있다. 시뮬레이터 훈련을 통해 긴급사태에서 실시해야 하는 조작 절차나 악천후에 실시하는 이착륙과 이착륙 중지 등을 반복 훈련할 수 있다. 또한 CRM의 개념이 탄생해 LOFT라는 훈련이 추가되었다. CRM은 온갖 리소스(정보와 환경)를 최대한으로 이용해 비행의 안전성을 향상시키는 소프트웨어다. 또한 LOFT는 실제 운항편을 시뮬레이터로 모의 비행하면서 여러 사건에 승무원이 대처하는 훈련이다. 예를 들어 하네다 공항을 이륙해 날씨가 악천후인 오사카로 향하는데 지진이 발생해 간토 지방 전역의 공항이 폐쇄되었다고 하자. 게다가 오사카의 날씨는 시간이 갈수록 더 나빠지기만 하는데 엎친 데 덮친 격으로 갑자기 긴급 환자가 발생했다. 이런 촌각을 다투는 긴급 상황에서 승무원 사이의 역할 분담과 착륙 공항의 선정, 의사 결정 등을 실행하고 승무원과 항공교통관제센터, 회사 무선에 이르기까지 모든 리소스를 활용해 안전하게 착륙하는 훈련을 실시하는 것이다.

시뮬레이터 훈련

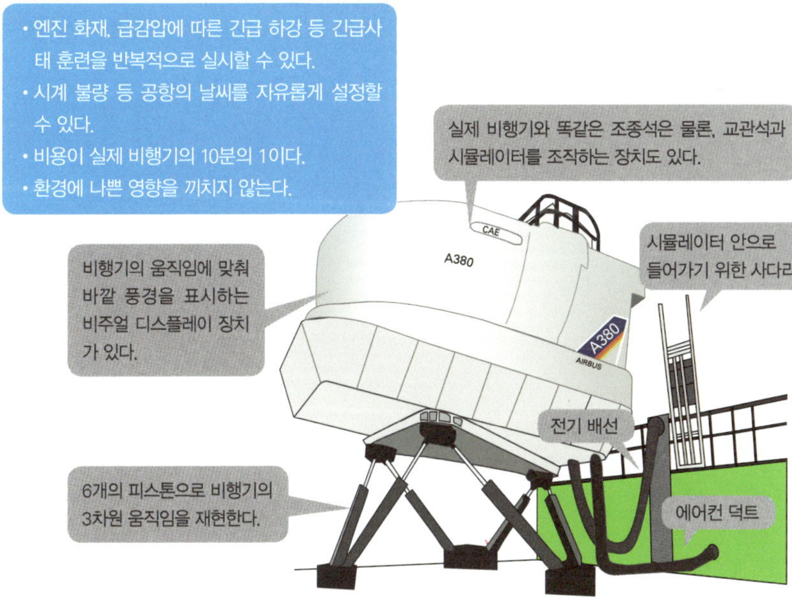

• 엔진 화재, 급감압에 따른 긴급 하강 등 긴급사태 훈련을 반복적으로 실시할 수 있다.
• 시계 불량 등 공항의 날씨를 자유롭게 설정할 수 있다.
• 비용이 실제 비행기의 10분의 1이다.
• 환경에 나쁜 영향을 끼치지 않는다.
실제 비행기와 똑같은 조종석은 물론, 교관석과 시뮬레이터를 조작하는 장치도 있다.
비행기의 움직임에 맞춰 바깥 풍경을 표시하는 비주얼 디스플레이 장치가 있다.
시뮬레이터 안으로 들어가기 위한 사다리
전기 배선
6개의 피스톤으로 비행기의 3차원 움직임을 재현한다.
에어컨 덕트
CAE
A380
AIRBUS

휴먼 팩터 관리의 필요성

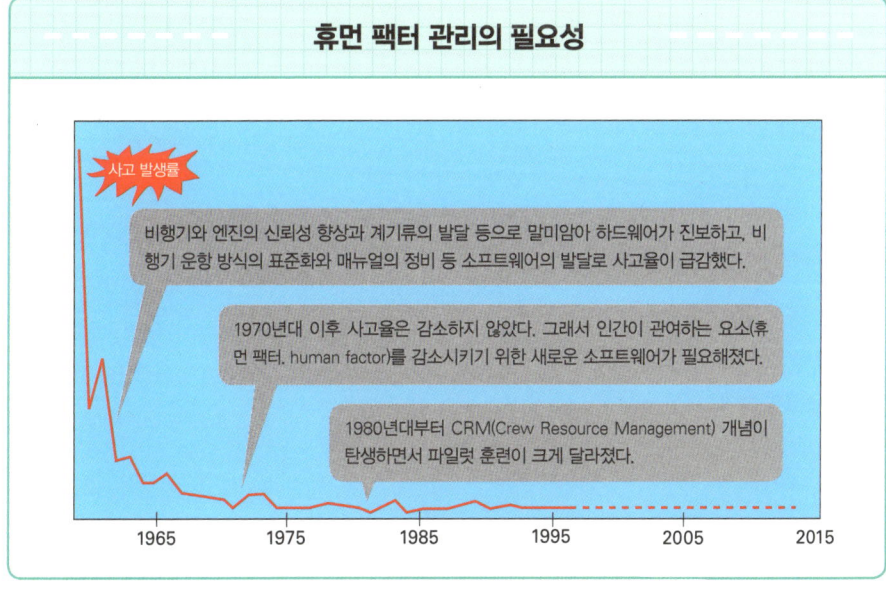

사고 발생률
비행기와 엔진의 신뢰성 향상과 계기류의 발달 등으로 말미암아 하드웨어가 진보하고, 비행기 운항 방식의 표준화와 매뉴얼의 정비 등 소프트웨어의 발달로 사고율이 급감했다.
1970년대 이후 사고율은 감소하지 않았다. 그래서 인간이 관여하는 요소(휴먼 팩터, human factor)를 감소시키기 위한 새로운 소프트웨어가 필요해졌다.
1980년대부터 CRM(Crew Resource Management) 개념이 탄생하면서 파일럿 훈련이 크게 달라졌다.
1965
1975
1985
1995
2005
2015

찾아보기

A~Z / 숫자

3배 법칙 146, 160
ACARS 44
ADDUM 144
APU 48, 88, 188, 210
BOD 144, 148
CAT 138
CDU 40
CRM 222
DG 36
ECAM SD(MFD) 40
ECAM EWD(EICAS) 40
ECON 속도 120
EFIS 40
EGT계(배기가스 온도계) 46
EPR계(엔진 압력비계) 46
ETOPS 204, 212, 214
ETP 214
FCU(MCP) 40
FMS(비행 관리 시스템) 36, 62, 114, 122, 148
FOD 190
GPWS 216
GS 94
IAS 90
ILS 168, 172
INS 62
ISA 82
LOFT 222
MCDU 41, 122
MCLT 66
MCT 66
MMO 134
N_1계 46
N_3계 50
ND 40, 124
NOPAC 126
PF 30
PFD 40, 90, 102
PIC 34, 38
PM 30
PMS 62
QFE 158
QNE 98, 158
QNH 96, 158
RAT 208, 210
RTO 196
RVR 174
SD 54
TAS 92, 94

TCAS 216
TOD 144, 148
V_1 72, 74, 196
V_2 72, 74, 78
VG 36
V_{MO} 134
V_R 72, 74
V_{REF} 180
VS 94
WAFC 126

가

가속도계 94, 124, 140
감소 추력 82
감압밸브 152, 202
객실고도 132, 152
결심 고도 174, 176
경제 순항 방식 120
경제 하강 방식 148
고 어라운드 추력 176
고도계 수정 96
고속 상승 방식 100
공력 평균 익현 28
공중대기 22, 156
관성항법장치 140
관성력 140
관제 승인 44
국제 표준 대기 82
글라이드 슬로프 168, 170, 184
급상승 방식 78
기압 고도계 90, 96, 158
기어 다운 170

긴급 탈출용 미끄럼대 32

나

노탐 20
뉴매틱 스타터 48

다

당김 조작 178, 180, 184
대기 데이터 컴퓨터 70, 94
대기속도계 90, 92, 134
대지속도 94
대지속도계 94
대지 접근 경보 장치 216
드리프트 다운 204
디스패처 16
디스패치 브리핑 16, 42

라

라이트 58
랜딩 기어 30, 40, 47, 57, 72, 76, 85, 90, 112, 170, 174, 190, 206
랜딩 브리핑 144, 176, 180
러더(방향키) 104, 106, 107, 187, 189
로컬라이저 168~170, 184, 185
롤 인덱스 102, 103
롤링 테이크오프 84
리버스 아이들 188
리프트오프 74, 76

마

마스터 경보등 206
마스터 스위치 48, 50, 206
마하계 71, 94, 136
마하수 94, 95, 134~137
멈춤쇠(Detent) 52

바

바버폴 134
뱅크 102
버그 166, 167
버핏 134
부양 72
비상용 랜딩 기어 내림 장치 208
비상용 플랩 작동 장치 208
비행 계획 16, 17, 22, 26, 30, 42, 44, 122, 124, 126

사

사이드스틱 54, 104, 106~111, 210, 222
산악파 138, 139
성능 관리 시스템 62
세계 공역 예보 센터 126
소화제 205~207
수직속도 94, 95
수직 속도계 94
수평 위치 지시기 124, 125
스러스트 리버서 186
스레숄드 180, 182
스타트 밸브 50, 51
스타트 스위치 50
스태빌라이저 트림 74
스탠딩 테이크오프 84
스텝업 순항 116
스포일러 31, 55, 104, 105, 150, 151, 182, 186, 187, 189
스피드 브레이크 150, 151, 186~189, 197
승강계 72, 73, 91, 94, 147, 154
시뮬레이터 222

아

안전밸브 152
앨티미터 세팅 158
압력계 46, 170, 171
양력 28, 52, 68, 70, 74, 75, 78, 86, 100, 104, 105, 134, 146, 147, 156, 166, 172, 186
양항비 68
에일러론(도움날개) 105~107, 109
엔루트 클라임 90
엔진 마스터 스위치 48, 49, 51, 206
엔진 서지 188
엔진 스타트 42, 44, 47~52, 58, 88, 193~195, 218
엔진 스타트 셀렉터 스위치 48, 49, 51
엔진 역분사 장치 186
엔진 진동계 47
엔진 컨트롤 스위치 207
엔진 파이어 핸들 206, 207
엔진 화재등 207
엘리베이터 104, 106, 107, 114, 152, 153
여압 장치 132
연료 유량계 46, 47, 50
오토 랜딩 184, 185

오토파일럿　74, 90, 108~111, 114, 115, 184
온도계　46
온탑　154
외부 점검　30, 31, 34, 42
운용 상승 한도　100, 101
운용 한계　15, 34, 35, 192
운항 공허 중량　26, 27
웨이포인트　43, 62, 124, 125~127
웨트 스타트　194, 195
윈드 시어　138, 139
유도로　15, 18, 20, 21, 32, 56, 84, 85, 88, 150, 156, 188, 189
유료 하중　26, 27, 130, 131
유료 하중/거리　131
유압 장치　54, 55, 206~209, 220, 221
이륙 추력　64~70, 78, 80~82, 84, 85, 172, 198, 199

자

자동 유도 기능(NAV 모드)　110, 124
자세 지시기　90, 91
자이로스코프　36, 37, 108, 124, 140, 141
장거리 순항 방식　120, 121
적색등　59, 206
정격 추력　46, 66
조종간　41, 54, 75, 104~107, 110, 111, 210, 222
조향 장치　56
지시대기속도　90~95
진대기속도　92, 93, 95, 101, 127
진입 복행　177

차

차륜 브레이크　43, 48, 56, 182, 186, 187
착륙거리　166, 181~183, 186
착륙면 위　182
체크리스트　44
최대 무연료 중량　24~27
최대 상승 추력　66, 82
최대 연속 추력　65, 66, 82, 198, 199, 205
최대 운용 한계 마하수　134, 135
최대 운용 한계 속도　134, 135
최대 이륙 중량　24~27, 35, 69, 76, 130, 131, 192, 200, 201
최대 착륙 중량　24~27, 200, 201
최대 항속 거리 순항 방식　120, 121
최량 상승각 방식　100, 101
최량 상승률 방식　100, 101
최적 고도　116, 118, 122
추력　35, 46, 56, 64, 66~68, 78, 80~83, 86, 87, 100, 110, 114, 122, 147, 150, 151, 172, 173, 196, 198, 199, 204, 205
충격파 실속　134, 135

카

카테고리　174
캐빈 앨티　152
콜아웃　70
클린 상태　90

타

테이크오프 브리핑　44, 60, 144, 198

파

푸시백　32, 88

풀 레이트　82, 83

플라이 바이 와이어　106, 107, 109, 210

플라이트 레벨　98, 99, 100, 112

플라이트 컨트롤 체크　54, 55

플라이트 패스　148

플랩　31, 41, 47, 52, 53, 55, 78, 79, 84, 85, 90, 108, 145, 166, 167, 170, 172~174, 178, 180, 188, 189, 196, 198, 199, 208, 209

플레어　179, 180, 184, 185

플레임아웃　198, 204, 205

피치　102, 103

피토관　92~95

하

핫 스타트　194, 195

항공기 충돌 방지 장치　216, 217

항력　52, 146, 150, 154, 172

항속 거리　120, 130, 131, 156

항속률　120, 121

헝 스타트　194, 195

헤드셋　60

헤딩　102, 103

회전계　46, 47, 204

참고 문헌

《AIM-J》, 국토교통성 항공국 감수(일본조종사협회)

《AIP(항공 정보 간행물)》, 국토교통성 항공국

《AIRBUS A330 and A340》, Robert Hewson

《AIRBUS A380 SUPERJUMBO OF THE 21ST CENTURY》, Guy Norris and Mark Wagner

《AIRCRAFT INSTRUMENTS & INTEGRATED SYSTEMS》, EHJ Pallett

《Code of Federal Regulations 14CFR PART 25&121》, THE U.S. GOVERMENT PRINTING OFFICE

《FLIGHT SAFETY AERODYNAMICS》, Aage Roed

《FLYING BIG JETS》, Stanley Stewart

《THE AIRCRAFT PERFORMANCE REQUIREMENTS MANUAL》, R.V.DAVIES

《내공성 심사 요령》, 국토교통성 항공국 감수(호분서림출판)

《항공 기술 용어 사전》, 일본항공기술협회

《항공 우주 사전》, 치진서관

《항공 우주 전자 시스템》, 일본항공기술협회

옮긴이 **김정환**

건국대학교 토목공학과를 졸업하고 일본외국어전문학교 일한통번역과를 수료했다. 21세기가 시작되던 해에 우연히 서점에서 발견한 책 한 권에 흥미를 느끼고 번역의 세계에 발을 들여, 현재 번역 에이전시 엔터스코리아 출판기획 및 일본어 전문 번역가로 활동하고 있다.

경력이 쌓일수록 번역의 오묘함과 어려움을 느끼면서 항상 다음 책에서는 더 나은 번역, 자신에게 부끄럽지 않은 번역을 할 수 있도록 노력 중이다. 공대 출신의 번역가로서 공대의 특징인 논리성을 살리면서 번역에 필요한 문과의 감성을 접목하는 것이 목표다. 야구를 좋아해 한때 imbcsports.com에서 일본 야구 칼럼을 연재하기도 했다.

주요 역서로《자동차 정비 교과서》《자동차 구조 교과서》《자동차 첨단기술 교과서》《생각정리 프레임워크50》《머릿속 정리의 기술》등이 있다.

비행기 조종 교과서
기내식에 만족하지 않는 마니아를 위한 항공 메커니즘 해설

1판 1쇄 펴낸 날 2016년 9월 5일
1판 7쇄 펴낸 날 2022년 9월 15일

지은이 | 나카무라 간지
옮긴이 | 김정환
감　수 | 김영남

펴낸이 | 박윤태
펴낸곳 | 보누스
등　록 | 2001년 8월 17일 제313-2002-179호
주　소 | 서울시 마포구 동교로12안길 31 보누스 4층
전　화 | 02-333-3114
팩　스 | 02-3143-3254
이메일 | bonus@bonusbook.co.kr

ISBN 978-89-6494-264-2 13550

• 책값은 뒤표지에 있습니다.